Georg Thenius

Das Holz und seine Destillationsprodukte

Georg Thenius

Das Holz und seine Destillationsprodukte

ISBN/EAN: 9783845743776
Erscheinungsjahr: 2012
Erscheinungsort: Bremen, Deutschland

www.unikum-verlag.de | office@unikum-verlag.de

Bei diesem Titel handelt es sich um den Nachdruck eines historischen, lange vergriffenen Buches. Da elektronische Druckvorlagen für diese Titel nicht existieren, musste auf alte Vorlagen zurückgegriffen werden. Hieraus zwangsläufig resultierende Qualitätsverluste bitten wir zu entschuldigen.

Georg Thenius

Das Holz und seine Destillationsprodukte

Das Holz

und seine Destillations-Producte.

Ueber die Abstammung und das Vorkommen der verschiedenen Hölzer. Ueber Holz im Allgemeinen, Holzschleifstoff, Holzcellulose, Holzimprägnirung und Holzconservirung; ferner über Meiler- und Retorten-Verkohlung, Holzessig und seine technische Verarbeitung, Holztheer und seine Destillations-Producte, Holztheerpech und Holzkohlen.

Nebst einem Anhange:
Ueber Gaserzeugung aus Holz.

Ein Handbuch

für Waldbesitzer, Forstbeamte, Fabrikanten, Lehrer, Chemiker, Techniker und Ingenieure.

Nach den neuesten Erfahrungen praktisch und wissenschaftlich bearbeitet von

Dr. Georg Thenius
technischer Chemiker.

Zweite, verbesserte und vermehrte Auflage.

Mit 42 Abbildungen.

Wien. Pest. Leipzig.
A. Hartleben's Verlag.

Vorwort.

Nachdem die erste Auflage des Werkes „Das Holz und seine Destillations-Producte“ vergriffen ist, so sieht der Verfasser sich veranlaßt, eine zweite Auflage zu veranstalten und diese mit allen neuen Erfahrungen auf praktischem und theoretischem Gebiete auszustatten, wobei die mannigfachen Erfahrungen auf diesem Gebiete seit jener Zeit rückhaltslos in dieser neuen Auflage niedergelegt worden sind.

Unstreitig ist das Holz einer der wichtigsten organischen Körper unserer Erdoberfläche, welches nicht nur als Brennmaterial, sondern auch bei den verschiedensten Industriezweigen uns die wesentlichsten Dienste leistet und in Folge dessen als ein unentbehrliches Material bezeichnet werden muß. Die Vertheilung dieses wichtigen Stoffes auf unserer Erde ist sehr verschieden; während an manchen Punkten große Waldungen unendliche Flächen bedecken, sind andere Gegenden verhältnißmäßig arm; oder die Cultur des Bodens ist bereits so weit vorgeschritten, daß die Waldungen vollständig verdrängt wurden. Es ist um so wichtiger, für den Nachwuchs dieses für uns so unentbehrlichen Materiales hinreichend Sorge zu tragen, als sonst eine gänzliche Ausrottung der Wälder bevorsteht, wie dies bereits an einzelnen Punkten des Karstes und in Tirol der Fall ist. Eine Nachpflegung an diesen Punkten ist mit großen Schwierigkeiten verbunden, da der junge Wald den Stürmen ganz ausgesetzt ist und man höchstens ein niederes Holz wie die Zwergkiefer, Pinus pumilis, erhält. Es wird daher eine kurze, richtige Belehrung der Gewinnung des Samens der Waldbäume, Keimung, Pflanzung und Behandlung der jungen Pflanzen gewiß von jedem freudig begrüßt werden, da die Nothwendigkeit der Erhaltung der Wälder nicht nur in sanitärer, sondern auch in industrieller Beziehung gewünscht werden muß. Die Industriezweige des Holzschleifstoffes und der chemisch erzeugten Holzcellulose, die für die Papierfabrikation unentbehrlich geworden sind, vermehren sich tagtäglich; außerdem sind verschiedene neue Fabrikate, zu deren Herstellung Cellulose verarbeitet wird, welche bedeutende Quantitäten erfordern und deren Wichtigkeit sich mehr und mehr steigert. Vor allem sind es aber die Producte der trockenen Destillation des Holzes, die einen so wichtigen Platz in der Industrie eingenommen haben, worunter die Verarbeitung des rohen Holzessigs zur Gewinnung von Holzgeist (Methylalkohol), holzessigsaurem Kalk, essigsaurem Natron und die Darstellung von concentrirter reiner Essigsäure aus diesen Salzen, welche die allgemeine Aufmerksamkeit auf sich gezogen haben, und in kurzer Zeit viele Fabriken entstanden sind. Die Destillation des Holzes mit überhitztem Wasserdampf ist in der neuen Auflage ausführlich besprochen und hat sich in der Praxis ergeben, daß man dadurch bedeutend größere Mengen von Holzgeist und Essigsäure erhält, desgleichen auch mehr Theerproducte, und sind diese leichter zu reinigen; dagegen erhält man weniger gasförmige Producte und mehr und eine bessere dichte Kohle.

Die Vorurtheile gegen die Einführung der reinen Essigsäure aus den holzessigsauren Producten sind bereits überwunden und wird diese reine Essigsäure zu Speisezwecken vortheilhaft verwendet; es hat sich ergeben, daß dieselbe noch gesünder als der alte Essig ist, der oft mit Essigaalen bedeutend verunreinigt ist. Die Verwerthung der leichten und schweren Holztheeröle ist bedeutend gestiegen, seitdem man dieselben zur Darstellung des Carbolineums verwendet, und können die Fabriken nicht genug liefern; ebenso wird das Holztheerpech zur Schusterpechfabrikation verwendet und ist ein gesuchter Artikel.

Der Verfasser hat dem technischen Theile des Werkes seine besondere Aufmerksamkeit zugewendet und deshalb auch die Behandlung des Holzes durch Dämpfung ausführlich besprochen, um dasselbe für technische Zwecke geeignet zu machen; ebenso die Behandlung des Holzes, um es feuersicher herzustellen. Der Verfasser hat seit einer Reihe von dreißig Jahren praktisch und theoretisch die Destillationsproducte des Holzes und Holztheeres mit vieler Mühe studirt und auch die Ergebnisse in technischen Journalen veröffentlicht, und hofft derselbe, daß diese zweite Auflage eine ebenso günstige Aufnahme bei dem Publicum wie die erste finden wird. Indem der Verfasser diese Hoffnung ausspricht, versichert er, allen möglichen Fleiß und Sorgfalt darauf verwendet zu haben.

Der Verfasser.

Inhalt.

Seite

Vorwort III

Erster Abschnitt.

I. Einleitung (mit Fig. 1—4) 1
Ueber die Waldungen im Allgemeinen 1
Die Vermehrung der Bäume durch Samen 6
Das Aussäen und Vorkeimen 12
Ueber die Zeit des Aussäens 14
Die Entwickelung und Pflege der jungen Pflanzen 16
Die Anpflanzung der Bäume 18
Das Wachsthum der Hölzer 21
Die Form und der Wuchs der Holzarten, sowie der Farbe der Rinde und des Holzes 22
Ueber die Pflege der Waldungen 24

II. Die Laubhölzer (mit Fig. 5—14) 27
1. Acer. Der Ahornbaum 29
a) Acer campestre Linné. Der Feldahorn, auch Masholder 29. — b) Acer colchicum Hartweis. Colchischer Ahorn 29. — c) Acer macrophyllum Pursh. Großblätteriger Ahorn 30. — d) Acer nigrum Michaux. Schwarzer Zuckerahorn 30. — e) Acer opulus Aiton. Italienischer Ahorn 30. — f) Acer platanoides Linné. Spitzahorn 30. — g) Acer pseudoplatanus. Der Waldahorn 31. — h) Acer saccharinum Linné. Florida-Ahorn 31. — i) Acer saccharophorum Kork. Zuckerahorn 31.
2. Aesculus Linné. Die Roßkastanie. Hippocastanea de Candolle 32
a) Aesculus flava de Candolle. Gelbe Pavie 32. — b) Aesculus glabra Wildenow. Glattblätterige Roßkastanie 32. — c) Aesculus hypocastanum Linné. Gemeine Roßkastanie 32. — d) Aesculus macrocarpa Hortorum. Großfrüchtige Pavie 33. — e) Aesculus macrodachya Michaux. Großrispige Pavie 33. — f) Aesculus pallida Wildenow. Gelblich blühende Roßkastanie 33. — g) Aesculus pavia Linné. Gemeine Pavie 33.
3. Alnus. Die Erle. Betulaceae de Candolle 33
a) Alnus alpina. Die Alpenerle 33. — b) Alnus barbata Meyer. Die bärtige Erle 34. — c) Alnus cordifolia Loddiges. Die herzblätterige Erle 34. — d) Alnus glutinosa. Die gemeine Erle 34. — e) Alnus incana. Die Weiß-

Seite

erle 34. — f) Alnus serratula Wildenow. Die sägeblätterige Erle 34. — g) Alnus undulata Wildenow. Die wollig-blätterige Erle 35.

4. Amygdalus Tournefort. Der Mandelbaum. Amygdalus de Candolle 35
a) Amygdalus communis L. Gemeiner Mandelbaum 35. — b) Amygdalus nana. Die Zwergmandel 36. — c) Amygdalus persica Linné. Der gemeine Pfirsichbaum 36.

5. Aquilaria. Der Adlerholzbaum. Familie der Smilaceen . 36
a) Aquilaria malacencis. Der malakkische Adlerholzbaum 36. — b) Aquilaria molucensis. Der molukkische Adlerholzbaum 37.

6. Armeniaca Tournefort. Aprikosenbaum. Familie Amygdaleae 37
a) Armeniaca vulgaris Lamark. Gemeiner Aprikosenbaum 37. — b) Armeniaca cerasariac. Marillen 37. — c) Armeniaca prunariae. Pflaumen-Marille 38. — d) Armeniaca persicariae. Die Pfirsich-Aprikosen 38.

7. Betula L. Die Birke. Familie Amentaceae 38
a) Betula alba. Die Weiß- oder Harzbirke 38. — b) Betula lenta Linné. Die zähe Birke 38. — c) Betula nana. Die Zwergbirke 39. — d) Betula nigra Linné. Die Rothbirke 39. — e) Betula pubescens. Die Haar- oder Bruchbirke 39.

8. Carpinus Linné. Hornbaum. Hagebuche. Familie Amentaceae 40
a) Carpinus betulus. Die Hainbuche, Weißbuche, Hornbaum 40. — b) Carpinus orientalis Lamark. Orientalischer Hornbaum 41.

9. Carya. Hikorybaum. Bitternuß 41
a) Carya amara. Bitternuß, Hikory 41. — b) Carya olivaeformis. Die olivenförmige Hikory 41.

10. Castanea Tournefort. Kastanie, Familie Amentaceae . . 41
a) Castanea americana G. D. Amerikanischer Kastanienbaum 41. — b) Castanea vesca Gaertner. Echter Kastanienbaum 42.

11. Caesalpinia Die Färberkäfen. Familie der Leguminosen 42
a) Caesalpinia brasiliensis. Die brasilianische Färberkäfen 42. — b) Caesalpinia Sappan. Sappan, Färberkäfen 43. — c) Caesalpinia bahamensis. Die bahamische Färberkäfen 43. — d) Caesalpinia coriacia. Die gerbende Färberkäfen 44. — e) Caesalpinia bijuga. Die balsamische Färberkäfen 44. — f) Caesalpinia mimosoides. Die empfindliche Färberkäfen 44. — g) Caesalpinia pluviosa. Die tropfende Färberkäfen 44. — h) Caesalpinia nuga. Die ärgerliche Färberkäfen 44.

Seite
12. Celtis Tournefort. Der Zürgelbaum. Familie der Urticaceen 45
Celtis australis L. Der gemeine Zürgelbaum 45.
13. Cerasus Linné. Der Kirschbaum. Familie der Amygdalaceen 45
a) Cerasus laurocerasus Loisleur. Die gemeine Lorbeerkirsche 45. — b) Cerasus padus de Candolle. Gemeine Traubenkirsche 46. — c) Cerasus sylvestris Bauhin. Die Waldkirsche 46. — d) Cerasus vulgaris Miller. Der gemeine Kirschbaum 46.
14. Convolvulus Linné. Besenwinde. Convolvulaceae 47
Convolvulus scoparius L. Die Besenwinde 47.
15. Corylus Linné. Haselnuß. Familie der Amentaceae . . . 47
a) Corylus avellana Linné. Gemeiner Haselnußbaum 47. — b) Corylus colurna L. Byzantinische Haselnuß 48.
16. Cydonia Tournefort. Quittenbaum 48
Cydonia vulgaris Person. Der gemeine Quittenbaum 48.
17. Cynometra. Familie der Smilaceen 48
Cynometra Agallocha. Oloëxylon agallochum 48.
18. Fagus. Die Buche. Familie der Amentaceae 49
a) Fagus sylvatica Linné. Die gemeine Rothbuche 49. — b) Fagus ferruginea Aiton. Amerikanische Buche 52.
19. Fraxinus. Die Esche. Familie Oleaceae 52
a) Fraxinus americana L. Amerikanische Esche 52. — b) Fraxinus argentea Loisleur. Silberblätterige Esche 53. c) Fraxinus crispa. Die krause Esche 53. — d) Fraxinus excelsior L. Die gemeine Esche 53. — e) Fraxinus juglandifolia Wildenow. Walnußblätterige Esche 53. — f) Fraxinus lentiscifolia Desfontaines. Mastixbaumblätterige Esche 54. — g) Fraxinus ornus L. Europäische Esche 54. — h) Fraxinus oxycarpa Wildenow. Spitzfrüchtige Esche 55. — i) Fraxinus parvifolia Wildenow. Kleinblätterige Esche 55. — k) Fraxinus pendula. Die Traueresche 55. — l) Fraxinus pennsylvania Marschall. Rothesche 55. — m) Fraxinus quadrangulata Michaux. Esche mit vierkantigen Zweigen 55.
20. Haematoxylon. Blauholzbaum. Familie der Hülsengewächse, Leguminosen 56
Haematoxylon campechianum Linné. Der gemeine Blauholzbaum 56.
21. Juglans. Der Walnußbaum. Familie der Amentaceae . . 57
a) Juglans cinerea. Die graue Walnuß 57. — b) Juglans nigra. Die schwarze Walnuß 57. — c) Juglans regia. Die gemeine Walnuß 57.
22. Liquidambar. Der Amberbaum. Familie der Amentaceae 58
a) Liquidambar styraciflua. Der gemeine Amberbaum 58.
b) Liquidambar excelsa. Der hohe Amberbaum 59.

Seite

23. Liriodendron. Der Tulpenbaum. Familie der Magnoliaceen 59
Liriodendron tulipifera. Der gemeine Tulpenbaum 59.
24. Magnolia Linné. Magnolie. Familie der Magnoliaceen . 60
a) Magnolia auriculata. Geröhrte Magnolie 60. — b) Magnolia acuminata Linné. Spitzblätterige Magnolie 60. — c) Magnolia cordata Michaux. Herzblätterige Magnolie 60. — d) Magnolia fuscata. Die braune Magnolie 60. — e) Magnolia glauca. Blaugrün belaubte Magnolie 60. — f) Magnolia grandiflora Linné. Großblumige Magnolie 61. — g) Magnolia macrophylla Michaux. Großblätterige Magnolie 61. — h) Magnolia purpurea Sims. Purpurblätterige Magnolie 61. — i) Magnolia tripetala L. Dreiblatt-Magnolie 61. — k) Magnolia Yulan. Die chinesische Magnolie 62.
25. Morus Linné. Maulbeerbaum. Familie Moraceae 62
a) Morus alba. Der weiße Maulbeerbaum 62. — b) Morus nigra. Der schwarzfrüchtige Maulbeerbaum 62. — c) Morus papyrifera. Der Papier-Maulbeerbaum 62. — d) Morus tinctoria. Der Färbermaulbeerbaum 63. —
26. Ostria. Die Hopfenbuche. Familie Corylaceae 63
a) Ostria carpinifolia. Hopfenbuche. Ostria vulgaris Wildenow 63. — b) Ostria virginia Wildenow. Amerikanische Hopfenbuche 63.
27. Platanus Linné. Die Platane. Familie Platanaceae. Amentaceae 64
Platanus vulgaris Spach. Die gemeine Platane 64.
28. Populus. Die Pappel. Familie Amentaceae. Saliceae . . 65
a) Populus alba Linné Weißpappel 65. — b) Populus balsamifera L. Die Balsampappel 65. — c) Populus candicans Aiton. Ontario-Pappel 65. — d) Populus canadensis Michaux. Canadische Pappel 66. — e) Populus canaecsens Smith. Graupappel 66. — f) Populus fastigiata Desfontaines. Spitzpappel 66. — g) Populus grandidentata Michaux. Pappel mit großgezähnten Blättern 66. — h) Populus heterophylla L. Herzförmige Pappel 67. — i) Populus monilifera Aiton. Halsbandpappel 67. — k) Populus nigra Linné. Die Schwarzpappel 67. — l) Populus pyramidalis. Italienische Pappel 67. — m) Populus tremula Linné. Zitterpappel 67.
29. Pterocarpus. Sandelbaum. Familie der Hülsengewächse 69
a) Pterocarpus draco. Die amerikanische Flügelkruppe 69. — b) Pterocarpus indicus. Die indische Flügelkruppe 69. — c) Pterocarpus santalinus Linné. Rother Sandelbaum 69.
30. Prunus Linné. Der Pflaumenbaum. Familie der Amygdaleen 70

Seite

a) Prunus domestica. Der gewöhnliche Pflaumenbaum 70. — b) Prunus insititia. Die Haberschlehe 70. — c) Prunus spinosa. Der Schlehdorn 70.

31. Pirus Linné. Der Apfelbaum. Familie der Pomaceen . . 71
a) Pirus sylvestris Miller. Der Holzapfelbaum 71.
b) Pirus bollvilleriana. Die Bollweiler Birne 71.

32. Quajacum. Der Pockenholzbaum 73
Quajacum officinale. Der gemeine Pockenholzbaum 73.

33. Quassia. Bitterholz. Familie der Simarubeen 74
a) Quassia amara. Das gemeine Bitterholz 74. — b) Quassia excelsa Schwartz. Stammpflanze des jamaicanischen Quassiaholzes 75.

34. Quercus. Die Eiche. Familie der Amentaceen 75
a) Quercus aegilops. Die Knopperneiche 76. — b) Quercus ambigua Wildenow. Zweifelhafte Eiche 76. — c) Quercus aquatica Walter. Die Wassereiche 76. — d) Quercus catesbaei Michaux. Catesby-Eiche 76. — e) Quercus castanea folia C. A. Meyer. Kastanienblätterige Eiche 77. — f) Quercus cerris. Die Burgundische Eiche. Die Zerreiche 77. — g) Quercus alba Linné. Die Weißeiche 77. — h) Quercus bicolor Wildenow. Die zweifarbige Eiche 77. — i) Quercus coccinea Wildenow. Die Scharlacheiche 77. — k) Quercus esculus. Die eßbare Eiche 77. — l) Quercus falcata Michaux. Die sichelblätterige Eiche 78. — m) Quercus heterophylla Michaux. Verschiedenblätterige Eiche 78. — n) Quercus imbricaria. Die Schindeleiche 78. — o) Quercus ilex. Die Steineiche 78. — p) Quercus infectoria. Die Galläpfeleiche 78 — q) Quercus ilicifolia Wangenheim. Hülsenblätterige Eiche 79. — r) Quercus laurifolia Michaux. Lorbeerblätterige Eiche 80. — s) Quercus lyrata Walter. Leierblätterige Eiche 80. — t) Quercus macrocarpa Michaux. Großfrüchtige Eiche 80. — u) Quercus montana Wildenow. Bergkastanieneiche 80. — v) Quercus olivaeformis Michaux. Olivenfrüchtige Eiche 80. — w) Quercus palustris Wildenow. Sumpfeiche 80. — x) Quercus pedunculata. Die Sommereiche 80. — y) Quercus nigra. Die Schwarzeiche 81. — z) Quercus Prinus Linné. Kastanieneiche 81. — aa) Quercus pubescens Wildenow. Filzhaarige Eiche 81. — bb) Quercus pyrenaica Wildenow. Pyrenaica-Eiche 82. — cc) Quercus robur. Die Wintereiche 82. — dd) Quercus rubra Linné. Rotheiche 84. — ee) Quercus sessiflora Salisbury. Wintereiche 84. — ff) Quercus suber. Die Korkeiche 84. — gg) Quercus tinctoria L. Die Färbereiche 84.

35. Robinia L. Robinie. Erbsenbaum. Schotendorn. Familie der Leguminosen 85

Seite

a) Robinia frutescens. Die strauchartige Robinie 85. — b) Robinia hispida L. Vorstige Akazie 85. — c) Robinia pseudoacacia L. Gemeine Akazie (mit Fig. 11) 85. — d) Robinia viscosa Ventenat. Die klebrige Robinie 87.

36. Salix. Die Weide. Familie Amentaceae. Saliceae 87

a) Salix alba Linné. Die Weißweide 87. — b) Salix amygdalina Linné. Mandelweide 87. — c) Salix babylonica L. Die echte Trauerweide 87. — d) Salix candida Flügge. Weißblätterige Weide 88. — e) Salix caprea Linné. Palmweide (mit Fig. 13) 88. — f) Salix elaeagnus Scopoli. Oleasterweide 88. — g) Salix fragilis. Die Bruchweide 88. — h) Salix helix Linné. Die Bachweide 88. — i) Salix lanata Linné Wollweide 89. — k) Salix pentandra L. Fünfmännige Weide 89. — l) Salix reticulata L. Die netzblätterige Weide 89. — m) Salix viminalis. Die Korbweide 89. — n) Salix vitellina. Die Dotterweide 89.

37. Santalum. Der Sandelholzbaum. Familie der Thymeleen 89

Santalum album. Weißer Sandelbaum. Stammpflanze des Sandelholzes 89.

38. Sorbus. Die Eberesche 90

a) Sorbus americana Wildenow. Die amerikanische Eberesche 90. — b) Sorbus aria Crantz. Der gemeine Mehlbeerbaum 90. — c) Sorbus aucuparia L. Der Vogelbeerbaum 91. — d) Sorbus chamaemespilus Crantz. Zwergmehlbaum 91. — e) Sorbus domestica. Der Sperberbaum 91. — f) Sorbis scandix. Elzbeerbaum 92. — g) Sorbus torminalis Crantz. Elzbeerbaum 92.

39. Strichnos. Der Schlangenbaum. Familie der Aponiceen 92

Strychnos colubrina L. Schlangenholzbaum 92.

40. Swietenia. Der Mahagonybaum. Familie der Meliaceen 93

Swietenia mahagony Linné 93.

41. Tilia. Der Lindenbaum (mit Fig. 14) 93

a) Tilia alba Aiton. Die Weißlinde 93. — b) Tilia americana Linné. Schwarzlinde 94. — c) Tilia argentea de Candolle. Silberlinde 94. — d) Tilia grandifolia. Die Sommerlinde (mit Fig. 14) 94. — e) Tilia parvifolia. Die Winterlinde 96. — f) Tilia pubescens Aiton. Weichhaarige Linde 96. — g) Tilia rubra de Candolle. Die Rothlinde 96. — h) Tilia vulgaris. Die gemeine Linde 96.

42. Ulmus Linné. Ulme. Rüster 97

a) Ulmus americana L. Amerikanischer Rüster 97. — b) Ulmus campestris L. Feldrüster 97. — c) Ulmus effusa Wildenow. Ausgebreitete Bergrüster 98. — d) Ulmus fulva Michaux. Gelbknospige Rüster 98. — e) Ulmus montana Smith. Bergrüster 98. — f) Ulmus suberosa. Die Korkulme 98.

Seite

III. Die Nadelhölzer (mit Fig. 15 - 19) 99

1. Pinusarten 99

a) Pinus Abies Linné. Die Weißtanne 101. — b) Pinus australis. Die australische Fichte oder Tanne. Die Sumpfkiefer 103. — c) Pinus balsamea. Die Balsamtanne. Die Balsamfichte 104. — d) Pinus cembra. Der Zirbelbaum. Die Zirbelkiefer 104. — e) Pinus cedrus. Die Ceder 104. f) Pinus Larix L. Der Lärchenbaum (Larix europaea.) 105. — g) Pinus maritima P. Die Strandfichte 106. — h) Pinus nigra. Die Schwarzfichte 106. - - i) Pinus pinea. Die Pinie 106. — k) Pinus picea. Die Fichte (mit Fig. 18) 106. — l) Pinus pumilio. Die Zwergkiefer 108. — m) Pinus strobus. Die Weymouthskiefer 109. — n) Pinus sylvestris. Die Föhre. Die Kiefer (mit Fig. 19) 109. — o) Pinus taeda. Die Weihrauchkiefer 111. — p) Araucaria imbricata. Die gemeine Schuppentanne 111. — q) Agathis orientalis. Die Knorrentanne 111.

2. Die Eiben 112

a) Dacrydium cupressinum. Die gemeine Schuppen-Eibe 112. — b) Salisburia biloba. Die Lappen-Eibe 112. — c) Taxus baccata. Die gemeine Eibe 112. — d) Taxus nucifera. Die Nuß-Eibe 113.

3. Die Cypressen 114

a) Cupressus semper virens. Die gemeine Cypresse 114. — b) Cupressus thujoides. Die höckerige Cypresse 114. — c) Taxodium distichum. Die virginische Cypresse 114. — d) Thuja occidentalis. Der gemeine Lebensbaum 114. — e) Thuja orientalis. Der orientalische Lebensbaum 115. — f) Callitris articulata. Der gegliederte Lebensbaum 115.

IV. Ueber die Bäume in den verschiedenen Ländern 115

1. Nahrung gebende Bäume 115

a) Die Cocosnuß: Cocos nucifera 115. — b) Die brasilianischen Kastanien oder Jucias. Bertholettia excelsa 116. — c) Der Johannisbrotbaum. Ceratonia siliqua 116. — d) Der Dattelbaum. Phoenix dactylifera. Die gemeine Dattelpalme 116. — e) Der Accajuapfel. Anacardium occidentale 117. — f) Der Brotbaum. Artocarpus. Artocarpus pubescens. Der flaumige Brotbaum 117. — g) Artocarpus integrifolia. Der indische Brotbaum 117. - h) Die Avogato-Frucht. Persea gratissima 118. — i) Die surinamischen Kirschen. Malpighia punicifolia 119. — k) Die surinamischen Mispeln. Achras sapoda 119. — l) Der Sabadyll oder Breiapfel. Achras mammosa 119. — m) Der Tamarindenbaum. Tamarindus indica 120. — n) Der Schuppenapfelbaum. Zuno-Zach Anona. Anona muricata. Der saure Schuppenapfelbaum 120. — o) Anona

Seite

symanosa. Der Zimmtschuppenapfelbaum 120. — p) Der Citronenbaum. Citrus medic. 120. — q) Der Pomeranzenbaum. Citrus aurantium 121. — r) Die Pampelmus. Citrus decamara 121. — s) Die Goyaven. Psidium. Psidium Pomiferum. Die wilde Goyave 121. — t) Psidium pyriferum. Die gemeine Goyave 121. — u) Die Melonenbäume. Carica. Carica papaya. Der gemeine Melonenbaum 122. — v) Die Feigenbäume. Ficus. Ficus carica. Der gemeine Feigenbaum 122. — w) Die Apfelgallen. Mammea. Mammea americana. Die gemeine Apfelgalle 123. — x) Die Zwetschenspillen. Spondias. Spondias lutea. Die gelbe Zwetschenspille 123. — y) Der Kaffeebaum. Coffea. Coffea arabica. Der gemeine Kaffeebaum 123. — z) Die Cacaobäume. Theobroma. Theobroma guyanensis. Der wilde Cacaobaum 124. — aa) Cananga odorato Hoster fil Thamson 125.

Hölzer in Nordamerika 125
Hölzer in Südamerika 125
Hölzer von Australien 126
Hölzer vom Cap der Guten Hoffnung 126
Hölzer und Sträucher der indischen Wälder 127
2. Ueber die Rinden der Hölzer 127
3. Ueber neue Gerbstoffmaterialien aus Rinden 129

Zweiter Abschnitt.

I. Von dem Holze im Allgemeinen (mit Fig. 20—23) 132
Die Farbhölzer 137
1. Ueber das specifische Gewicht verschiedener Holzarten . . 138
2. Ueber den Wassergehalt von verschiedenen Holzgattungen 141
3. Ueber den Aschengehalt der verschiedenen Holzarten . . 142
4. Ueber die Heizkraft verschiedener Hölzer 143
5. Ueber die Elementar-Zusammensetzung verschiedener Hölzer 147
6. Ueber Cellulose 149
7. Die Nitrocellulose (Pyroxylin) 151
8. Ueber Lignin 152
9. Ueber Wollin und seine Erzeugung aus Holz 153
10. Ueber das Dämpfen des Rothbuchenholzes für chemische Zwecke 154
11. Ueber die technische Darstellung der Cellulose 157
1. Die Cellulose durch Schleifen. Holzschleifstoff. Lignitcellulose 157. — 2. Die Darstellung der Cellulose auf chemischem Wege 159.
12. Die Verarbeitung der Cellulose zu Papier 164
13. Die Verwendung der Cellulose zur Herstellung von künstlichem Elfenbein 166

Seite

14. Verwendung der Cellulose zur Fabrikation von Sprengmitteln 168
15. Verwendung der Cellulose zu Polsterungen 169
16. Die Cellulose zur Darstellung von Oxalsäure 170
17. Das Coniferin und Vanillin 171
18. Die Conservirung des Holzes 172
    1. Die Conservirung des Holzes bei der Erzeugung von wasserdichten Röhren und anderen Gegenständen 179. — Ueber die Conservirung des Holzes gegen Einfluß der Witterung überhaupt 180. — a) Ordinärer Firniß für Holz 182. — b) Feinerer Firniß für Holz 182. — c) Guter Firniß gegen Fäulniß des Holzes 182.
19. Ueber Unverbrennlichkeit des Holzes 183
20. Die Beizen und Farben für Holz 185
    1. Chemische Beizen für Holz 185. — 2. Schwarzbeize für Holz 185. — 3. Schwarzbeize für Fourniere 186. — 4. Schwarzbeize für Eichenholz 186. — 5. Farbige Verzierungen auf Holz 187. — 6. Hölzer zu färben und mit Geruch anderer Hölzer zu versehen 187. — Braune Farbe des Holzes 188. — Rothe Farbe. Hochroth 188. — Violettroth 188. — Violette Farbe des Holzes 189. — Grüne Farbe des Holzes 189. — Graue Farbe des Holzes 189. — Blaue Farbe des Holzes 190. — Schwarze Farbe für Holz 190. — Farbe für Mahagonyholz 190.
21. Hölzer plastisch zu machen 191

Dritter Abschnitt.

Die trockene Destillation des Holzes (mit Fig. 24—42) . . . 192
1. Ueber die Verkohlung des Holzes in Meilern 196
    a) Die gewöhnlichen Meiler 196. — b) Die Verkohlung in Haufen 198. — c) Die Meilerverkohlung in Mähren 199. d) Die gemauerten Meileröfen 200. — 1. Der Reichenbach'sche Holzverkohlungsofen 202. — 2. Der Schwarz'sche Holzverkohlungsofen 202. — 3. Der Hahnemann'sche Verkohlungsofen 204. — 4. Der schwedische Verkohlungsofen 206. — e) Die transportablen Meileröfen (mit Fig. 29) 207.
2. Die Verkohlung des Holzes in Retorten 210
    a) Die Verkohlung in stehenden Retorten 210. — b) Die Verkohlung in liegenden Retorten 214. — c) Die Verkohlung des Holzes in Chamotte-Retorten 216.
3. Die liegende viereckige Retorte von Schmiedeeisen zur Verkohlung des Holzes mit überhitztem Wasserdampf, vom Verfasser construirt (mit Fig. 33 und 34) 217

Seite

4. Der Holzessig und seine Darstellung aus verschiedenen Hölzern 228
5. Die Erzeugung des rohen Holzessigs aus Sägespänen und geraspelten Farbhölzern 230
6. Die Destillation des rohen Holzessigs zur Gewinnung von Holzgeist und des rohen essigsauren Kalkes 233
7. Die Darstellung des essigsauren Natrons aus dem holzessigsauren Kalk 235
8. Die Darstellung der concentrirten Essigsäure aus dem essigsauren Natron 235
9. Die Darstellung des Eisessigs und seine Eigenschaften . 237
10. Aceton 239
11. Die Bereitung des holzessigsauren Eisens aus dem rohen Holzessig 239
12. Der Holzgeist. Methylalkohol 240
13. Methyloxyd. Holzäther 243
a) Ameisensaures Methyloxyd 243. — b) Benzoesaures Methyloxyd 243. — c) Buttersaures Methyloxyd 244. — d) Essigsaures Methyloxyd. Mesit nach Reichenbach 244. — e) Salicylsaures Methyloxyd 245. — e) Salpetersaures Methyloxyd 245. — f) Schwefelsaures Methyloxyd. Neutrales 246.
14 Der Holztheer und dessen technische Verarbeitung . . . 246
a) Ueber den Holztheer im Allgemeinen 246. — b) Die Untersuchung verschiedener Holztheere 248. — 1. Meilertheer von der niederösterreichischen Schwarzföhre 248. — 2. Meilertheer von böhmischen Fichtenhölzern 249. — c) Meilertheer von mährischen Fichtenwurzel-Stöcken 250. — 1. Dünnflüssiger Fichtenwurzelstock-Theer, Theerwasser genannt 250. — 2. Gelber dickflüssiger Fichtenwurzeltheer 251. — 3. Dicker, brauner, schwärzlicher Fichtenwurzeltheer von mehr griesslicher Beschaffenheit 251. — d) Retortentheer von Holz 252. — e) Gastheer von Holz 252. — 1. Holzgastheer aus der Linzer Gasanstalt 253. 2. Holzgastheer aus der Salzburger Gasanstalt 253. — f) Holztheer mit überhitzten Wasserdämpfen 254.
15. Die Destillation des Holztheeres zur Gewinnung des rohen, leichten und schweren Holztheeröles, sowie des Holztheerpeches (mit Fig. 38 und 39) 254
16. Die Reinigung des rohen, leichten Holztheeröles und die Gewinnung verschiedener Kohlenwasserstoffe (mit Fig. 38 und 39) 260
a) Beschreibung der einzelnen Rectificate bezüglich des chemischen und physikalischen Verhaltens und Beschaffenheit 265. — 1. Das Iridol 265. — 2. Das Citriol 267. — 3. Das Rubidol 268. — 4. Das Coridol 268. — 5. Das

Seite
Benzidol 269. — b) Allgemeine Betrachtungen über diese fünf Kohlenwasserstoffe: das Iridol, Citriol, Rubidol, Coridol und Benzidol 270. — c) Das Mesit von Reichenbach 272. — Die Darstellung des Mesit und Xylit nach Schweitzer 272.
17. Die Reinigung des rohen schweren Holztheeröles und die Darstellung des rohen Holztheerkreosots nach dem Verfasser 273
18. Die Darstellung des reinen Holztheerkreosots nach dem Verfasser 274
19. Die Darstellung des Kreosots nach Reichenbach aus Holzessig 277
20. Darstellung des Kreosots nach Reichenbach aus Holztheer 278
21. Die physikalischen Eigenschaften des Holztheerkreosots nach Reichenbach 280
22. Das chemische Verhalten des Holztheerkreosots nach Reichenbach 281
23. Das Eupion und seine Darstellung 289
24. Das Kapnamor und seine Darstellung 290
25. Die physikalischen Eigenschaften des Kapnamors 296
26. Das chemische Verhalten des Kapnamors 296
27. Das Picamar und seine Darstellung 300
28. Die Darstellung verschiedener Körper, wie Cedriret und Pittakall aus dem Holztheer 302
a) Cedriret 302. — b) Pittakall 302.
29. Das Chrysen und Pyren aus dem Holztheer 303
a) Das Chrysen 303. — b) Das Pyren 304.
30. Die Darstellung von Paraffin aus Holztheer 304
31. Die Brandharze in dem Holztheer 307
32. Das Holztheerpech und seine Verwerthung 308
33. Die Behandlung des Buchenholztheeres, um denselben zur Dachpappenfabrikation geeignet zu machen 310
34. Ueber die Verwendung der leichten und schweren Holztheeröle zur Erzeugung von Carbolineum 311
35. Die Holzkohlen und ihre Eigenschaften 313
36. Die Darstellung der Holzkohlen für Pulverfabrikation (mit Fig. 41 und 42) 816
37. Die Verwendung der sogenannten Lösche oder Kohlenschutt von Meilerplätzen 318

Anhang.

1. Ueber Gasfabrikation aus Holz 320
2. Tabellen 325

Erster Abschnitt.

I.

Einleitung.

Ueber die Waldungen im Allgemeinen.

Das zerstreute oder gesellige Vorkommen der Bäume scheint größtentheils von der gleichförmigen Natur des Bodens abzuhängen, außerdem bestimmt die Feuchtigkeit und der mechanische Charakter, ob Kalk-, Thon- und Sandboden oder Felsen vorhanden sind, die weitere Entwickelung derselben. Die Menge der zur Entwickelung gelangenden Bäume hängt von der Zahl und Qualität der Samen wesentlich ab, auch können die Winde und verschiedene andere Einwirkungen, wie Frost, starke Kälte, selbst Vögel ein Hinderniß abgeben. Gesellig wachsen vorzüglich die Kiefern, die Tannen, Föhren, das Nadelholz, überhaupt auch Eichen, Buchen, Birken und die meisten Laubhölzer. Geschlossene Wälder bilden in Amerika die Mangel- oder Wurzelbäume, Bambus, Croton, Bougainvillien am Amazonenstrom und finden sich noch häufiger in Mexico oder auf den Anden. Am Vorgebirge der Guten Hoffnung bilden die Proteen und Mimosen Wälder.

Unter den Wäldern im Allgemeinen hat das Nadelholz beiweitem die größte Ausdehnung; südlicher auf den Gebirgen, nördlicher in den Ebenen.

Die Laubwälder steigen in der Regel weniger hoch und brechen viel mehr ab. Sie bestehen im Süden meist aus Eichen, Buchen, Hagebuchen und Erlen; im Norden mehr aus Birken und Buchen. Die wärmeren Länder zeichnen sich durch Wälder von eigenthümlichen Eichen, Nadelhölzern, Cypressen, Piniolen und Cedern; die heißen Länder von Palmen, Mimosen, Chinabäumen, Proteen, Eucalypten, Teckbäumen und Bambus aus. Aus der Geselligkeit der verschiedenen Bäume entspringt die Physiognomie der Waldungen, welche den Charakter einer Gegend vollendet.

In den heißen Ländern ist es anders wegen der großen Mannigfaltigkeit der Bäume, welche größtentheils aus verschiedenen Laubhölzern und Palmen bestehen, während man in Mitteleuropa bloß einförmiges Laub- und Nadelholz sieht und in den eigentlichen Schneeländern die weißstämmigen Birken charakterisirt, in den heißen Ländern sind andere Gattungen Araucarien, Cypressen, Casuarien vertreten, die letzteren in Australien in Wäldern von Akazien und Eucalypten und die ungeheueren Araucarien auf den Cordilleren der Anden. Den ausgezeichnetsten Charakter bekommen aber die südlichen Gegenden von den Palmen mit ihren ungeheueren Blättern. Sie ragen nicht selten 20 bis 30 Meter in die Luft, es giebt aber auch viele, die bis 60 Meter hoch werden.

Oft stehen sie in Gruppen zerstreut, auch sie bilden ganze Waldungen, manche stehen wie Säulen und ragen über die anderen hervor. Sie lieben wie die meisten Scheidenpflanzen feuchten Boden und an der Nordgrenze des Wendekreises bedecken die Zwergpalmen große Strecken von Sümpfen. An sie schließen sich die baumartigen Farren an, welche viel zum Charakter einer Gegend beitragen. Einen eigenthümlichen Charakter erhält vorzüglich die südliche Erdhälfte durch die zahlreichen Akazienbäume mit den feinen Blättchen, sie bilden Wälder von der Ebene an bis auf die 800 bis 1000 Meter hohen Berge. Die Physiognomie des südlichen Afrikas und Australiens wird durch die Heiden und Proteen bestimmt, welche ganze Wälder bilden. In Australien tragen dazu viele myrthenartige Bäume bei, besonders die Melaleuken, Metrosideren und Eucalypten, welche letztere zu den höchsten Bäumen gehören und beiweitem den größten Theil der Wälder bilden. Die Myrthen nähern sich schon mehr den nördlichen Zonen und schließen sich allmählich an unser

Laubholz an. Die Weiden und Erlen bilden den Saum unserer Bäche und Flüsse, wie die Wurzelbäume der heißen Länder, während die Eichen und Buchen den Kranz der Hügel bilden, und das Nadelholz das Dach der Berge. Im Allgemeinen zeichnet sich die heiße Zone durch die große Verschiedenheit der Gestalten, der großen Pracht der Farben und den unbeschreiblichen Wohlgeruch einer großen Anzahl Blüthen der Bäume aus, die so dicht beisammen stehen, daß keine Sonne sie durchdringt. Eigenthümlich und charakteristisch für diese Zone sind die Palmen, Feigen, Mimosen und die ungeheueren Wollbäume der Urwälder. In Amerika fallen auf diese Zone die Swietenien, Cäsalpinien, Malpighien, Anonen, Anacardien, Bertholletien und die Topfbäume in Indien, die ungeheueren Feigenbäume, Sapinden, Brotfruchtbäume, Sterculien, Ebenholzarten, Meliaceen, Lorbeerarten und in Afrika der Affenbrotbaum. Eigenthümlich für Brasilien sind die sogenannten Catinga oder die leichten Gebüsche, welche unübersehbare Ebenen bedecken, in der heißen Jahreszeit die Blätter verlieren und dem Auge einen düsteren Anblick darbieten. Auch die aus Europa in heißere Länder eingeführten Obstbäume verlieren ihr Laub zu derselben Jahreszeit und sehen wie verdorrt aus. Dasselbe begegnet ganzen Wäldern auf trockenem Boden, so daß ihre trockenen ungeheueren Aeste schauerlich in die Luft emporragen. Auch die Zonen der Wendekreise zwischen dem 15. und 23. Grad haben ihre eigenthümliche Physiognomie. Es finden sich daselbst noch Palmen, Gewürze, Anonen, Sapinden und allerhand Schlingpflanzen, sowie schmarotzende Orchideen, allein nicht mehr vorherrschend; häufiger treten die baumartigen Farren, die zahlreichen Pfefferarten und Malastomen mit sehr vielem Strauchwerk in den Wäldern auf.

Ueber dem nördlichen Wendekreise zeigen sich noch Wälder von Bambus-Wurzelbäumen und eigenthümlichen Fichten, besonders im südlichen China, wo die Cultur schon längst den natürlichen Charakter des Landes zerstört hat, Feigenbäume mit Zellenwurzeln, Cocospalmen, Pisange, baumartige Hibisken finden sich angepflanzt. In der Zone außerhalb der Wendekreise bis zum 34. Grad, in welchem die Canarischen Inseln liegen, zeigt sich das Pflanzenreich auch noch das ganze Jahr in seinem grünen Kleide. Es gedeihen noch Bananen und die Dattelpalme nebst der Zwergpalme, darunter verschiedene andere Pflanzen. Im Westen des Himalayas unter 28 Grad finden sich Akazien, Feigen, Melien, Maulbeerbäume, Bachinien, Cordien, Gmelinen, Kreuzdorne, und auf der Ostseite, dem Meere näher, trifft man noch das Bambusrohr, die Gewürze, Bananen und manche Palmen, vorzüglich aber die Theestaude Aucube und die Camellina an, welche sich bis China und Japan erstrecken. In Amerika herrschen in dieser Zone die Magnolien, Kalmien, Cypressen, Calycanthen, verschiedene Lorbeerarten, Dattelpflaumen, Eichen und Fichten, Nußbäume, Ahorne und verschiedene Schlingpflanzen. Jenseits des südlichen Wendekreises sieht es ganz anders aus. Es giebt daselbst merkwürdigerweise auch wieder viele europäische Pflanzen, besonders an den Flüssen von Neuholland; aber noch vorherrschend sind die Heiden, die Myrthenarten, die Proteen, Mimosen und Casuarien. Am Vorgebirge der Guten Hoffnung herrschen vor allen anderen die Heiden, Proteen und Diosmen vor, es fehlen dagegen durchgängig die Palmen. Wieder ganz verschieden ist die Physiognomie dieser Zone in Südamerika, wo es besonders viele strauchartige Kopfpflanzen giebt, sowie die Myrthen; überhaupt sieht man hier nichts als Bäume und Sträucher mit lederartigen und glänzenden Blättern. Der wärmere Theil der gemäßigten Zone umfaßt das Mittelmeer, das Schwarze, das Kaspische Meer, das nördliche China und Japan und wird besonders mild erhalten durch die großen Wassermassen.

Charakteristisch für diese Zone sind die Oelwälder, Citronen- und Pomeranzen-, Johannisbrot-, Mandel-, Feigen-, Pistazien- und Myrthenbäume; höher hinauf besonders die Eichen- und Fichtenbäume. An die Stelle der Wiesen, welche im Norden das Auge erfreuen, treten hier die immergrünen Wälder und schönblühenden Sträucher, wie der Ladanusstrauch, Oleander, Rosmarin-, Erdbeerbaum, die baumartige Heide, der Lorbeer- und Bastardlorbeerbaum, die Lorberkirschen, Myrthen und Granaten. Diese Zone setzt sich östlich dem Kaukasus fort bis Japan, wo sich eine große Vegetation wie in Italien findet. Das südliche Nordamerika zeichnet sich aus durch seine Magnolien- und Tulpenbäume, viele Mimosen mit Gleditschien-, Platanen- und Nußbäumen, sowie durch große Wälder von eigenthümlichen Eichen, Buchen und Eschen. Der entsprechende Gürtel auf der südlichen Hälfte läuft durch Neuseeland, Diemensland, die Pampas von Buenos-Ayres und Chili. Die Wälder sind ebenfalls immergrün, bestehen aber aus anderen Bäumen, worunter in Australien sich der Drachenblutbaum auszeichnet, nebst verschiedenen Mimosen, Proteen, Myrthen, baumartigen Farren und der Bettelpalme. In dem amerikanischen Strich verschwinden die Palmen und es treten andere immergrüne Bäume auf, wie besonders Buchen-, Persen-, Laurelia-, Erdbeerbäume und Myrthen. Die kältere gemäßigte Zone fällt zwischen 45 und 58 Grad oder zwischen die europäischen Gebirgsketten und das deutsche Meer, nebst der Ostsee.

Sie bekommt ihren Charakter von den Laubwäldern, worüber das Nadelholz fortläuft; am Rande der Wälder blühen Schwarzdorn, Weißdorn, Schlingbaum, Reinweide und Brombeeren und im Winter ändert sich die Farbe der Wälder durch den Verlust der Blätter. Auf der Südhälfte giebt es in diesem Gürtel außer Patagonien kein festes Land und sind daselbst die Buchen die vorherrschende Holzart. Auch die kalte Zone hat man in eine mildere und strengere eingetheilt, jene von 58 bis 60 Grad. Die Laubhölzer vermindern sich und nur Birken-, Eschen-, Vogelbeerbäume und Aspen bleiben übrig; dagegen nimmt das Nadelholz fast allen Boden ein; die Obstbäume existiren nur kümmerlich und fangen allmählich an zu verschwinden.

So verhält es sich von Island, durch Norwegen, Schweden und Sibirien bis Kamtschatka. In der strengen Zone jenseits des 60. Grades werden die Wälder fast ausschließlich durch die Birke gebildet und die Nadelwälder zeigen sich mehr zerstreut, unter den Sträuchern herrschen Wachholder und Weiden vor. In der eigentlichen Polarzone jenseits des 70. Grades fehlen Sträuche und Bäume gänzlich und es kommen nur wenige Kräuter vor, die eine

Aehnlichkeit mit den Alpenkräutern besitzen. Schließlich sei hier noch Einiges über den Einfluß der Luft und Wärme auf die Waldungen und Bäume in den verschiedenen Zonen erwähnt.

Die Region der Laubwälder geht von 2500 Meter an bis 3000 Meter, diese Bäume fehlen jedoch meistens in der Aequatorialzone, es sind Eichen nebst Erlen, Weißbuchen, Melastomen, Rhexien, Crotonen und Ternströmien. Die Region der Nadelhölzer geht von 3500 bis 5500 Meter und erreichen diese Höhe hauptsächlich in Mexico. Die Region der immergrünen Laubhölzer erstreckt sich von 1800 Meter an bis 2500 Meter und enthält meist Holzarten mit glänzenden Blättern, Magnolien, Camelien, Proteen, Eucalypten, Akazien und große Heiden; außerdem auf den Gebirgen der Wendekreise Storaxbäume, Nelkenbäume, Rottange, Rubiaceen, Eichen, Mimosen und Bignonien. Die Region der baumartigen Farren und Feigen reicht von 600 Meter an bis 1200 Meter und finden sich in Indien die mannigfaltigsten Feigenwälder, Justicien und Ruellien, sowie auf den Südsee-Inseln der Brotfruchtbaum und in Amerika die Melastomen und rohrartigen Palmen. Die Region der Palmen geht von der Ebene an bis 600 Meter Höhe und zeichnet sich durch die Palmen und Bananen, Wurzelbaumwälder, Gewürze und Mimosen aus.

Die Vermehrung der Bäume durch Samen.

Die Vermehrung der Bäume durch Samen ist die naturgemäße und giebt die kräftigsten Pflanzen, weshalb man auch bei Bäumen denselben den Vorzug geben muß. Es stellen sich jedoch dieser Vermehrungsart mannigfache Hindernisse entgegen, da manche Sorten nur einen sehr schwer keimungsfähigen Samen hervorbringen, andere geben unter dem Einfluß des Klimas nur in Zwischenräumen von mehreren Jahren einen Ertrag; viele bringen ihre Samen wohl zur Reife, jedoch variirt er von der Mutterpflanze. Trotz aller dieser Uebelstände ist die Erziehung der Bäume aus Samen in den meisten Fällen die allein anwendbare, oft nur die einzig mögliche, um starke und kräftige Pflanzen zu erziehen. Eine

Hauptbedingung des Erfolges ist, daß der Samen vollkommen ausgereift und auch frisch ist. Den Zeitpunkt der Reife erkennt man an der Farbe, an dem Aufspringen der Samenkapseln oder Hüllen; am sichersten an dem Abfallen. Die Zeit der Reife erstreckt sich bei den Bäumen von Mitte des Frühjahres bis spät in den Winter hinein, einige reifen sogar im zweiten Jahre. Eine genaue Kenntniß der Reife ist zum Einsammeln nothwendig. Es reifen z. B. im Monat Mai die Ulmus americana, Ende Mai bis Juli die Popolusarten und Ulmus campestris, effusa, montana u. s. w., ferner die Salixarten, im August Acer dasycarpum und rubrum, Prunus cerasifera; Ende August bis Anfang September Betula alba, excelsa, nana, populifolia, pubescens, Berberis aquifolium, Celtis occidentalis, Crataegus coccinea, nigra, Prunus padus, Rhus cotinus und Taxus baccata. Von August bis October Tamarix germanica.

Im Monat September:

Aesculus flava. glabra, Hippocastanum pallida und Pavia, Amygdalus, Betula nigra, Pirus communis, Rhamnus cathartica und Thuja.

Ende September bis Anfang October:

Carpinus, Castanea vesca, Corylus, Cydonia, Fagus, Fraxinus, Pinus Abies, alba, balsamea, canadenis, nigra; Pirus Malus, Quercus alba, pedunculata, Robinia Pseudo Acacia. Thuja occidentalis, Vitis.

Ende October bis Mitte November:

Pinus larix, Platanus, Robinia viscosa und Alnus.

Die Zeit des Einsammelns richtet sich nach der Reife. Die frühreifenden Samen werden, sobald die Früchte abzufallen beginnen, eingesammelt; die spät im Herbst reifenden kann man noch während des Winters sammeln, da die Früchte erst zu Ende desselben oder im Anfange des Frühjahres abfallen, oder vom Winde abgeschüttelt werden. Solche Früchte jedoch, denen die Vögel nachstellen, darf man nicht lange hängen lassen, was namentlich mit den Zapfen der Nadelhölzer der Fall ist. Nach dem Einsammeln unterwirft man die Samen und Früchte einer sogenannten Nachreife, indem man sie in Haufen bringt, einige Zeit schwitzen läßt und öfters umwendet, damit sich die Feuchtigkeit absondert, worauf sie an schattigen, luftigen Orten flach ausgebreitet und getrocknet werden. Das Trocknen kann auch, ohne die Keimkraft zu schädigen, bei einer künstlichen Wärme bis zu 25 Grad R. geschehen, jedoch darf reichlicher Luftzutritt nicht fehlen.

Die Zapfen der Nadelhölzer werden auf Horden dünn geschichtet und einer Ofen- oder Sonnenwärme von 25 Grad R. ausgesetzt, in Folge dessen die einzelnen Schuppen aufspringen und den eingeschlossenen Samen fallen lassen. Man hat dazu besondere Anstalten eingerichtet und werden diese Klenganstalten genannt. Beim Ausklengen sehr harzreicher Samen ist besondere Vorsicht anzuwenden und darf die Temperatur nicht zu hoch gesteigert werden, denn sonst werden die Harztheile flüssig und kleben die Schuppen noch fester aneinander. Dies findet besonders bei den harzigen Zapfen von Larix statt. Die aufgesprungenen Zapfen kommen in besondere Trommeln, die man bewegt, wobei die Samen herausgeschleudert werden. Die Samen werden alsdann noch besonders von den anhängenden Unreinigkeiten gereinigt und dann in einem luftigen, trockenen, ungeheizten Raume aufbewahrt. Der Same verliert seine Keimkraft sowohl, wenn er anhaltend der Wärme, als auch anhaltend der Kälte ausgesetzt wird, es ist demnach eine mittlere Temperatur bei der Aufbewahrung der Samen zu beobachten.

Ueber die Dauer der Keimfähigkeit der Samen von Holzgattungen sind bis jetzt wenig Erfahrungen gesammelt worden; im Allgemeinen ist dieselbe eine kurze und kann nur dadurch verlängert werden, wenn sie in ihren Früchten eingeschlossen bleiben. Der in den Zapfen aufbewahrte Samen von Kiefer und Fichte keimt noch nach fünf Jahren, die Samen in den Zapfen der Weißtannen und Abiesarten halten die Keimkraft nur zwei Jahre, während derjenige der Ceder und Pinie nach 30 Jahren noch keimfähig ist. Am schnellsten verlieren die Samen der Buchen, Eichen, Nüsse, Kastanien, Mandeln und Steinfrüchte ihre Keimfähigkeit.

Um die Keimfähigkeit von Samen zu untersuchen, hat J. Steiner einen Apparat construirt, mit dem man im Stande ist, die Keimfähigkeit in kürzester Zeit zu bestimmen. Dieser Keimapparat (Fig. 1) stellt von außen einen 40 Centimeter hohen hölzernen Kasten dar, an dessen Vorderseite eine fest schließende Thür angebracht ist. Im Inneren des Kastens

Fig. 1.

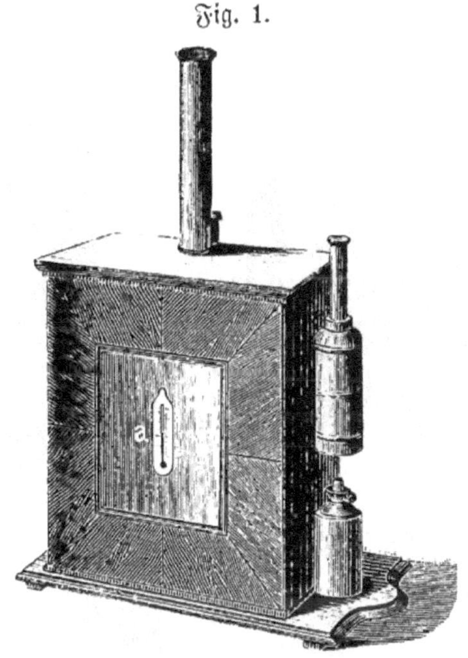

Steiner's Keimapparat in einem Zehntel der natürlichen Größe.
a Thermometer.

(Fig. 2 und 3) befinden sich auf 5, circa 6 Centimeter voneinander entfernt liegenden Etagen aus durchbrochenem Eisenblech zehn Keimplatten, die aus einem Gemenge von Chamottemehl, Sägespänen und feinem Kohlenstaub hergestellt und sehr porös sind. Jede der Keimplatten (Fig. 4) ist 15 Centimeter lang, 6 Centimeter breit und 1 Centimeter dick. Auf der Oberseite besitzen sie in fünf Reihen hundert

Vertiefungen (Keimzellen), deren Größe und Gestalt den Gerstenkörnern angemessen sind. Jede Keimplatte wird in

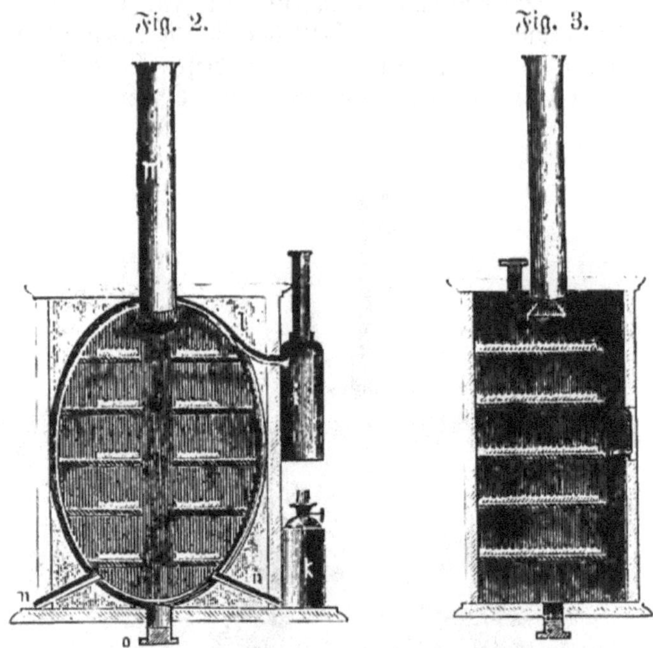

Fig. 2. Durchschnittsansicht Fig. 3. Querschnittsansicht des Keimapparates.

i Wasserbehälter, k Petroleumlampe, l Raum für das warme Wasser, m Dunstschlauch, n Canäle für die kalte Luft, o Oeffnung beim Entleeren des Wassers.

Fig. 4.

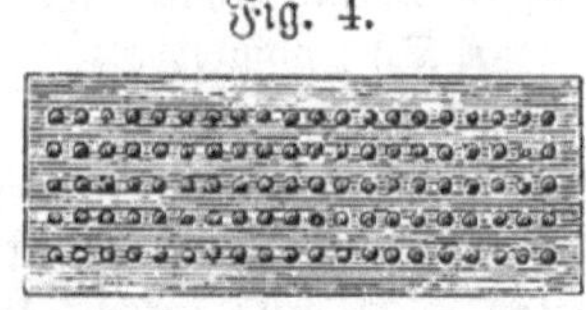

Keimplatte in einem Viertel der natürlichen Größe.

eine blecherne Schale auf ein Filzplättchen von derselben Größe wie die Keimplatte gestellt. Ist die Luft in dem Locale, wo das Keimen vor sich gehen soll, warm genug, so hat man weiter nichts zu thun, als die Keimplatten ins Wasser, das sie rasch aufsaugen, zu tauchen und dann ohne Wahl 100 Samenkörner, je eines in jede Keimzelle, auf die Keimplatte zu bringen. Da zehn Keimplatten vorhanden sind, so können zehn verschiedene Samensorten auf einmal probirt werden. Sind die Keimplatten beschickt, so bringt man in die Blechschalen Wasser und sorgt dafür, daß die Filzunterlagen stets mit Wasser durchtränkt erscheinen.

Durch öfteres Nachsehen wird man sich davon überzeugen, ob die einzelnen Körner gleichzeitig spitzen, ob sie gleich kräftig keimen und wie hoch der Procentsatz ganz keimungsunfähiger Körner oder Samen ist.

Bei dem Apparat ist auch eine Vorrichtung angebracht, welche es ermöglicht, denselben auch dann zu benützen, wenn die Lufttemperatur in dem betreffenden Local, in dem die Keimprobe vorgenommen werden soll, zu niedrig ist, oder wenn man das Keimen beschleunigen will. Der Keimapparat kann nämlich geheizt werden. Der Raum (Fig. 2) läßt sich zu diesem Zwecke mit warmem Wasser durch eine Oeffnung i füllen, desgleichen füllt man das Gefäß, das mit dem Raume communicirt, mit Wasser und mittelst eines Petroleumlämpchens k erhält man das Wasser im Apparat beliebig warm. Um die Wärmeausstrahlung zu verringern, ist der Raum mit Asche ausgefüllt. Durch zwei Canäle strömt kalte Luft in den Apparat. An dem Thürchen befindet sich ein Thermometer, dessen Quecksilberkugel in den Apparat hineinreicht und der zur Beobachtung der innerhalb des Apparates herrschenden Temperatur dient. Täglich fünf Minuten genügen, den Apparat und die Keimproben in Gang zu erhalten. Man hat nur:

1. Nachzusehen, ob in den Keimtassen genügend Wasser ist,

2. das in der beim Dunstabzug angebrachten Tropfschale angesammelte Wasser zu entfernen,

3. den Wasserkessel (im Falle der Beheizung des Apparates), wenn nothwendig, nachzufüllen, da sonst eine Circulation des erwärmten Wassers nicht stattfinden kann,

4. die Lampe zu reinigen, da sich nach längerem Brennen am Dochte eine Kruste ansetzt, wodurch die Flamme geschwächt wird.

Nach Vollendung der Keimproben wird aus dem Apparat sämmtliches Wasser abgelassen, die am Boden angebrachte Ablaßschraube o entfernt, damit der Wasserbehälter gut austrocknen kann, die Keimplatten, sowie die Filzunterlagen werden in heißem Wasser gereinigt, oder noch besser, man läßt die Platten, sowie Filzunterlagen einige Stunden im Wasser kochen und dann gut trocknen, und bewahrt sie hierauf zu neuen Keimversuchen auf.

Das Aussäen und Vorkeimen.

Zum Zwecke des Vorkeimens wendet man verschiedene Stoffe, wie Sägespäne, fein gesiebte Erde, Loherde, Häcksel und auch Spreu an, legt die Samen schichtenweise hinein, feuchtet die ganze Masse nach und nach an und bringt sie an einen mäßig warmen Ort oder in einen trockenen Keller.

Bei hartschaligen Samen müssen die Stoffe einen mäßigen Grad von Feuchtigkeit haben, bei weichschaligen etwas weniger Feuchtigkeit. Man kann die Samen auch direct in warmes Wasser legen und sie kürzere oder längere Zeit darin liegen lassen, doch muß man sorgfältig Acht geben, daß der Same nicht in Fäulniß übergeht. Bei hartschaligen Samen wirkt ein Zusatz von Asche oder ungebrannter Kalk förderlich auf die Keimkraft. Diese Einweichungsprocesse dürfen aber nur kurze Zeit vor der eigentlichen Aussaat vorgenommen werden, damit man die Samen schnell und behutsam in die Erde bringen kann und die entwickelten Keime nicht leiden. Die Zeit des Aussäens ist am besten im Frühjahr, da im Herbst der Same den Nachstellungen der Nagethiere, Nässe u. s. w. unterliegt. In der Regel treiben die Samen ihren Keim am schnellsten aus, wenn sie sogleich auf die Erde fallen, und erfolgt es meist im Frühjahr, wenn die Samen nicht bedeutend älter sind, und müssen dann länger im Boden liegen. Samen ohne Eiweißkörper keimen früher und pflegen auch schneller zu wachsen, bei den Samen der Hölzer geht dies langsamer.

Man hat bei künstlichen Versuchen gefunden, daß der Anfang des Keimens außerordentlich verschieden ist, ohne daß man bis jetzt ein bestimmtes Gesetz hätte ausfindig machen können. Manche keimen schon in den ersten Tagen, andere erst nach Monaten und ältere Samen noch später. Die nothwendigsten Bedingungen beim Keimen sind Feuchtigkeit, Luft und Wärme, wenigstens über den Gefrierpunkt. Begünstigung für das Keimen sind höhere Wärme, wenigstens 20 Grad R., Sauerstoffgas, verdünnte Säuren und Dunkelheit beschleunigen auch das Keimen, ebenso wie Asche und Alkalien bei hartschaligen Samen. In Wasser quellen alle Samen auf, sie mögen noch keimfähig sein oder nicht, das Einsaugen ist daher bloß eine physikalische und keine organische Erscheinung. Der Same saugt an der ganzen Oberfläche ein und nicht bloß an der Nabelstelle; nur bei einigen Samen scheint das Wasser leichter durch letztere Stelle zu dringen. Was das Samenloch dabei thut, ist noch nicht genau ermittelt. Das Wasser wird durch die Samenhaut nicht verändert. Ist der Eiweißkörper oder sind die Cotyledonen angeschwollen, so zerreißt die Samenschale meistens in der Nähe des Nabels, wenn der Same gleichförmig ringsum hat einsaugen können, sonst auch an anderen Stellen und daher unregelmäßig. Samen mit einem großen Eiweißkörper haben nur dünne, blattartige Samenlappen, und daher ist es jener, welcher einsaugt, weich wird und die Nahrung liefert. Solche Samenlappen haben mehr Spaltmündungen und können daher leichter einsaugen. Man kann auch nach erfolgter Keimung den Eiweißkörper ohne Schaden wegnehmen, selbst Stücke von den Würzelchen abschneiden, ohne die weitere Entwickelung zu hindern. Es ist durch Versuche festgestellt, daß kein Same ohne Sauerstoffgas keimt, nicht in destillirtem Wasser, was mit Kohlensäure gesättigt ist. Schon gekeimte Samen hören auf, sobald man ihnen das Sauerstoffgas entzieht, sie keimen aber fort, sobald man nur etwas Sauerstoffgas zuläßt; am besten in der atmosphärischen Luft. Hinsichtlich der Wärme richten sich die Samen bei dem Keimungsproceß nach dem Klima, in dem sie wachsen. Manche Samen keimen schon bei wenigen Graden über dem Gefrierpunkt, andere bei etwas höherer Wärme, etwa 16 Grad, wobei das Einsaugen beschleunigt wird.

Ist die Wärme zu groß, so saugen sie zu viel ein und werden dadurch wässerig und schwach. Eine Wärme von 30 Grad, sowie das unmittelbare Sonnenlicht ist dem Keimen schädlich, das Tageslicht wirkt weniger nachtheilig und ist die Nacht am vortheilhaftesten. Das Keimen beginnt mit dem Erwärmungsproceß, worauf andere Zersetzungen folgen. Der Hauptbestandtheil der Samen ist Stärkemehl, dieses wird zuerst erweicht, sodann dickflüssig und verschwinden die Stärkemehlkörner, verwandeln sich in Zucker und Schleim, wobei sie Kohlenstoff verlieren und sich mit Wasser verbinden. Das Keimen ist eine Art Gährungsproceß in unendlich kleinen Kügelchen, wobei Wasser, Luft und die festen Bestandtheile beständig aufeinander wirken.

Beim Keimen tritt zuerst das Würzelchen hervor, und zwar bei den Scheidenpflanzen immer durch die Nabelstelle, welche hier allein aufreißt. Es erhält seine Nahrung aus den Samenlappen und geht die erste Bewegung des Saftes nach unten. Darauf erst verlängert sich das Blattfederchen, auch wenn das Würzelchen noch nicht feststeht und aus der Erde einsaugen kann. Beide verlängern sich so lange, als die Nahrung aus dem Eiweißkörper und den Samenlappen hinreicht, dann sterben beide ab, wenn die Wurzel nichts einsaugen kann. In der Regel werden die Samenlappen größer und dicker, heben sich meistens über der Erde empor, werden grünlich, allmählich dünner und sehen manchmal aus wie gewöhnliche Blätter. Obschon sie ursprünglich keine Oberhaut hatten, so bekommen sie nun eine solche, und zwar mit vielen Spaltmündungen, und zeigen auch Spiralgefäße. Während dieser Zeit tritt auch das Blattfederchen hervor und verwandelt sich in den Stengel.

Ueber die Zeit des Aussäens.

Naturgemäß ist die Zeit der Samenreife auch der Zeitpunkt, in welchem die Aussaat vorzunehmen ist. Man hat für die Zeit des Aussäens drei Zeitpunkte festgestellt, welche auch die Fähigkeit des langsameren oder schnelleren Keimens und auf die Eigenschaft, früher oder später die Keimfähigkeit zu verlieren, hauptsächlich begründet sind. Sie sind der Herbst, das Frühjahr und der Sommer. Der Herbstsaat ist, wenn möglich, der Vorzug zu geben, denn sie hat mehrere Vortheile:

1. Arbeitsersparniß,

2. unterliegen die Samen im Winter einer Vorkeimungsperiode,

3. entwickeln sich die jungen Pflänzchen kräftiger und werden nicht so von Unkraut überwuchert.

Für die Herbstsaat ist jedoch ein großer Nachtheil, daß sie den Angriffen und Zerstörungen der Feldmäuse sehr ausgesetzt sind, wie z. B. Nüsse, Eicheln und Buchecken. Im Herbst, October und November, säet man alle Samen harter Holzarten, die in unserem Klima zur Reife gelangt sind, mit dem Vorbehalte, daß die Samenpflanzen nicht sehr empfindlich gegen die Herbstfröste sind, und solche Samen, welche ihre Keimfähigkeit bald verlieren, wie Nüsse, Eicheln und Mandeln. Die Frühjahrssaat wird, hauptsächlich wegen der Furcht vor der Zerstörung durch die Feldmäuse, der Herbstsaat vorgezogen. Die Sommersaat wird mit Vortheil bei solchen Holzgattungen benützt, die vom Mai bis August reifen und deren Keimkraft nicht lange andauert. Es ist dies ein Zeitgewinn und hat man die Sicherheit, daß die Samen schneller aufgehen.

Die Umbauzeit ist für Schwarzföhren, Weißföhren, Fichten, Buchen und Erlen im Frühjahr, für Ulmen im Sommer und für Rothbuchen, Weißbuchen, Eichen, Eschen, Ahorn, Birken, Linden und Tannen im Herbst. Bevor irgend eine Saat vorgenommen wird, ist die Fläche von Stock- und Wurzelholz auszuroden und sind Unkräuter, Holzabfälle sorgfältig zu entfernen. Man kann dann entweder die partielle oder die Vollsaat anwenden, bei letzterer wird die Bodenfläche umgeackert und übereggt; hierauf übersäet man mit der einen Hälfte des Samens die Länge der Fläche und mit der anderen Hälfte der Breite nach und überdeckt mit einer

Strauchegge Erde. Wie tief der Same in die Erde kommen soll, ist von der Schwere desselben und von dem Boden abhängig, je leichter der Same, desto weniger Erde, höchstens 1 Centimeter tief, je schwerer der Same, wie Bucheln und Eicheln, desto mehr Boden, 5 bis 8 Centimeter tief müssen dieselben bedeckt werden.

Die Vollsaat ist wegen der durchgehenden Lockerung des Bodens bestens anzuempfehlen, obgleich sie größere Kosten an Arbeit und Samen erfordert.

Bei der partiellen Aussaat nimmt man dieselbe nicht auf der ganzen Fläche, sondern nur an einzelnen Stellen vor, und unterscheidet dabei die Streifen- oder Rinnensaat, die Platz-, Platten- oder Quadratsaat und die Stock- oder Löchersaat. Die Streifen- oder Rinnensaat besteht darin, daß man mit einer Haue oder einem Pfluge den Boden in einer Breite von 1 bis 2 Meter lockert und den Samen einsäet. Die Platten- oder Quadratsaat wird in Entfernungen von 1 bis 3 Meter im Quadrat mit der Haue oder dem Rechen ausgeführt und der Same in diese gelockerten Quadrate gebracht.

Die Stock- oder Löchersaat führt man mit der Haue aus, indem man den Boden lockert und in diese Löcher den Samen giebt. Die partielle Saat erfordert weniger Kosten an Arbeit und an Samen und empfiehlt sich am besten bei bergigem Terrain. Nach geschehener Aussaat muß vor allen Dingen Sorge getragen werden, daß der Same nicht durch Vögel aus der Erde wieder entfernt wird, und ist deshalb die Aufstellung von Vogelscheuchen bestens zu empfehlen.

Die Entwickelung und Pflege der jungen Pflanzen.

Sobald die Cotyledonen und eingestreuten Samenkörner über der Erde zu erscheinen beginnen, sind dieselben vielen Gefahren und Zufällen ausgesetzt, wodurch die fernere Entwickelung aufgehalten wird; dies ist namentlich in schneelosen Wintern der Fall, wo durch den Frost der Boden gehoben und die Keime, bloßgelegt, allmählich vertrocknen müssen. Um diesem Uebelstande abzuhelfen und die Folgen des Frostes zu verhüten, ist eine dünne Lage von Laub und Pflanzenerde bestens zu empfehlen, jedoch darf dieselbe nicht zu dick sein und 1 Centimeter nicht übersteigen. Sobald die ersten Unkräuter erscheinen, ist das Ausjäten eine Hauptvorbedingung zur Existenzfähigkeit der jungen Pflanzen, und muß dies mit größter Vorsicht geschehen, damit dieselben nicht beschädigt werden. Durch das Ausziehen wird auch der Boden aufgelockert und kann austrocknen. Erscheint Moos, so muß dasselbe sofort entfernt werden, denn sobald es entwickelt ist, läßt es sich schwer entfernen. Durch Ausstreuen von Kalk kann dasselbe auch ausgerodet werden. Das Auslichten der zu dick gestreuten Samen ist auch eine Hauptbedingung, um die Entwickelung der jungen Pflanzen zu fördern, indem man ihnen den nöthigen Boden zur weiteren Entwickelung giebt. Die überflüssig herausgenommenen Pflanzen können dann auf frische Beete verpflanzt werden. Diese Arbeit geschieht am besten nach einem durchdringenden Regen und werden die Pflanzen in vorher frisch aufgelockertem Boden in mit dem Pflanzholz gemachte Löcher eingesetzt und dabei der Boden an die Wurzel der Pflanze fest angedrückt, damit kein leerer Raum unter der Pflanze verbleibt und die Erde dicht mit der Wurzel vereinigt ist.

Ein reichliches Angießen nach dem Anpflanzen sichert einen guten Erfolg und muß dies noch einige Zeit nach der Anpflanzung fortgesetzt werden. Die auf den Samenbeeten zurückbleibenden Pflanzen müssen jedoch ebenfalls nach dem Herausziehen der überflüssigen wieder mit der Erde angedrückt und auch begossen werden.

Bei der Anlage einer Baumschule hat man vor allen Dingen auf eine sonnige Lage zu sehen und daß keine besonders größeren Bäume sich in der Nähe befinden, durch deren Wurzeln den jungen Pflanzen aus dem Boden die nöthige Nahrung entzogen werden könnte.

Was den Boden selbst anbelangt, so ist im Allgemeinen ein sandiger, lockerer vorzuziehen, dem man verwestes Laub oder Fichtennadeln zur Düngung beimischt, welche auf das Wachsthum der jungen Bäume einen günstigen Einfluß üben, und muß dieser Boden öfters umgearbeitet werden. Das

Land wird in Beete eingetheilt und sorgfältig geebnet, um die gröberen Erdtheile zu entfernen, dann beginnt das Aussäen in Strichen (die Reihensaat) oder in gleichförmiger Ausbreitung über das ganze Land (Breitsaat). Bei ersterer wird das spätere Ausjäten und Ausheben der jungen Pflanzen wesentlich erleichtert, nur stehen die Sämlinge meist zu dick, was bei dem zweiten Verfahren nicht der Fall ist und nur das Ausjäten dabei schwieriger ist, wobei viele junge Pflanzen niedergetreten werden.

Die Anpflanzung der Bäume.

Jeder Baum kann nur dann gut gedeihen, wenn an dem bestimmten Standorte die ihm von Natur zusagenden Bedingungen gewährt werden. Dieselben bestehen darin, daß die Beschaffenheit des Bodens ausreichende Nahrung giebt, daß derselbe für das Eindringen der Wurzeln hinlängliche Lockerheit besitzt und daß außerdem der für das Leben ausreichende Feuchtigkeitsgrad gewährleistet ist.

Letztere Bedingung ist unter allen die wichtigste. Es kommen jedoch verschiedene Abweichungen vor. Mancher Baum, der vorzugsweise trockenen Boden verlangt, gedeiht noch in feuchtem Boden, ebenso kommen manche Sumpfgewächse in weniger feuchtem Boden fort, so lange der Boden nicht ganz dürr ist. Die ernährende Oberkrume der Erde ist nicht überall die gleiche, es berühren sich oft die Extreme, selten findet man einen Platz, der nicht mit Pflanzen bedeckt ist, und passen sich dieselben dem Boden an. Man wird auf diese Weise in den Stand gesetzt, für jedes Erdreich Pflanzen auswählen zu können, die dort ein gedeihliches Fortkommen finden. Auf trockenem Sandboden gedeihen hauptsächlich folgende Bäume: Acer, Berberis, Betula, Buxus, Celtis, Cornus, Crataegus, Juglans, Juniperus, Pinus, Populus, Prunus, Quercus, Tilia und Ulmus. Auf feuchtem Torfboden: Alnus glutinosa, Betula alba, Populus nigra, Sorbus aucurparia und Salixarten. Auf festem Thonboden: Abies excelsa, Alnus, Crataegus, Cydonia, Fraxinus, Mespilus germanica, Pinus rigida, Populus alba, Quercus,

Robinia, Tilia, Viburnum, Lantana. Auf sehr feuchtem, sumpfigem Boden gedeihen: Alnus glutinosa, Magnolia glauca, Amorpha fructicosa, Myrica cerifera, Pinus rigida, Populus trepida, Salix viminalis, Thuja occidentalis.

In sonst angemessenem Boden ertragen die meisten Hölzer jede Widerwärtigkeit, auch Ueberschwemmungen leichter, als wenn sie einen weniger zusagenden Standort haben. Im Allgemeinen leiden solche, welche nur erst kurze Zeit gepflegt sind, leichter als schon vollständig angewachsene, hinreichend erstarkte und kräftig entwickelte Hölzer. Kurz andauernde Ueberschwemmungen, wenn sie nicht in Folge der Beschaffenheit des Bodens oder des Untergrundes länger übermäßige Feuchtigkeit zurücklassen, schaden äußerst wenigen oder gar keinen Hölzern. Wenn eine übermäßige Schlammmasse zurückbleibt, so muß dieselbe möglichst bald entfernt werden, weil sonst viele feine Holzarten zu kränkeln anfangen und bald absterben. Je tiefer die Hölzer und je länger sie unter dem Wasser bleiben, desto nachtheiliger sind die Folgen davon.

Bei Ueberschwemmungen kommt es immer darauf an, ob dieselben mit viel Schlamm begleitet sind, wenn sie eintreten, und wie lange sie anhielten, wie der Boden und Untergrund beschaffen sind und ob der Gesundheitszustand der Hölzer schon früher befriedigend war.

Nach diesen allgemeinen Betrachtungen über den Untergrund der Pflanzungen muß Einiges über die Anpflanzung der Bäume selbst gesagt werden.

Sobald die jungen Bäumchen zum Versetzen im Walde tauglich befunden worden sind, welcher Zeitpunkt bei Laubhölzern mit drei und fünf Jahren, bei Nadelhölzern mit zwei und vier Jahren eintritt, hebt man sie vorsichtig mittelst eines Spatens aus der Saat oder der Baumschule und bringt sie an einen schattigen, feuchten Ort, wo man die Wurzeln mit feuchter Erde bedeckt, damit sie nicht austrocknen.

Bei der hierauf erfolgenden Pflanzung werden in regelmäßiger Entfernung mittelst eines Pflanzholzes Löcher in den Boden gemacht und die ausgehobenen Pflanzen in der Mitte des Loches gehalten, die nöthige Erde hineingegeben und gelinde festgedrückt. Wenn die Wurzeln der jungen Pflanzen beschädigt sind, müssen sie früher abgeschnitten werden, und ist es gut, wenn der Boden sehr trockene und sonnige Lage hat, und muß man um den jungen Baum Rasenstöcke legen und im Anfange mit Wasser angießen, damit die Wurzeln sich früher in dem Boden befestigen können. Ist der Boden sehr arm, so muß man um den jungen Baum gute Erde bringen oder dieselbe früher in die zum Pflanzen bestimmte Grube führen. Die Entfernung der einzelnen Reihen voneinander hängt von der Bodenbeschaffenheit und der Art des Holzes ab. Bei Laubhölzern müssen die Entfernungen größer sein als bei Nadelhölzern, weil erstere sich immer mehr ausbreiten und zu ihrer Ernährung mehr Boden beanspruchen. Die Anpflanzung einiger Laubhölzer, wie Pappeln und Weiden, wird durch sogenannte Steckreiser vorgenommen und nicht durch Samen gezogene junge Pflanzen; es geschieht dies durch Einstecken von abgeschnittenen Zweigen in den Erdboden.

Die von Pappeln oder Weiden abgeschnittenen Zweige heißt man Stecklinge oder Setzreiser und die von den Aesten Setzstangen. Zu den ersteren nimmt man zwei- bis dreijährige junge, 20 bis 30 Centimeter lange, kräftige Triebe, schneidet sie bei einem Knoten oder bei einer Knospe in schräger Richtung scharf ab, setzt sie in einem Graben in schiefer Richtung aneinander, bedeckt sie bis auf zwei Knospen mit Erde und begießt sie bei trockener Witterung; zu den letzteren werden $2^1/_2$ bis 5 Centimeter dicke und $1^1/_2$ bis 3 Meter lange Aeste genommen, alle Zweige bis auf die obersten zwei glatt am Aste abgeschnitten und das untere in die Erde kommende Ende zugespitzt. Hierauf macht man ein 30 bis 40 Centimeter tiefes Loch in den Boden und giebt die Setzstange senkrecht hinein, tritt die Erde ringsum fest und begießt öfters. Es ist gut, diese Setzstangen an besondere Pfähle anzubinden, bis sie die gehörigen Wurzeln erhalten haben, damit sie nicht bei starken Winden herausgerissen werden.

Das Wachsthum der Hölzer.

Einem jeden Baum ist eine natürliche Grenze des Wachsthums vorgeschrieben, die derselbe meist in senkrechter Form erreicht, und ein Ueberschreiten dieser Grenze selten vorkommt. Die Grenze bezeichnet man mit Höhe und erreicht dieselbe jeder Baum unter den normalen Lebensbedingungen, den Boden und die Lage, die ihm als natürlicher Standort angewiesen wurden. Ein Baum, der einen guten Boden in sonniger Lage verlangt, wird in schlechtem Boden mit beschatteter Lage sich nie so gut entwickeln und seine normale Größe nicht erreichen können; außerdem trägt ein gedrängter Stand, wo auf einem kleinen Raum sich viel Hölzer entwickeln sollen, auch zum schlechten Wachsthum bei und werden einzelne verkümmern. Es ist deshalb nothwendig, daß Bäume immer in gewissen Entfernungen voneinander gepflanzt werden müssen, wenn dieselben die natürliche Grenze ihres Wachsthums erreichen sollen. Sehr viel trägt das veränderte Klima dazu bei, wenn die normale Höhe nicht erreicht wird, was man bei solchen Bäumen sieht, die in einem wärmeren Klima heimisch sind.

Das Resultat des Wachsthums ist die Höhe; wird dieselbe in längerer oder kürzerer Zeit erreicht, so bezeichnet man dies mit schnellwüchsig oder trägwüchsig. In der ersten Jugend sind die Samenpflanzen meist trägwüchsig zu nennen, da ihre Entwickelung sehr langsam vorwärts schreitet, das Wurzelvermögen sich erst kräftigt und erst später das Versäumte durch ein schnelleres Wachsthum nachgeholt wird. In dem dritten bis vierten Jahre tritt dann bei fast allen Bäumen eine schnellere Entwickelung ein, die sich je nach der Arteigenthümlichkeit steigert, so daß die schnellwüchsigen Arten in verhältnißmäßig kurzer Zeit das Ziel ihrer Höhe erreichen und die trägwüchsigen in demselben Zeitraume weit überholen. Das schnelle oder langsame Wachsen hängt natürlich von der Bodenbeschaffenheit und der Lage ab, wenn beides für die Entwickelung des Baumes günstig, so wird auch ein rascheres Wachsthum befördert; ferner kommt auch viel darauf an, ob der Boden fest oder locker, feucht oder trocken, mehr kräftig oder mager, schwer oder leicht ist, und entscheiden alle diese Bedingungen für das Wachsthum der Bäume. Die Berücksichtigung des schnellen und langsamen Wachsthums ist für größere Anpflanzungen von der größten Wichtigkeit, da die für dieselben erwünschte gleichmäßige Entwickelung davon abhängig ist. Bringt man beide Extreme in unmittelbarer Nähe durcheinander, so entsteht ein Mißverhältniß in der gleichmäßigen, allgemeinen Entwickelung, die schnelleren Arten werden die langsameren überflügeln und unterdrücken, letztere bleiben zurück und können aus dem Boden nicht mehr die nöthigen Nahrungsbestandtheile ziehen.

Man bezeichnet auch solche Bäume, die ein ziemlich gleichmäßiges Wachsthum haben oder sich nicht gegenseitig gefährden, als verträgliche Holzarten, im anderen Falle nennt man sie unverträgliche.

Schnellwachsende Holzarten sind immer willkommen und haben dieselben besonderen Werth, wenn es sich darum handelt, Dickichte hervorzurufen und die Stämme zu verdecken, auch die Winde aufzuhalten und dadurch zu schützen. Um das gegenseitige, das Wachsthum hinderliche Drängen zu beseitigen, beginnt nun zur besseren Entwickelung der kräftigeren Stämme die eigentliche Arbeit der Waldpflege, nämlich die Entfernung aller schwächeren, den Kronenschluß nicht unterbrechenden Bäume, welches Aushauen man das Durchforsten nennt.

Die Durchforstung selbst wird unter die Waldpflege gerechnet und abgehandelt.

Die Form und der Wuchs der Holzarten, sowie Farbe der Rinde und des Holzes.

Die Form und der Wuchs der Holzarten werden durch die Aeste und Zweige hervorgerufen und als Kerne bezeichnet. Die Stellung derselben ist je nach den Arten aufrecht, wagrecht oder abwärts gerichtet, wenn auch nicht so streng durchgeführt, doch immer den verschiedenen Richtungen annähernd; ferner ist auch die Stärke derselben von Einfluß. Aufrecht strebende Aeste bilden einen schlanken, mehr wagrecht strebende einen breiten, ausgedehnten Wuchs. Starke Aeste bilden einen schweren und massenhaften, schwache Aeste einen mehr leichten Wuchs. Nach den durch die Stellung und Stärke der Aeste bedingten Formen und Wuchsarten unterscheidet man vier hervorragende Formen der Kronen, welche sich ziemlich streng sondern, da sie unter allen Vegetationsverhältnissen gleich bleiben. Man unterscheidet:

1. Rundkronen oder Kugelbäume,
2. die spitzwipfelige Krone,
3. die pyramiden- oder kegelförmige Krone,
4. die Häng- oder Trauerform.

Zu der ersten Classe mit runden Wipfeln gehören die Eiche, die Buche, die Esche, die Linde, der Ahorn und die Walnuß. Zu der zweiten Classe alle Nadelhölzer. Zu der dritten Classe die Pappel, Juniperus und Thuja. Zur vierten Classe: Salix babylonica.

Der Stamm wirkt durch seine Mächtigkeit, Höhe und Stärke, durch die Gestaltung und Färbung der Rinde. Die Rinde ist es hauptsächlich, welche dem Stamme den Charakter giebt. Sie ist knorrig, zerrissen und rauh, wie bei den Stämmen von alten Eichen, Ulmen, Linden, Silberpappeln, Birken, Kastanien und Kiefern, oder glatt wie bei den Rothbuchen, Hainbuchen, Eschen, den weißen Pappeln, Tannen und Kirschbäumen. Verschiedenartig gefärbte Rinden findet man bei der Silberpappel silbergrau, Rothbuche, röthlich bei der Kiefer, gelbgrün bei der Platane, grün bei den jüngeren Stämmen der Weymouthskiefer, des Eschenahorns, weiß- und schwarzgefleckt bei der Birke. Die Färbung der Rinde der Stämme erstreckt sich auch auf die Aeste und tritt hier oft noch auffälliger hervor wie bei der gelben und rothen Weide, der Goldesche. Sehr dunkles Holz besitzen: Alnus glutinosa, Cerasus Padus, Prunus spinosa, Rhamnus cathartica, Frangula, Ribes alpinum Hellgraues Holz: Populus alba, tremula Sambucus nigra, Syringa vulgaris, Viburnum, Opulus, Berberis vulgaris. Grünes Holz: Negundo fraxinifolium, Evonymus europaea, Cytisus Laburnum. Rothes Holz: Cornus alba und Cornus sibirica.

Gelbes Holz: Salix vitellina. Hellbraunes Holz: Fraxinus excelsior, Salix purpurea, Spiraea opulifolia. Dunkelbraunes Holz: Salix nigricans, Lonicera coerulea und Cornus alternifolia.

Ueber die Pflege der Waldungen.

Im Allgemeinen beschränkt sich die Waldpflege darauf, daß man die heranwachsenden Bäume in ihrem Wachsthum gehörig unterstützt und ihnen den gehörigen Raum, Luft und Sonne giebt, was durch das Durchforsten erreicht wird. Wenn man den heranwachsenden Wald sich selbst überläßt, so gehen viele Pflanzen zugrunde, und zwar hauptsächlich wegen dem fehlenden Raum, Licht und der nöthigen Luft, da sie sich nicht entwickeln können und die übrigen beeinträchtigen.

Von Tausenden von jungen Stämmen, die im Anfange vorhanden sind, verbleiben schließlich nur noch einige Hundert, die sich vollkommen entwickeln. Es ist deshalb nothwendig, beizeiten die überflüssigen Pflanzen zu entfernen, damit die übrigen sich frei entwickeln können. Die Durchforstung kann aber erst dann beginnen, wenn durch das gewonnene Material die entstehenden Kosten gedeckt werden, und ist ein Alter von zehn Jahren nothwendig. Eine stärkere Durchforstung verlangen die Schwarzföhren, Weißföhren, Birken, Lärchen und Eichen; eine schwächere die Buchen, Tannen und Fichten. Die Durchforstung geschieht hauptsächlich beim Hochwald.

Die weitere Pflege des Waldes besteht in dem Schutze gegen mannigfaltige Schäden, die hervorgerufen werden durch Ueberschwemmungen, Fröste, Stürme, Brände, Vögel und Insecten. Die Ueberschwemmungen können am besten durch anzubringende Erddämme hintangehalten werden, wenn nicht die Nähe von größeren Flüssen, die alljährliche Ueberschwemmungen bedingen, dies unmöglich machen.

Gegen die Fröste läßt sich nichts thun, dagegen können junge Saaten mit Laub und Moos bedeckt werden, um sie gegen die Kälte zu schützen.

Bei anhaltender Dürre leiden die jungen Holzpflanzen sehr und müssen dieselben in den Pflanzungen in der Früh und Abends mit Wasser begossen werden, um sie vor gänzlichem Untergange zu schützen. Durch anhaltende Wärme leiden besonders die Nadelwaldungen und muß darauf gehalten werden, daß keine fehlerhaften Holzschläge vorkommen.

Beschädigungen können ferner durch Vögel entstehen, die sich vom Samen nähren und die natürliche Fortpflanzung dadurch verhindern. Der Fink verzehrt im Frühjahr die Nadelholzsamen und im Herbst die Buchecker der Buchenwaldungen, und der Kreuzschnabel sucht vom Herbst an den ganzen Winter bis zum Frühjahr die Nadelholzsamen aus den Zapfen heraus. Zur Vermeidung dieser Uebelstände ist das einzige Mittel die Aufstellung von beweglichen Vogelscheuchen oder das öftere Schießen nach diesen Vögeln. Ferner hat man sein Augenmerk auch auf die besonders den Nadelhölzern sehr gefährlich werdenden Insecten zu richten und sind es hauptsächlich die Schmetterlinge und Käfer, welche oft große Verheerungen verursachen. Schmetterlinge, die als Raupen durch Fraß des Nadellaubes Schaden herbeiführen, sind der Kiefernspinner, die Föhreneule, die Nonne und der große Kiefernspinner; von Käfern, die durch Einfressen in die Rinde und das Holz die Nadelhölzer beschädigen, sind hauptsächlich der Kiefernmarkkäfer, der Fichtenborkenkäfer und der Rüsselkäfer. Der Fichtenborkenkäfer kann oft große Verheerungen anrichten und ist das einzige Mittel, die gefällten Bäume, in denen sich viel Käfer eingebohrt haben, bald aus dem Walde zu bringen.

Der Fichtenborkenkäfer ist ein kleiner, schwarzbrauner Käfer, der sich ungemein vermehrt, den Fichtenwaldungen sehr gefährlich ist, in größerer Anzahl im Monat Mai schwärmt und alle sauberen Bestände anfällt, sich in die Rinde einbohrt und in derselben seine Eier legt, aus welchen in zwei Wochen kleine weiße Maden erscheinen, die sich in der Rinde fortfressen, dann sich verpuppen und im Monat Juni wieder als Käfer zum Vorschein kommen. Der Fichtenborkenkäfer befällt in der Regel nur kranke Stämme, vermehrt sich auch daselbst, wenn aber seine Vermehrung sehr überhand nimmt, so bohrt er sich auch in gesunde Stämme ein und richtet große Verheerungen an. Der Rüsselkäfer ist von schmutzigbrauner Farbe mit lichten Punkten und wird besonders durch Benagen den neu ausgesetzten Fichten- und Kiefernpflanzenstämmchen, die meistens dadurch zugrunde gehen, gefährlich. Er schwärmt im Mai und Juni und auch noch später, legt in die Ritzen der Rinde von Stöcken und Stockwurzeln seine Eier, aus welchen weiße Maden hervorkommen, die sich von der Baumrinde und dem Holze nähren, sich dann verpuppen, woraus wieder Käfer entstehen. Um den Verheerungen dieses Käfers Einhalt zu thun, ist es am besten, die Wurzelstöcke auszuroden und aus dem Walde zu schaffen.

Weitere Schäden können auch durch das Wild in den Waldungen angerichtet werden, und zwar durch das Verbeißen und Schälen, namentlich der jungen Bäume, sowie durch das Abbeißen der Knospen und Samen durch Eichhörnchen; auch die Mäuse verursachen durch Benagen der jungen Stämme oft großen Schaden. Schließlich sind hier auch noch die Pilze zu erwähnen, die an verschiedenen Bäumen vorkommen, wie z. B. der Buchenpilz Polyporus fomentarius, der sowohl an Buchen, Eichen und auch Linden vorkommt, die Gestalt und Größe eines Roßhufes hat, mit grauen, schwärzlichen Kreisen gegen den Rand, und der zur Bereitung des Feuerschwammes dient, sowie der Löcherpilz Polyporus Laricis, der unter dem Namen Agaricus als Purgirmittel dient; ferner der Weidenpilz Polyporus suaveolens, der im Herbst und Winter an Weiden vorkommt und einen Geruch wie Anis und Veilchenwurzel besitzt, endlich der Polyporus odoratus, der wohlriechende Tannenpilz von bräunlich rother Farbe, der an Tannenbäumen das ganze Jahr hindurch sichtbar ist, sowie der Erlenpilz Schizophyllum alneum an Stämmen der Laubhölzer, besonders Erlen, und noch verschiedene andere Pilze und Flechten, die als Parasiten an den Stämmen von Laub- und Nadelhölzern vorkommen, auf die wir hier nicht speciell eingehen können.

Wenn diese Pilze und Parasiten auch direct dem Holze nicht schaden, so kann ein sehr großes Ueberhandnehmen derselben zur gesunden Entwickelung nicht dienlich sein.

II.

Die Laubhölzer.

1. Acer. Der Ahornbaum. Acer saccharinum, saccharophorum, nigrum, campestre, colchicum, opulus. Acer platanoides, tartaricum, macrophyllum, striatum, pseudoplatanus.

2. Aesculus. Die Roßkastanie. Aesculus glabra. hippocastanum, pallida, pavia, flava, macrocarpa.

3. Alnus. Die Erle. Alnus alpina, barbata, cordifolia.

4. Amygdalus. Der Mandelbaum. Amygdalus communis, nana, persica, incana, glutinosa, seratula, undulata.

5. Aquilaria. Der Adlerholzbaum. Aquilaria molucensis.

6. Armeniaca. Der Aprikosenbaum. Armeniaca vulgaris.

7. Betula. Die Birke. Betula alba, lenta, nigra, pubescens.

8. Carpinus. Die Heinbuche. Carpinus betulus, orientalis.

9. Carya. Die Bitternuß. Carya amara.

10. Castania. Die Kastanie. Castanea americana, vesca.

11. Caesalpinia. Die Färberkäsen. Caesalpinia bahamensis, bijuga, brasiliensis, coriaca, mimosoides, nuga, pluviosa, Sappan.

12. Celtis. Der Zürgelbaum. Celtis australis.

13. Cerasus. Der Kirschbaum. Cerasus laurocerasus, padus, sylvestris, vulgaris.

14. Convolvulus. Die Besenwinde. Convulvulus scoparius.

15. Corylus. Die Haselnuß. Corylus avellana, colurna.

16. Cydonia. Der Quittenbaum. Cydonia vulg.

17. Cynometra. Der Aloëholzbaum. Cynometra Agallocha.

18. Fagus. Die Buche. Fagus ferruginea, sylvatica. (Fig. 5.)

19. Fraxinus. Die Esche. Fraxinus argentea, excelsior, americana, lentiscifolia, oxycarpa, parvifolia, pendula, pennsylvania, ornus, juglandifolia, quadrangulata. (Fig. 6.)

20. Hämatoxylon. Der Blauholzbaum. Hämatoxylon campechianum.

21. Juglans. Der Walnußbaum. Juglans nigra, regia.

22. Liquidambar. Der Amberbaum. Liquidambar styraciflua.

23. Liriodendron. Der Tulpenbaum. Liriodendron tulipifera.

24. Magnolia. Die Magnolie. Magnolia auriculata, acuminata, cordata, glauca, grandiflora, macrophylla.

25. Morus. Der Maulbeerbaum. Morus nigra, tinctoria.

26. Ostria. Die Hopfenbuche. Ostria carpinifolia, virginia.

27. Platanus. Die Platane. Platanus vulgaris.

28. Populus. Die Pappel. Populus alba, canescens, canadensis, fastigata, grandiflora, nigra, pyramidalis.

29. Pterocarpus. Der Sandelbaum. Pterocarpus draco, indicus, santalinus.

30. Prunus. Der Pflaumenbaum. Prunus domestica, spinosa.

31. Pyrus. Der Apfelbaum. Pyrus sylvestris. (Fig. 7 und 8.) Pyrus malus L., Pyrus torminalis Ehrh.

32. Quajacum. Der Pockenholzbaum. Quajacum officinale.

33. Quassia. Der Bitterholzbaum. Quassia amara, excelsa.

34. Quercus. Die Eiche. Quercus alba, bicolor, lyrata, laurifolia, imbricata. (Fig. 9 und 10.)

35. Robinia. Die Robinia. Schotendorn. Robinia hispida, pseudoacaria, viscosa. (Fig. 11.)

36. Salix. Der Weidenbaum. Salix alba, amygdalina, babylonica, candida, caprea, eloagnus u. s. w. (Fig. 12 und 13.)

37. Santalum. Der Sandelholzbaum. Santalum myrtifolium.

38. Sorbus. Die Eberesche. Sorbus americana, aria, aucuparia, chamaemespilus, domestica.

39. Strichnos. Der Schlangenholzbaum. Strychnos culubrina.

40. Swietenia. Der Mahagonibaum. Swietenia Mahagoni.

41. Tilia. Der Lindenbaum. Tilia alba, americana, argentea, parvifolia, pubescens, vulgaris. (Fig. 14.)

42. Ulmus. Der Rüster. Ulmus americana, campestris, effusa, fulva, montana und suberosa.

1. Acer. Der Ahornbaum.

a) Acer campestre Linné. Der Feldahorn, auch Masholder.

Ein kleiner Baum, der in ganz Europa vorkommt und nassen, bindigen Boden mit sonniger Lage liebt. Er hat fünflappige, ganzrandige, längliche Blätter, mit weichhaarigen Blattstielen. Die Blüthen erscheinen mit den Blättern im Mai zugleich, sind gelblich grün in aufrechten Doldentrauben. Der Feldahorn wächst schnell und giebt von 20 Jahren an Samen, der im October reift und im Winter ausfliegt.

Er liefert gutes Nutzholz und ein dem Buchenholz gleichkommendes Brennholz. Das harte Holz ist gut für Drechsler, die Schösse werden zu Pfeifenröhren benützt, aus den Wurzelmasern werden die berühmten Ulmer Pfeifenköpfe gemacht. Kommt überall in Hecken und Rainen vor.

b) Acer colchicum Hartweis. Colchischer Ahorn.

Ein mit schön breit entwickelter Krone versehener Baum, der aus Asien nach Europa gebracht und eingeführt wurde.

Er hat ganzrandige, fünflappige Blätter, deren untere Lappen über dem Blattstiel herunterhängen.

c) Acer macrophyllum Pursh. Großblätteriger Ahorn.

Dieser Baum kommt im nordwestlichen Amerika vor, erreicht eine Höhe von 15 bis 25 Meter und zeichnet sich durch eine schöne, dunkelgrüne Belaubung aus. Er hat fingerförmige, fünflappige, am Grunde herzförmige Blätter mit rundlichen Ausschnitten und sind dieselben oben dunkel- und unten blaßgrün. Die gelben Blüthen, die im April und Mai erscheinen, stehen in aufrechten Doldentrauben. Das junge Holz ist braun und die Knospen sind grün.

d) Acer nigrum Michaux. Schwarzer Zuckerahorn.

Ein stattlicher Baum Nordamerikas, mit fünflappigen, grünen Blättern, die unten blaßgrün und fein behaart sind. Die gelbgrünen Blüthen sind in Doldentrauben. Dieser Baum wird auch zur Zuckergewinnung benützt.

e) Acer opulus Aiton. Italienischer Ahorn.

Ist ein 3 bis 4 Meter hoher, dicht verästeter Baum, mit herzförmigen, rundlichen, glatten, fünflappigen, oben dunklen und unten weißlich grünen Blättern mit langen, rothen Blattstielen. Die gelblich weißen Blüthen sind in kurzen, aufrechten schlaffen Doldentrauben.

f) Acer platanoides Linné. Spitzahorn.

Ein 10 bis 20 Meter hoher Baum, mit aschgrauer Rinde, der in Mitteleuropa, auch in Norwegen in Bergwäldern vorkommt, mit glatten, fünflappigen, hellgrünen, 10 Centimeter langen und breiten Blättern und grünlich gelben Blüthen. Der spitze Ahorn blüht im April und Mai kurz vor dem Ausschlagen der Blätter. Der Baum wächst rasch und gedeiht auch in feuchtem Boden. Das Holz ist weniger werthvoll als vom Feldahorn. Der Saft ist sehr zuckerreich.

g) Acer pseudoplatanus. Der Waldahorn.

Ein ansehnlicher, 10 bis 25 Meter hoher Baum, der auf Bergen und in zerstreuten Buchenwäldern vorkommt, mit herzförmigen, tief fünflappigen Blättern und grünlich gelben Blüthen. Das Holz ist weiß, sehr gut zu Tischen, Sätteln, Spindeln, Wanduhren und Löffeln benützbar. Der Stamm giebt durch Anbohrung im Frühjahr einen sehr süßen Saft, aus dem man Zucker und Wein darstellen kann.

h) Acer saccharinum Linné. Florida-Ahorn.

Ein schöner, 15 bis 25 Meter hoher Baum Nordamerikas, mit breit entwickelter Krone und geneigten Aesten, fünflappigen, mit buckligen Ausschnitten, am Grunde etwas verschmälerten Lappen, oben glänzend dunkelgrünen Blättern, die unterhalb silbergrau sind. Die bräunlich rothen, doldenartigen Blüthen erscheinen 14 Tage früher vor den Blättern. Er liefert gutes Bauholz, was besonders zu Schiffskielen benützt wird. Der Saft giebt einen guten Zucker, 250 Stämme geben 10 Centner Zucker.

i) Acer saccharophorum Kork. Zuckerahorn.

Ein kleiner, zur Blüthezeit prächtiger Baum, mit heller Belaubung und breit entwickelter Krone. Die Blätter sind fünflappig, unten blaugrün, mit zugespitzten ganzendigen Lappen. Die gelben Blüthen sind in sitzenden Dolden. Der Saft giebt einen guten Zucker. Das Holz des Ahorns hat eine sehr helle, etwas röthliche Farbe und erscheint auf glatten Längsschnitten durch den verschiedenen Lichtreflex in den verschiedenen Gewebeformen schön seidenartig gewässert. Es ist zähe, fest und hart und läßt sich schwer spalten. Das Ahornholz findet hauptsächlich Verwendung für Möbelholz, weniger als Bauholz, da es sehr dem Wurmfraße unterworfen ist. Das specifische Gewicht des lufttrockenen Ahornholzes beträgt 0·61 bis 0·74. Bezüglich seines anatomischen Baues charakterisirt sich das Ahornholz durch den gänzlichen Mangel an Holzparenchym und daß die Holzgefäße weit deutlichere spiralige Ränder erkennen lassen als wie beim

Eschenholze. Die Markstrahlen des Ahornholzes sind um 1 Millimeter höher als wie beim Eschenholze. Die Jahresringe sind bei dem Herbstholze sehr deutlich und etwas dunkler gefärbt. Die Rinde des Ahornholzes enthält Gerbstoff und benöthigt man nach Anton zum Gerben von 1 Pfund Haut 10 Pfund Ahornrinde.

2. Aesculus Linné. Die Roßkastanie.

Hippocastanea de Candolle.

a) Aesculus flava de Candolle. Gelbe Pavie.

Ein 25 Meter hoher Baum, der 1 Meter stark wird und in Nordamerika einheimisch ist, mit ausgebreiteten hängenden Zweigen, fünf- bis siebenzölligen, oben glänzenden grünen Blättern und gelben, pyramidalen Blüthentrauben, die im April und Mai erscheinen. Das junge Holz ist gelblich braun.

b) Aesculus glabra Wildenow. Glattblätterige Roßkastanie.

Ein 6 bis 10 Meter hoher Baum Nordamerikas, mit aufrechten Aesten, blaßgrünen, glänzenden, glatten Blättern und grüngelben Blüthen, die im Juni erscheinen.

c) Aesculus hippocastanum Linné. Gemeine Roßkastanie.

Ein 20 bis 25 Meter hoher Baum, der ursprünglich aus dem nördlichen Indien und Persien stammt und sich in ganz Europa verbreitet hat, mit schönen, großen, dunkelgrünen Blättern und langen, weißen und rothgefleckten Blumen, welche im Frühjahr erscheinen. Die Frucht ist stachelig. Sie gleicht äußerlich sehr den Kastanien, ist aber davon wesentlich verschieden, indem die stachelige Schale die Gröpsschale selbst ist, dort aber die Hülle; die zwei bis drei nußartigen, braunen Kerne sind daher wahre Samen, bei den Kastanien aber Nüsse. Der bittere Kern ist ein gutes Futter für Wild, wie Hirsche. Die Rinde ist zusammenziehend, enthält Gerbstoff und dient zum Färben und Gerben. Das Holz der Roßkastanien ist zu Tischlerarbeiten gut zu verwenden und ist in seinem anatomischen Baue dem Lindenholze sehr ähnlich, ebenso hinsichtlich seiner Eigenschaften und Verwendbarkeit. Das specifische Gewicht des Holzes ist etwas höher als das des Lindenholzes. Zu bemerken ist noch, daß die Rinde der Roßkastanie gerbstoffhaltig ist und die Roßkastanien nach Fontanell 2 Procent Gerbstoff enthalten.

d) Aesculus macrocarpa Hortorum. Großfrüchtige Pavie.

Ein 7 bis 10 Meter hoher Baum mit großen Blättern und blaßrothen, gelben Blüthen.

e) Aesculus macrodachya Mychow. Großrispige Pavie.

Dieser Baum ist in Nordamerika zu Hause, blüht im Juli und August und hat prächtige, dunkelgrüne Blätter und lange, schöne Blüthensträuße.

f) Aesculus pallida Wildenow. Gelblich blühende Roßkastanie.

Ein 6 bis 10 Meter hoher Baum, der im Monat Mai und Juni blüht.

g) Aesculus pavia Linné. Gemeine Pavie.

Ein 6 bis 8 Meter hoher Baum, der in Virginien und Carolina einheimisch ist und in Europa in den Anlagen gepflanzt wird, mit fünfzölligen Blättern und bräunlich rothen Blüthen, die im Mai und Juni erscheinen. Die Früchte sind glatt und die gekochte Wurzel dient als Seife beim Waschen der Wollzeuge.

3. Alnus. Die Erle.

Betulaceae de Candolle.

a) Alnus alpina. Die Alpenerle.

Kommt in den Alpen strauchartig vor, hat kleinere Blätter als die übrigen Erlenarten und liefert Prügelholz.

b) Alnus barbata Meyer. Die bärtige Erle.

Ist von Frankreich aus über Europa verbreitet.

c) Alnus cordifolia Loddiges. Die herzblätterige Erle.

Ein schöner und wipfeliger, 16 bis 20 Meter hoher Baum, der in Unteritalien in Wäldern vorkommt. Die Blätter sind dunkelgrün, glänzend, tief herzförmig, breit gezähnt und gespitzt. Dieser Baum verlangt trockenen Boden.

d) Alnus glutinosa. Die gemeine Erle.

Ein 16 bis 20 Meter hoher Baum, der überall in Europa in der Nähe von Buchen oder an feuchten Orten vorkommt, mit dunkelgrünen, keilförmig rundlichen, wolligen, gesägten und klebrigen Blättern, die auf der unteren Seite behaart sind, braungrauer Rinde und schiefen, aufgerichteten spröden Aesten. Die Erle blüht Ende März und der Same reift im October und fliegt über Winter aus. Die Erle hat einen geraden und runden Stamm; das Holz wird theils als Brennholz, theils zu Wasserbauten benützt. Die bittere, herbe Rinde verwendet man zum Gerben und die Zapfen zum Braun- und Schwarzfärben.

e) Alnus incana. Die Weißerle.

Die Weißerle kommt auf mehr trockenem und leichtem Boden vor, hat eine hellgraue, glatte und glänzende Rinde und längliche, kurz gespitzte, doppelt gezähnte, dunkelgrüne Blätter, die unten filzig behaart sind. Sie wächst sehr rasch und kommt in Europa überall vor. Die Blüthezeit ist Ende Februar bis Anfang März und reift der Same im October. Das Holz hat einen höheren Brennwerth als das der gemeinen Erle.

f) Alnus serratula Wildenow. Die sägeblätterige Erle.

Ein 2 bis 3 Meter hoher Baum Nordamerikas, der in der Nähe von Sümpfen und Flüssen vorkommt. Er hat verkehrt eirunde, zugespitzte Blätter, die 5 Centimeter lang sind.

g) Alnus undulata Wildenow. Die wolligblätterige Erle.

Ein Baum Nordamerikas, mit länglich eirunden Blättern, die weitläufig doppelt gezähnt und wollig behaart sind. Die Kätzchen sind walzig, die Schuppen vierblüthig, der Kelch dreitheilig, mit vier Staubfäden. Der Zapfen ist rund mit holzigen Schuppen. Die Kätzchen bilden kleine Rispen am Ende und blühen vor den Blättern.

Die Farbe des Erlenholzes ist hell grünlich gelb, jedoch nimmt dasselbe an der Schnittfläche bald eine rostrothe Färbung an, welche man dem Gehalte der Markstrahlen an einem Chromogen zuschreibt. Das Erlenholz ist weich, wenig elastisch und läßt sich leicht spalten; es dient hauptsächlich zu Wasserbauten, während es, den Witterungsverhältnissen der Luft ausgesetzt, keine lange Dauer besitzt und auch deshalb als Bauholz keine Verwendung findet. Das specifische Gewicht des Erlenholzes im lufttrockenen Zustande beträgt 0·42 bis 0·64. Bezüglich des anatomischen Baues ist das Erlenholz dem Birkenholz sehr ähnlich und besitzt scheinbar sehr breite Markstrahlen von Handhöhe. Die Gefäße des Erlenholzes haben kleine Tüpfel, die schräg stehenden Querwände sind leiterförmig durchbrochen. Die welligen Jahresringe des Erlenholzes sind sehr deutlich.

Die Rinde des Erlenholzes enthält eine nicht unbedeutende Qualität Gerbstoff; zum Gerben von einem Pfund Haut sind nach Anton 18 Pfund Erlenrinde erforderlich.

4. Amygdalus Tournefort. Der Mandelbaum.

Amygdalus de Candolle.

a) Amygdalus communis L. Gemeiner Mandelbaum.

Der gemeine Mandelbaum wird 6 bis 10 Meter hoch, hat längliche, lanzettförmige, gesägte Blätter und blaßrothe, weiße Blüthen, die im Monat Mai erscheinen. Die Früchte sind oval und zusammengedrückt. Die Kerne sind mehlig und eßbar. Es giebt zwei Hauptarten: süße und bittere.

Die bitteren Krachmandeln kommen von Amygdalus amara, kommt am Mittelmeer besonders vor. Die Nußschale läßt sich mit dem Finger zerdrücken. Sie liefern das bittere Mandelöl.

Die süßen Steinmandeln kommen von Amygdalus dulcis, der hauptsächlich in Sicilien und Apulien vorkommt. Die Nußschale läßt sich schwerer zerdrücken. Sie liefern das süße Mandelöl.

Die süßen Krachmandeln kommen von Amygdalus fragilis. Die Nußschale läßt sich leicht zerdrücken. Es giebt runde, lange und große.

Die Pfirsichmandeln von Amygdalis persicoides.

b) Amygdalus nana. Die Zwergmandel.

Kommt in der Tatarei und dem südlichen Sibirien vor, hat länglich, birnenförmig zugespitzte, glatte und gesägte Blätter, mit schönen rothen Blumen und rothen Staubfäden. Die Blätter erscheinen im März und April.

c) Amygdalus persica Linné. Der gemeine Pfirsichbaum.

Stammt aus Persien und China, ist ein mäßiger Baum von 5 bis 10 Meter Höhe, mit unregelmäßigen grauen Aesten und spitz ovalen, scharfgezähnten Blättern. Die Blüthen sind sanft roth und die Frucht meist wollig, grünlich gelb und dunkelroth, sehr weich, schmackhaft und erfrischend. Die Blüthen und Samen werden als Abführmittel gebraucht. Das Holz ist sehr hart.

5. Aquilaria. Der Adlerholzbaum.

Familie der Smilaceen.

a) Aquilaria malacencis. Der malakkische Adlerholzbaum.

Ein 24 bis 30 Meter hoher Baum Malakkas, mit zottigen Zweigen, ovalen, zugespitzten Blättern und behaarten Blattstielen. Die gelben, lederartigen Blüthen stehen in Dolden.

Die Kapsel ist lang und zusammengedrückt, mit länglich ovalen, schwarzen Samen. Das Holz dieses Baumes kommt seit den ältesten Zeiten unter dem Namen unechtes Aloë- oder Paradiesholz (Lignum Aloës) nach Europa. Im Handel kommt es in knotigen Holzstücken von grauer oder schmutzig-gelber Farbe vor, es riecht angenehm, beim Erwärmen wie Animeharz, und zeigt weiße Tüpfel auf dem Durchschnitte, welche von der Durchschneidung vieler das Holz der Länge nach durchziehenden Röhren herrührt. Es wird zu Räucherungen und als krampfstillendes Mittel gebraucht.

b) Aquilaria molucensis. Der molukkische Adlerholzbaum.

Hat länglich ovale, allmählich zugespitzte Blätter. Kommt auf den Molukken vor. Von diesem Baum soll auch sehr viel Holz nach Europa kommen, es ist dem anderen sehr ähnlich.

6. Armeniaca Tournefort. Aprikosenbaum.

Familie Amygdaleae.

a) Armeniaca vulgaris Lamark. Gemeiner Aprikosenbaum.

Ein mittelgroßer Obstbaum, der aus Kleinasien stammt, jetzt aber in Europa eingebürgert ist und meist als Spalierbaum gezogen wird, da er sehr empfindlich gegen Kälte ist. Die Blätter sind spitz oval und herzförmig, glatt und doppelt gezähnt, unten dunkelgrün. Die Blüthen sind weißröthlich. Die Früchte sind fast wie die Pfirsiche, rundlich, gelb, auf einer Seite roth; das Fleisch ist trocken und gelb. Der Stein ist oval und zusammengedrückt. Der Kern ist kleiner als wie bei der Mandel und giebt ein fettes und ein ätherisches Oel.

b) Armeniaca cerasariae. Marillen.

Die Frucht ist klein, rundlich und gelb, wird getrocknet und als Gemüse gekocht. Die Kerne sind bitter. Die Frucht heißt in Aegypten Misimisi.

c) Armeniaca prunariae. Pflaumen-Marille.

Die Frucht ist mäßig groß, rundlich und röthlich. Der Same ist süß und ölig.

d) Armeniaca persicariae. Die Pfirsich-Aprikosen.

Die Frucht ist groß, rundlich, gelb und roth, sehr schmackhaft. Der Kern ist süß und eßbar. Der Stein fällt von selbst auseinander.

7. Betula L. Die Birke.

Familie Amentaceae.

a) Betula alba. Die Weiß- oder Harzbirke.

Bildet ganze Wälder im Norden von Europa und Asien und wird 15 bis 30 Meter hoch und 0·5 Meter dick, mit sehr schöner, weißer Rinde, welche in großen Fetzen sich ablöst. Die Zweige sind ruthenförmig und hängend, braun und voll Drüsen. Die Kätzchen gepaart, hängend und rothbraun. Die Rinde und Blätter sind herb und bitter und werden gegen Fieber angewendet. Die Blätter kann man zum Gelbfärben benützen und aus dem Safte wird eine Art Wein wie Champagner bereitet. Aus der Rinde gewinnt man in Rußland durch Destillation ein Oel (Oleum betulinum), welches zur Verfertigung des Juchtenleders angewendet wird. Das Holz ist ein gutes Brennholz und die Zweige werden allgemein als Besen gebraucht.

b) Betula lenta Linné. Die zähe Birke.

Die zähe Birke erreicht eine Höhe von 20 bis 24 Meter und kommt in Canada und Georgien in Nordamerika vor. Dieser Baum verdient wegen seines raschen Wachsthums und des ausgezeichneten Holzes auch in anderen Ländern angepflanzt zu werden. Die Blätter sind herzeiförmig, länglich zugespitzt, scharf gesägt und die grünlich weißen Blüthen erscheinen im Mai und Juni und haben einen sehr angenehmen Geruch.

c) Betula nana. Die Zwergbirke.

Kommt in den Sümpfen auf den Alpen vor, wird nicht hoch und hat lange, niederhängende Zweige. Die Blätter sind rund und gekerbt. Der Saft wird gegen Ausschläge zum Einreiben und innerlich gegen Abzehrung angewendet.

d) Betula nigra Linné. Die Rothbirke.

Ein Baum Nordamerikas, der eine Höhe von 20 bis 24 Meter erreicht und rhomboïdisch-eiförmige, unregelmäßig doppeltgesägte, spitze Blätter hat, die unten weißlich behaart sind. Die Rothbirke hat eine röthlich zimmtbraune Rinde und löst sich in dünnen, papierähnlichen Streifen ab. Die Blüthen sind grünlich weiß und erscheinen im Mai.

e) Betula pubescens. Die Haar- oder Bruchbirke.

Die Alpenbirke und Zwergbirke kommt hauptsächlich auf dem Torfboden der Alpen vor. Die Birken kommen meistens in den nördlichen Ländern vor und geben ein gutes Brennholz und bei der Verkohlung eine gute Kohle. Das Holz wird auch von Wagnern benützt und aus den kleinen Aesten werden die Reifen für die Binder verfertigt. Ihre Vollkommenheit erreicht sie im sechzigsten Jahre und trägt im fünfzehnten Jahre Samen, der im Juli oder August reift. Sie kommt sowohl im Sumpfboden als auch im lehmigen Sandboden fort.

Das Holz der Birke, das auch im Alter durch die ganze Stammdicke hindurch als Splint bezeichnet wird, ist hell, etwas gelblich, auch röthlich gefärbt; es ist weich, wenig biegsam und äußerst schwer zu spalten. In Folge seiner geringen Dauerhaftigkeit wird es zu Bauzwecken gar nicht benützt; auch ist es dem Wurmfraße sehr ausgesetzt. Das specifische Gewicht des Birkenholzes im trockenen Zustande beträgt 0·51 bis 0·77. Bezüglich der anatomischen Beschaffenheit des Birkenholzes ist zu bemerken, daß es nur eine Art sehr schmaler Markstrahlen besitzt. Die Gefäße des

Birkenholzes haben die Eigenthümlichkeit einer leiterförmigen Durchbrechung und sind nirgends spiralförmig verdickt. Das Birkenholz hat diesen Charakter mit der Erle gemeinsam. Die Jahresringe der Birke sind durch das bräunlich gefärbte Herbstholz ziemlich deutlich.

8. Carpinus Linné. Hornbaum. Hagebuche.

Familie Amentaceae.

a) Carpinus betulus. Die Hainbuche, Weißbuche, Hornbaum.

Ein 10 bis 15 Meter hoher Waldbaum Mitteleuropas, mit nicht besonders starkem, im Umfange unregelmäßig entwickeltem, oft buckligem oder gewundenem Stamme, mit glatter, weißer, oft mit Moos besetzter Rinde. Dieselbe verästelt sich meistens schon in geringer Höhe und die Aeste sind mehr oder weniger spitzwinkelig angesetzt. Die länglich eiförmig zugespitzten Blätter sind faltig, im Herbste lebhaft gelb. Sie trägt vom zwanzigsten Jahre an Samen, blühe im April und der Same reift im October. Die Weißbucht liebt weder einen zu nassen noch zu bindigen Boden, kommt in Niederungen und im Hügellande vor und wächst sich bis zum sechzigsten Jahre vollkommen aus. Das Holz der Hainbuche ist weiß, auch in den älteren Jahresringen, und besteht nur aus Splint, es ist sehr hart, schwer zu spalten und enthält viel Gerbstoff. Das specifische Gewicht des Hainbuchenholzes im lufttrockenen Zustande beträgt 0·62 bis 0·82. Die anatomischen Merkmale des Holzes der Hainbuche unterscheiden sich von denen der Eiche und Buche. Dieses Holz besitzt nämlich nur Markstrahlen einer Art; diese sind sehr hoch und bestehen in der Regel aus einer einzigen Zellschicht. Da aber diese Charaktere im Allgemeinen noch von einer ganzen Reihe anderer Holzarten getheilt wird, wie den wilden Kastanien, den Weiden und Pappeln, so unterscheidet bei dem Hainbuchenholze: der Besitz von getüpfelten Gefäßen mit einem deutlich sichtbaren Spiralband; die Holzzellen der Hainbuche sind außerordentlich stark verdickt, wodurch die Dichtigkeit des Holzes bewirkt wird; die Jahresringe sind sehr deutlich, da das Herbstholz nicht bloß porenärmer, sondern auch dunkler gefärbt ist.

b) Carpinus orientalis Lamark. Orientalischer Hornbaum.

Kommt in Südeuropa und den Kaukasusländern vor.

9. **Carya.** Hikorybaum. Bitternuß.

a) Carya amara. Bitternuß, Hikory.

Ein 25 bis 30 Meter hoher Baum Nordamerikas mit prächtiger Krone und raschem Wuchse. Die gefiederten Blätter sind mit 7 bis 9 länglichen, eirunden, lang zugespitzten, scharf und tief gesägten, glänzend grünen Blättchen versehen. Die Knospen sind goldgelb und die kleine Frucht ist breit und lang. Der Kern der Frucht ist außerordentlich bitter.

b) Carya olivaeformis. Die olivenförmige Hikory.

Die Früchte sind länglich viereckig. Die Nuß ist glatt und olivenförmig. Wächst in Nordamerika am Ohio, Mississippi, Ober-Louisana und wird bis 30 Meter hoch. Der Kern giebt ein vortreffliches Oel, was im Handel vorkommt.

10. **Castanea Tournefort.** Kastanie.

Familie Amentaceae.

a) Castanea americana G. D. Amerikanischer Kastanienbaum.

Ein ansehnlicher Baum Nordamerikas, mit größeren elliptischen Blättern und kleinen Früchten, die noch süßer sind als die der echten Kastanie.

b) Castanea vesca Gaertner. Echter Kastanienbaum.

Dieser Baum, der seit langer Zeit in dem wärmeren Theile von Europa cultivirt wird, bildet im Süden bis an die Alpen ganze Wälder, ebenso am Rhein und in den Thälern des Schwarzwaldes. Es ist ein schöner, hoher, dicker Baum mit grauer Rinde, rissigen Aesten, von dunkler Farbe und jungem Holze, graubraun. Der Kastanienbaum erreicht im frischen Gebirgsboden eine nicht unbedeutende Höhe und Stärke. Die Blätter sind länglich, lanzettförmig zugespitzt, gesägt und auf beiden Seiten glatt. Die Kätzchen sind achselständig, gelblich, angenehm duftend und erscheinen im Mai. Die Frucht ist größer als eine Walnuß und enthält zwei oder drei Samen, welche geröstet oder auch gekocht gegessen werden. Das Holz ist dem Eichenholze gleich und wird zu Wasserbauten mitbenützt. Die Rinde ist tauglich zum Gerben. In Italien halten sich gern die Scorpione in den Wurzeln der Bäume auf.

11. Caesalpinia. Die Färberkäfen.

Familie der Hülsengewächse Leguminosen.

a) Caesalpinia brasiliensis. Die brasilianische Färberkäfen.

Ein Baum Brasiliens, welcher das westindische Fernambukholz liefert mit geradfiederigen Blättern, deren Blättchen, 7 bis 9 Paare, länglich oval sind. Die gelben Blüthen erscheinen in Rispen. Die Hülse ist taschenförmig und einsamig. Der Baum ist meist stachelig oder dornig. Das echte Fernambukholz findet sich gewöhnlich in armdicken Blöcken, die außen eine schmutzig rothbraune, oft blauschwarze Farbe besitzen. Frisch gespalten ist es gelblich roth und wird mit der Zeit dunkelgelbroth. Es ist sehr fest, feinfaserig und geschnitten gelblich röthlich. Der Geruch fehlt und der Geschmack ist süßlich, schwach zusammenziehend. Es färbt den Speichel roth und enthält einen rothen Farbstoff, das Fernambukroth. In geraspeltem Zustande feuchtet man das Holz mit etwas verdünnter Schwefelsäure oder einer Alaunlösung an und mischt es, wodurch es ein mehr rothes, violettes Ansehen erhält. Das Fernambukholz wird in den Färbereien hauptsächlich benützt und kommt im Handel oft mit bereits ausgekochtem und wieder getrocknetem gemischt vor. Dieser Betrug ist nicht so leicht zu ermitteln und kann nur bei der praktischen Verarbeitung entdeckt werden.

b) Caesalpinia Sappan. Sappan, Färberkäsen.

Ein Baum Ostindiens, der bis 6 Meter hoch und schenkeldick wird, voll dicker Stacheln und Warzen, wie bei den Rosen. Die Blätter sind doppeltgefiedert, meist mit zwölf Blättchen, die schief länglich, oval und ausgerandet sind. Die gelben, geruchlosen Blüthen erscheinen in fußlangen Rispen im April bis September. Die Hülsen sind breit, braun und hart und haben zwei bis drei braune, flache, drei- bis viereckige Bohnen. Der Baum wird über hundert Jahre alt und das Holz davon kommt im Handel unter dem Namen Sappanholz vor, jedoch wird nur der blaßrothe Kern verwendet. Das äußere Holz ist gelblich weiß. Der Hauptgebrauch ist zum Rothfärben. Mit Wasser allein gekocht wird es schwarz, mit Alaun roth, und verwendet man es zum Färben der Leinwand. Die dicksten Wurzeln färben am besten, werden aber selten ausgegraben, da sie an steinigen Orten vorkommen. Aus dem Holze macht man auch Schiffsnägel, Kisten, Schränke und Stühle. Das amboinische Holz kommt von einem halbkriechenden Baum, das siamesische aber von einem mannsdicken niederen Baum auf Bergen, hat einen Durchmesser von 1 Meter und versieht vorzüglich die indischen Märkte.

c) Caesalpinia bahamensis. Die bahamische Färberkäsen.

Ist ein kleiner Baum der Bahama-Inseln mit stacheligen Zweigen und Blattstielen, verkehrt ovalen Blättchen und weißen, wohlriechenden Blumen in Rispen. Die Hülsen sind schmal mit rundlichen Samen. Das Holz der bahamischen Färberkäsen kommt im Handel unter dem Namen gelbes Brasilienholz vor. Die scharfe Rinde dient zum Blasenziehen.

d) Caesalpinia coriacia. Die gerbende Färberkäfen.

Kommt in Westindien und Columbien vor, hat keine Dornen, sechspaarige Blattstiele, Seitenstiele zwanzigpaarig mit schmalen Blättchen. Die kleinen gelben, wohlriechenden Blüthen erscheinen in Rispen. Die Hülsen sind lang, fingerbreit und S-förmig. Der Same ist oval und breit. Die Früchte sind sehr herb, dienen zum Gerben und kommen unter dem Namen Siliquae libidibi im Handel vor.

e) Caesalpinia bijuga. Die balsamische Färberkäfen.

Dieser Baum kommt auf der Insel Jamaica vor und hat verkehrt herzförmige Blättchen. Das Holz ist roth, wird oft als Fernambukholz verkauft und giebt beim Reiben einen starken balsamischen Geruch von sich.

f) Caesalpinia mimosoides. Die empfindliche Färberkäfen.

Kommt auf Malabar vor, ist voller Stacheln und spannlangen Blättern, welche sich bei der Berührung sogleich niederlegen, sich aber bald wieder erheben. Die Blüthen sind roth und breit. Die Hülsen lang und wollig.

g) Caesalpinia pluviosa. Die tropfende Färberkäfen.

Ist ein dornenloser Baum Brasiliens, von dessen Zweigen Tropfen hinunterfallen wie bei einem Regen. Die Blätter sind ungerade und doppelt gefiedert. Die Blüthchen rautenförmig.

h) Caesalpinia nuga. Die ärgerliche Färberkäfen.

Kommt in Ostindien vor, wächst überall in Büschen und am Strande, wird armdick, mit fingerdicken Zweigen, welche im Grase kriechen und zu nichts dienen, als die Vorübergehenden zu ärgern, indem ihre Dornen Kleider und Haut zerreißen. Die Blättchen sind zweipaarig mit einem ungeraden. Die Blüthen sind schön gelb und wohlriechend in Traubenrispen. Aus dem Stamme fließt etwas Gummi.

12. Celtis Tournefort. Der Zürgelbaum.

Familie der Urticaceen.

Celtis australis L. Der gemeine Zürgelbaum.

Ein 10 bis 14 Meter hoher Baum mit schwach gefurchtetem und rissigem Stamme und übergebogenen glatten Aesten, der in Südeuropa und Nordafrika vorkommt. Die Zweige sind ruthenförmig, überhängend, grau und braun. Die Blätter sind eirund, lanzettlich, lang und zugespitzt, scharf gesägt und am Grunde ungleich. Die grünlichen Blüthen erscheinen im Mai und die Früchte sind wie kleine Kirschen, länglich, schwarz und genießbar. Das Holz ist vorzüglich, sehr dauerhaft und fest, wird deshalb zu Ladestöcken, Spazierstöcken, Peitschenstäben, Blasinstrumenten, Wagenbäumen und Faßreifen verarbeitet. Im südlichen Frankreich macht man aus den Aesten Heugabeln. Der Baum wird sehr alt, bis 500 Jahre. Er wächst am Mittelmeer in Zäunen und auf Hügeln, auch kommt er in Tirol vor, wo man aus dem Holze hauptsächlich Peitschenstäbe erzeugt.

13. Cerasus Linné. Der Kirschbaum.

Familie der Amygdaleen.

a) Cerasus laurocerasus Loisleur. Die gemeine Lorbeerkirsche.

Wird bis 6 Meter hoch, wächst häufig am Mittelmeer und bei uns in Gewächshäusern, hat eine schöne Krone und dunkelgraue Aeste. Die Blätter sind groß, lederartig, eilanzettförmig, weitläufig gesägt und an den Rändern zurückgebogen. Die meisten Blüthen erscheinen in länglichen Trauben im April und Mai. Die Frucht ist rundlich, schwarz, von der Größe einer Herzkirsche und enthält wie die Blätter Blausäure. Aus den Blättern destillirt man das Kirschlorbeerwasser (Aqua laurocerasi), das in der Medicin häufige Verwendung findet. Mit den Blättern würzt man in wärmeren Ländern die Speisen.

b) Cerasus padus de Candolle. Gemeine Traubenkirsche.

Wird 5 Meter hoch und ist in Europa, Sibirien und dem Oriente einheimisch, wächst sehr rasch und hat an den Zweigen bräunliche und weiße Flecken. Die Blätter sind oval, lanzettförmig und gezähnt, mit zwei Drüsen an den Stielen. Die weißen Blüthen erscheinen in hängenden Trauben. Die Früchte sind rundlich und schwarz, so groß wie eine Erbse, schmecken süßlich-sauer und herb, sind nicht eßbar und werden zur Branntweinerzeugung benützt. Die Rinde und Blätter riechen nach bitteren Mandeln, schmecken herb und bitter, enthalten einen scharfen Stoff, Harz, Gerbstoff und Blausäure, und werden als schweiß- und harntreibendes Mittel bei verschiedenen Krankheiten angewendet. Das leichte Holz dient zur Erzeugung von Flintenschäften, Tabakröhren und Geißelstöcken.

c) Cerasus sylvestris Bauhin. Die Waldkirsche.

Ein Baum von 16 bis 20 Meter Höhe, geradem Stamme und kräftigen Aesten, welche eine breite, pyramidale Krone bilden. Die oval, lanzettförmig spitz gesägten Blätter sind unten leicht behaart und haben zwei Drüsen am Grunde. Die sehr süße, kleine Frucht ist schwarz und roth. Aus den Früchten wird in dem südlichen Deutschland das sogenannte Kirschwasser bereitet, und bekommt dasselbe seinen eigenthümlichen Geruch von der Blausäure, die in geringer Menge darin enthalten ist.

d) Cerasus vulgaris Miller. Der gemeine Kirschbaum.

Ein Baum von geringer Höhe, mit steifen, aufrechten und zerstreuten Aesten, der überall in Europa vorkommt. Die steif abstehenden Blätter sind eirund, lanzettlich oder elliptisch, gesägt, glatt, glänzend und dunkelgrün. Die zahlreichen weißen Blüthen erscheinen in sitzenden Dolden im April und Mai. Die Frucht ist rund, braun oder schwarzroth mit säuerlichem Saft.

14. Convolvulus Linné. Besenwinde.

Convolvulaceae.

Convolvulus scoparius L. Die Besenwinde.

Wird mannshoch und kommt auf den Canarischen Inseln vor, mit schmalen Blättern und weißen Blumen. Die Wurzel und ein Theil des Stammes liefern das sogenannte Rosenholz (Lignum rhodium), es sind knotige Stücke mit grauer Rinde, inwendig gelblich oder röthlich, welche bitterlich schmecken und gerieben rosenartig riechen, auch ein ätherisches Oel geben. Der angenehme Rosengeruch dieses Holzes gab Veranlassung zu dem Namen Rosenholz, und da man es früher auch aus Rhodus bezog, nannte man es auch Rhodusholz. Es stammt von Convolvulus scoparius L. und Convolvulus floridus. Das cyprische Rosenholz, welches früher im Handel war, wird von einem dem Ahorne ähnlichen Baum gesammelt. Es finden sich auch noch geringere Sorten im Handel vor, die sich aber durch einen geringen Rosengeruch unterscheiden, so das amerikanische oder jamaikanische Rosenholz von gelblicher oder blaßröthlicher Farbe und geringem Rosengeruch.

15. Corylus Linné. Haselnuß.

Familie der Amentaceae.

a) Corylus avellana Linné. Gemeiner Haselnußbaum.

Corylus avellana wird 6 Meter hoch, oft auch noch höher und bildet in den Wäldern von Europa, Ost- und Westasien das Unterholz. Die runden, etwas herzförmigen, zugespitzten Blätter sind von länglich stumpfen Afterblättern begleitet. Die Hülle der Frucht ist glockig und am Rande zerschlitzt. Die Haselnuß verlangt einen kräftigen, feuchten Boden und nützt im Hochwalde durch seine Bodenverbesserung. Das Holz wird mannigfaltig, namentlich zu Faßreifen benützt, liefert auch ein gutes Brennholz. Die

Nüsse werden bekanntlich gegessen. Die Kerne enthalten viel fettes Oel.

b) Corylus colurna L. Byzantinische Haselnuß.

Ein 20 Meter hoher Baum der Türkei und Kleinasien, der einen schönen, pyramidalen Wuchs und horizontal ausgebreitete Zweige hat, er hat rundlich eiförmige, herzförmige Blätter, mit lanzettlich zugespitzten Afterblüthen. Die Hülle der Frucht ist doppelt. Die Blüthen und Früchte sind wie bei der gemeinen Haselnuß, nur mehr rundlich und größer. Kommt in der Nähe von Constantinopel häufig vor.

16. Cydonia Tournefort. Quittenbaum.

Cydonia vulgaris Person. Der gemeine Quittenbaum.

Ein 5 bis 6 Meter hoher Baum mit krummen und gedrehten Zweigen. Die Blätter sind kurz gestielt, breit, oval, hinten etwas herzförmig. Die großen Blumen sind blaß rosenroth und am Grunde behaart, der Griffel unten wollig und verwachsen. Die Frucht ist größer als ein Apfel, elliptisch und eckig, gelblich, mit grauer Wolle bedeckt. Das Fleisch der Frucht eigenthümlich gewürzhaft, schmeckt etwas herb und wird nicht roh, sondern nur gekocht gegessen oder mit Zucker eingemacht. Die Samen enthalten einen eigenthümlichen Schleim, der in Wasser gelöst gegen Augenentzündungen angewendet wird. Der Quittenbaum stammt aus Cydonia auf der Insel Creta und wird am ganzen Mittelmeer in Gärten und Weinbergen, besonders an sonnigen, felsigen Stellen angepflanzt, kommt auch in Deutschland überall vor.

17. Cynometra.

Familie der Smilaceen.

Cynometra Agallocha. Oloëxylon agallochum.

Ein großer Baum Ostindiens mit aufrechten Aesten, hanfartiger Rinde und abwechselnden lanzettförmigen Blättern und vielblüthigen Stielen am Ende. Das Holz ist weiß und geruchlos und enthält ein wohlriechendes Harz. Sobald der Baum gefällt ist, gräbt man denselben in die Erde ein und läßt ihn längere Zeit liegen, wobei sich die öligen Theile in das Kernholz des Stammes absetzen und die Poren ganz und gar mit Harz ausfüllen. Dieses Holz wird Aloëholz genannt, ist sehr schwer, harzreich und besitzt einen starken angenehmen Geruch, der beim Verbrennen sehr lieblich wird. Beim Kauen wird es zu Pulver und verbreitet einen bitteren Geschmack. Von der Rinde des Baumes machen die Chinesen Papier. Rumpf sagt Folgendes von diesem Holze: Der echte Agallochabaum, welcher das Aloëholz liefert, ist noch unbekannt, weil er bei entfernten barbarischen Völkern wächst. Nach Aussagen der Chinesen giebt es zweierlei Aloëholz, das beste Calambac, das andere Garo kommen aber von demselben Baum, welcher in den Provinzen Tsjampaa und Quinam in Cochinchina wächst, und es sei ein großer Waldbaum mit Aesten, die sich um sich selbst und andere Bäume schlingen. Nicht ein jeder liefert das geschätzte Holz, es zeigt sich nur bei sehr alten in besonderen Aesten oder Stammtheilen und man erkennt es nur an seinem Wohlgeruch, nach Anderen an einem Leuchten während der Nacht. Statt Aloëholz verkauft man noch drei unechte Sorten, wovon die eine von Arbor excoecans kommt, welcher auf den ostindischen Inseln wächst. Man hält das, welches an den Stämmen der Ligularia lactea vorkommt, für das echte Calambac. Unechtes Aloëholz kommt von Aquilaria ovata.

18. Fagus. Die Buche.

Familie der Amentaceae.

Fig. 5 und 6.

a) Fagus sylvatica Linné. Die gemeine Rothbuche.

Ein 20 bis 30 Meter hoher Baum, der überall in Mitteleuropa vorkommt und der am besten in einem kräftigen kalkhaltigen Lehmboden gedeiht. Die Blätter sind eiförmig glatt und undeutlich gezähnt, am Rande gewimpert, hat eine dichte, ausreichend gelockerte Krone und eine glänzend grüne Belaubung. Der Stamm der Buche ist gerade und astrein, wächst in den ersten zehn Jahren langsam, dann schneller, und erreicht ein Alter von 120 Jahren. Von ihrem fünf-

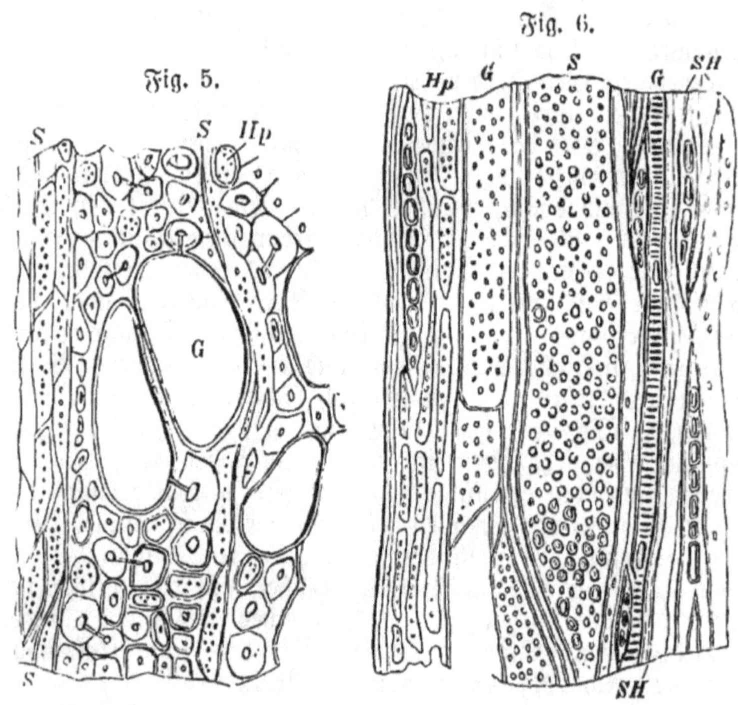

Querschnitt durch das Holz von Fagus sylvatica, vierhundertfache Vergrößerung nach Dippel. S Markstrahlen.

Tangentialdurchschnitt durch das Holz von Fagus sylvatica, zweihundertfache Vergrößerung nach Dippel. S Breite Markstrahlen.

zigsten Jahre an trägt sie alle drei Jahre Früchte, die im October reifen. Das Holz der Rothbuche geht ins Röthliche oder Bräunliche über und wird hauptsächlich als Brennholz benützt. Die Buche bildet schöne große Waldungen, findet sich meist als Hochwald und liebt kühle, feuchte Luft. Die Früchte der Buche sind dreieckige, glänzend braune Nüsse zu

Zweien in einer Hülle. Aus den Früchten schlägt man in manchen Gegenden ein blaßgelbes, geruchloses, mildschmeckendes Oel, was im Anfange einen unangenehmen Geschmack besitzt, aber durch Aufkochen mit Wasser davon befreit werden kann.

Das specifische Gewicht des Oeles beträgt 0·923. Es ist ziemlich dünnflüssig, wird jedoch bei —15 Grad trübe und dicklich und erstarrt bei 17 Grad zu einer gelblich weißen, butterartigen Masse. Der Genuß des Bucheckernöles soll dann nachtheilige Folgen hervorbringen, wenn es aus unreifen, nicht gehörig getrockneten Bucheckern bereitet worden ist. Der scharfe Geschmack, den dieses Oel gern annimmt, rührt von der feinen braunen Haut her, die den Samen umgiebt. 100 Kilogramm Bucheckern geben 17 bis 20 Kilogramm Oel. Mit Alkalien liefert dieses Oel eine weiche, schmierige Seife. Die beim Schlagen des Oeles erhaltenen Kuchen sollen giftig wirken. Die Buche bildet ganze Wälder auf Bergen und hat einen sehr schönen geraden Stamm, der über 30 Meter hoch wird. Das harte, weiße Holz ist das beste Brennholz und giebt gute Asche, ist aber wegen seiner Sprödigkeit nicht gut als Bauholz zu verwenden und verträgt abwechselnde Witterung, Nässe und Trockene nicht gut. An allen Buchenstämmen findet sich der sogenannte Feuerschwamm.

Die beste Betriebsweise für die Rothbuche ist der Hochwald mit achtzig-, hundert- bis hundertzwanzigjähriger Betriebsweise, dann als Oberholz im Mittelwalde bis höchstens achtzigjährigem Alter.

Die Fortpflanzung der Rothbuche findet am besten auf natürlichem Wege statt, wobei im Hochwalde, wo der Same nicht weit fällt, auch die Pflanzen eine starke Beschirmung erhalten. Die Rothbuche giebt 59 Procent Scheitholz, 1 Procent Prügelholz, 18 Procent Reisigholz und 22 Procent Stockholz, und rechnet man das Holz zu den harten Brennhölzern.

Das Buchenholz ist bräunlich gelb, mit einem Stich ins Rothe gefärbt, sehr hart, ziemlich leichtspaltig und brüchig. Unter dem Wasser hat es eine sehr große Dauerhaftigkeit, den wechselnden Einflüssen von Luft und Feuchtigkeit ausgesetzt, geht es jedoch bald zugrunde. Als Brennholz hat es die größte Wichtigkeit, ebenso für Eisenbahnschwellen. Das specifische Gewicht im lufttrockenen Zustande ist 0·66 bis 0·83. Die charakteristischen anatomischen Merkmale des Buchenholzes sind die aus mehreren Zellenreihen bestehenden, 5 Millimeter hohen Markstrahlen, die breiter und zahlreicher als bei der Eiche sind, so daß die Holzzellen gezwungen sind, sich zwischen ihnen hindurchzuschlängeln und daher auch gebogen erscheinen. Die schmäleren Markstrahlen der Buche bestehen nur 1 bis 2 Zellenschichten. Die Holzgefäße des Buchenholzes sind enger und das Parenchym sparsamer vertheilt. Die Jahresringe deutlich wie beim Eichenholze, wo sich Markstrahlen befinden, nach innen ausgebaucht.

b) Fagus ferruginea Aiton. Amerikanische Buche.

Die amerikanische Buche ist ein 14 bis 20 Meter hoher Baum Amerikas mit eirunden, zugespitzten, dichtgezähnten Blättern, die unten behaart und am Rande gewimpert sind. Die Blätter sind ebenso glänzend, aber etwas breiter und dicker wie bei der Rothbuche. Die amerikanische Buche unterscheidet sich von der Rothbuche durch die kürzeren, stumpflig sitzenden Knospen mit kurzen, rundlichen Schuppen, die meist abgestutzt und von zahlreichen, kurzen, lockeren Schuppen eingeschlossen sind. Die Früchte sind wie bei der Rothbuche, jedoch bloß halb so groß. Das reife Kernholz ist roth oder blaßroth gelblich.

19. Fraxinus. Die Esche.

Familie Oleaceae.

a) Fraxinus americana L. Amerikanische Esche.

Ein 20 bis 25 Meter hoher Baum Nordamerikas, mit grauer, rissiger Rinde, rostfarbenen Knospen, die mit schülferigen Schuppen dicht besetzt sind. Die 7 bis 9 Blättchen sind länglich zugespitzt, gestielt, oben glänzend, tiefgrau und unten hellgrün. Die gelbgrünlichen Blüthen erscheinen im April und Mai. Dieser Baum wird in Mitteleuropa in Anlagen angepflanzt.

b) Fraxinus argentea Loisleur. Silberblätterige Esche.

Ein in Corsica einheimischer, 10 Meter hoher Baum, mit gelbgrünlichem Holze, punktirten und rostfarbenen Knospen. Die Blätter haben 3 bis 5 Paar Blüthchen und sind letztere elliptisch, eirund und kurz zugespitzt. Die grünlich gelben Blüthen erscheinen im April und Mai.

c) Fraxinus crispa. Die krause Esche mit schwärzlich grünen, krausen Blättern.

d) Fraxinus excelsior L. Die gemeine Esche.

Ein 20 bis 25 Meter hoher, schlanker, in Europa einheimischer Baum mit lichter, länglicher Krone und schwarzen Knospen. Die Blätter sind meist fünf Blattpaare mit länglichen, lanzettförmigen, zugespitzten gesägten Blättchen, die am Grunde keilförmig sind. Die gelbgrünlichen Blüthen erscheinen in kleinen, lockeren Rispen, vor den Blättern im April und Mai. Die gemeine Esche kommt in einem lockeren, feuchten Boden leicht fort, bedarf aber einer sonnigen Lage und nicht viel Schatten. Die Esche wird 200 bis 300 Jahre alt und giebt mit dem zwañzigsten Jahre Samen. Das Holz ist weiß, hart und zäh, eignet sich vorzüglich zu Wagner-, Küfer- und Drechslerarbeiten, giebt gute, zähe Deichseln, Billardstöcke und Reife, weniger als Brennholz. Das junge Holz hat eine aschgraue Farbe. Die Rinde schmeckt bitter, ist schleimig und zusammenziehend, weshalb man sie statt Chinarinde gegen Fieber und auch gegen Würmer empfohlen hat; sie wird auch zum Gerben und Schwarz- und Blaufärben benützt. Die Blätter dienen als Viehfutter und die weckenförmigen Samen werden bei Nierenkrankheiten als gutes Mittel empfohlen. Auf der Esche halten sich oft auch die spanischen Fliegen auf.

e) Fraxinus juglandifolia Wildenow. Walnußblätterige Esche.

Wird 10 bis 16 Meter hoch und ist dieser Baum in Nordamerika einheimisch, er hat glatte Zweige und graulich braune Knospen. Die Blättchen, 5 bis 9 an der Zahl, sind gestielt, glatt, länglich, lanzettförmig, gesägt und auf beiden Flächen von derselben Färbung. Die gekelchten Blüthen erscheinen in hängenden Doldentrauben im April und Mai.

f) Fraxinus lentiscifolia Desfontaines. Mastixbaumblätterige Esche.

Dieser Baum kommt im Orient vor, wird 6 bis 10 Meter hoch, hat eine schöne Belaubung und Verzweigung, braune Knospen und länglich, lanzettförmig gestielte und scharf gesägte Blätter. Die grünlich gelben Blüthen erscheinen im April.

g) Fraxinus ornus L. Europäische Eiche.

Dieser 6 bis 10 Meter hohe Baum hat aschgrau bestäubte Knospen und Blätter mit meist sieben Blättchen, die lanzettförmig, elliptisch verschmälert, gesägt und gestielt sind; am Grunde sind sie ganzrandig und auf der unteren Fläche behaart. Die zwitterigen Blüthen sind weiß und erscheinen in den Blattachseln der jungen Triebe in großen Rispen im Monat Mai und Juni. Dieser Baum, der sich hauptsächlich in Unteritalien Calabrien und Sicilien findet, wo er angebaut wird, giebt beim Bersten der Rinde einen Saft von sich, der getrocknet die Manna vorstellt. Am häufigsten wird im Juli das Ausfließen des zuckerhaltigen Saftes durch Verwundung der Rinde begünstigt, indem man täglich 2 Zoll lange und 1/2 Zoll tiefe Einschnitte auf ein und derselben Seite des Baumes bis zu den Aesten hinauf anbringt. Trocknet man den ausgeflossenen Saft in den Monaten Juli, August und September auf der Rinde des Baumes, so erhält man die Manna cannulata, welche weiß oder hellgelb ist, einen süßlichen, etwas kratzenden Nachgeschmack besitzt und als Arzneimittel Verwendung findet. Die gemeine Manna (Manna vulgaris) sickert im Herbst aus und besteht aus gelblichen Körnern, durch eine bräunliche Masse zusammengeklebt, und wird allgemein angewendet. Die fette Manna (Manna crassa) fließt erst im November und bildet eine schmierige, unreine

Masse, die zum Klystiren verwendet wird. In Oberitalien liefert diese Esche keine Manna.

h) Fraxinus oxycarpa Wildenow. Spitzfrüchtige Esche.

Die spitzfrüchtige Esche kommt am Kaukasus und in Italien vor, wird 20 bis 24 Meter hoch und hat braune Knospen.

i) Fraxinus parvifolia Wildenow. Kleinblätterige Esche.

Ein 10 bis 12 Meter hoher Baum des Orientes mit 5 bis 7 Blättchen, sitzend, eiförmig und rundlich. Die grünlich gelben Blüthen erscheinen im April und Mai.

k) Fraxinus pendula. Die Traueresche

hat steif herabstehende Aeste.

l) Fraxinus pennsylvania Marschall. Rothesche.

Dieser Baum kommt in Nordamerika vor, erreicht ein Höhe von 18 bis 20 Meter und hat einen tiefbraunen Stamm mit behaarten Zweigen und rostfarbigen Knospen. Die Blättchen zu 3 bis 4 Paaren sind elliptisch, eiförmig, gesägt, unten behaart und gestielt. Die gelbgrünlichen Blüthen erscheinen im April und Mai.

m) Fraxinus quadrangulata Michow. Esche mit vierkantigen Zweigen.

Ein 26 Meter hoher Baum Nordamerikas, der im Alter eine sehr rissige Rinde hat, die sich von den Rändern in dünnen Platten ablöst. Das Holz wird sehr geschätzt. Die Knospen sind grau und fein behaart. Die Blüthen sind zu 7 bis 12 Centimeter lang und halb so breit, eirund, lanzettförmig oder elliptisch. Die gelbgrünlichen Blüthen erscheinen im April und Mai. Die Farbe des jungen Eschenholzes ist weiß, die des Kernes braun, doch häufig ungleichmäßig, so daß ein geflammtes Aussehen entsteht. Es ist hart, fest und läßt sich schwer spalten. Das Eschenholz hat einen

Geruch wie Runkelrüben. Das specifische Gewicht des lufttrockenen Eschenholzes beträgt 0·57 bis 0·94. Die anatomischen Merkmale des Eschenholzes sind schmale, einschichtige Markstrahlen. Die Jahresringe des Eschenholzes sind bei dem Frühjahrsholze in Folge der Grobporigkeit sehr deutlich und kreisrund. Die Rinde des Eschenholzes enthält nach Davy 3·3 Procent Gerbstoff.

20. Haematoxylon. Blauholzbaum.

Familie der Hülsengewächse, Leguminosen.

Haematoxylon campechianum Linné. Der gemeine Blauholzbaum.

Ein 10 bis 12 Meter hoher Baum Westindiens, der auch in St. Domingo angepflanzt ist und das bekannte Campecheholz liefert. Der Campecheholzbaum hat geradfiederige Blätter, zwei- bis einpaarige Blättchen. Die kleinen hochgelben Blüthen erscheinen in langen, ährenförmigen Endtrauben. Die drei Kelchlappen sind roth. Die längliche, häutige Hülse enthält einige dünne Samen, welche das Geflügel gern frißt. Das Holz kommt in langen, dicken Scheiten in den Handel und enthält einen gelblich rothen Farbstoff. Im Handel findet man es häufig geraspelt oder auch gehobelt; das erstere ist, da es gewöhnlich mit weniger guten Farbhölzern, auch mit bereits ausgekochten vermischt ist, zu verwerfen. Das spanische Blauholz ist das vorzüglichere. Eine geringere Sorte kommt von Jamaica, das Blauholz von den Inseln der Campeche-Bai kommt in großen, von Rinde und Splint befreiten, schwärzlichen, innen dunkelrothen, grobfaserigen Holzstücken von süßlichem violenartigen Geruch und anfangs süßlichem, später zusammenziehendem Geschmack vor. Das specifische Gewicht ist 1·075. Es färbt den Speichel röthlich violett. 10 Kilogramm Holz geben 1 Kilogramm Extract. Chevreul entdeckte in dem Blauholz Hämatoxylin, was Erdmann untersuchte. Das Holz verliert mit dem Alter an seinem Farbstoffgehalte. In der Färberei wird es vielfach benützt, ebenso bei der Tintenfabrikation. Man bedient sich des Blauholzes häufig in der Färberei zur Erzeugung röthlicher, violetter oder blauer Farben, ebenso zur Erzeugung von Mischfarben, in Gemeinschaft mit gerbstoffhaltigen Materialien und Eisensalzen zum Schwarzfärben. Aus dem Baume fließt ein dunkles Harz, eine Art Gummi. Das Campecheholz enthält außer der Holzfaser: ätherisches Oel, Harz, freie Essigsäure, Alkalisalze und einen krystallisirbaren Stoff, das Hämatoxylin, welches erst durch den Einfluß der Luft in Verbindung mit Basen, besonders Ammoniak, den eigentlichen Farbstoff bildet.

21. Juglans. Der Walnußbaum.

Familie der Amentaceae.

a) Juglans cinerea. Die graue Walnuß.

Dieser Baum wird 15 bis 20 Meter hoch, kommt in Wäldern von Nordamerika, Canada, Virginien und dem Alleghany-Gebirge vor und hat ein schwarzbraunes Holz, welches gut zu verarbeiten ist; die dreizehn Fiederblättchen sind oval, lanzettförmig und gezähnt, unten klebrig und zottig. Die Früchte sind länglich oval, mit hängenden, langen Stielen. Die Nuß ist tiefgefurcht und zugespitzt. Der Kern ist klein und von mittelmäßigem Geschmack und wird ein Oel daraus gewonnen. Die halbreifen Früchte werden wie Gurken eingemacht. Der Bast ist ein gelindes Abführmittel.

b) Juglans nigra. Die schwarze Walnuß.

Ein 10 bis 15 Meter hoher Baum Nordamerikas, der hauptsächlich von Neu-England bis Florida wild und häufig auch angepflanzt vorkommt und eine dunkelgraue Rinde und dunkelbraunes Holz besitzt, was sehr fest und schöner wie das vom gewöhnlichen Walnußbaum ist und dem Mahagoniholz ähnlich kommt. Die fünfzehn Fiederblättchen sind oval lanzettförmig und gezähnt, unten pflaumig. Die Frucht ist rundlich, rauh, schwärzlich und gelb getüpfelt. Die Nuß ist größer als bei der gewöhnlichen Walnuß. Die Leifel ist dick und dunkelgrün, riecht gewürzhaft, schmeckt bitter und wird zum Färben gebraucht. Der kleine Kern schmeckt nicht besonders, giebt aber ein gutes Oel beim Pressen.

c) Junglans regia. Die gemeine Walnuß.

Die gemeine Walnuß stammt von Persien und hat sich von dort über einen großen Theil von Europa verbreitet, erreicht eine Höhe von 18 bis 20 Meter und hat eine weiße Rinde und bräunliches Holz. Der Baum wird sehr alt und in vierzig Jahren 1/3 Meter stark. Die Blättchen zu neun sind länglich oval, platt und gezähnt. Die langen hängenden Kätzchen haben schwarze Beutel. Die Früchte sind meist zwei und drei beisammen, mit sehr harter Schale und zweiklappig. Der Kern ist zweilappig und jeder Lappen wieder gespalten, er ist schmackhaft, mehlig und ölig und trägt in der Spitze den Keim verkehrt. Aus den Kernen erhält man durch Pressen ein sehr gutes, fettes Oel, was leicht trocknet und frisch gepreßt als Speiseöl auch benützt wird. Die grünen Schalen, welche die Nüsse umgeben, werden zum Braun- oder Schwarzfärben benützt, getrocknet auch in der Medicin verwendet. Der Bast ist besonders scharf und wirkt abführend. Das Holz wird sehr geschätzt und zu feinen Tischlerarbeiten verwendet, es zeichnet sich durch große Dauerhaftigkeit und Härte aus, auch ist es dem Wurmstiche nicht so ausgesetzt wie andere Hölzer. Die Blätter der jungen Früchte geben beim Reiben ein eigenthümliches Aroma von sich und enthalten ein ätherisches Oel.

22. Liquidambar. Der Amberbaum.

Familie der Amentaceae.

a) Liquidambar styraciflua. Der gemeine Amberbaum.

Dieser Baum kommt im südlichen Nordamerika vor und wird 12 bis 13 Meter hoch, hat eine schöne Krone und ährenartige Blätter. Die Rinde ist grau und schundig. Die Blätter sind ebenso lang als breit, im Herbst roth. Die Zapfen sind wie bei der Walnuß, mit gelblichen, oben geflügelten Samen. Aus dem alten Baum fließt von selbst und aus Einschnitten ein wohlriechender, gelbrother Balsam

(Ambra liquida), welcher sehr wohlthätig für Wunden ist, der gewöhnliche wird durch Auskochen der Rinde gewonnen und heißt flüssiger Storax (Styrax liquidus) und kommt häufiger im Handel vor. Das Holz ist weich und wenig brauchbar.

b) Liquidambar excelsa. Der hohe Amberbaum.

Ein 50 bis 60 Meter hoher Baum Ostindiens, von Java bis Neu-Guinea, vorzüglich auf der letzteren Insel, auf hohen Bergen, auch in Ceylon und Malabar. Der dicke Stamm hat vier Furchen und eine graue, glatte Rinde, die inwendig röthlich ist, scharf und bitterlich schmeckt. Bei Einschnitten in diese Rinde ergießt sich ein honigartiger, wohlriechender Saft.

Die Blätter sind 10 Centimeter lang und 5 Centimeter breit. Die Spindel der Kätzchen sind mit 60 bis 100 Staubfäden bedeckt und der Zapfen mit 15 bis 20 herzförmigen Kapseln, worin gewöhnlich nur ein Same übrig bleibt. Das Holz von diesem Amberbaum kommt nach Amboine auf den Markt von Neu-Guinea unter dem Namen papuanisches Holz. Man braucht davon nur die dicken Wurzeln, die man mit vieler Mühe ausgräbt und im Walde liegen läßt, bis das äußere Holz verfault ist.

Den Kern verkauft man in Stücken, die schenkeldick und ½ Meter lang, sehr hart und schwer sind. Das ältere Holz ist honiggelb, mit vielen weichen, zarten Adern. Man brennt das Holz als Wohlgeruch, der dem des Storax gleicht, jedoch enthält es kein Harz. Man mahlt auch das Holz mit wohlriechendem Wasser zu einem Brei und reiben die Eingeborenen sich damit ein. Die Rinde des Baumes liefert den orientalischen Storax, der aber im Handel nicht mehr vorkommt.

23. Liriodendron. Der Tulpenbaum.

Familie der Magnoliaceen.

Liriodendron tulipifera Der gemeine Tulpenbaum.

Der gemeine Tulpenbaum kommt in Nordamerika, hauptsächlich in Florida vor, erreicht eine Höhe von 30 bis

48 Meter und hat eine eiförmig pyramidale Krone. Die glatten Blätter sind an der Spitze abgestutzt und haben vierseitliche Lappen. Die großen, grünlich gelben Blüthen sind inwendig orangegelb gefleckt mit zurückgebogenen Kelchblättern und erscheinen im Monat Juni und Juli. Der Zapfen ist 5 Centimeter lang und $2\frac{1}{2}$ Centimeter dick und besteht aus braunen, $1\frac{1}{2}$ Centimeter langen Bälgen. Die bitter und gewürzhaft schmeckende Rinde wird statt Chinarinde gebraucht. Das Holz wird als Bauholz und zu Kähnen verwendet.

24. Magnolia Linné. Magnolie.

Familie der Magnoliaceen.

a) Magnolia auriculata. Geröhrte Magnolie.

Ein 10 bis 13 Meter hoher Baum Carolinas.

b) Magnolia acuminata Linné. Spitzblätterige Magnolie.

Ist ein 20 bis 25 Meter hoher Baum Georgiens.

c) Magnolia cordata Michaux. Herzblätterige Magnolie.

Dieser Baum kommt in Carolina vor und erreicht eine Höhe von 6 Meter.

d) Magnolia fuscata. Die braune Magnolie.

Wird seit den ältesten Zeiten wegen des Wohlgeruches der Blüthen in China gezogen, hat sich aber auch in Europa eingebürgert. Die ausdauernden Blätter sind länglich elliptisch, jung braunfilzig, alt glatt und die Blüthen aufrecht. Die braune Magnolie blüht im Winter und sind die Blüthen gelblich roth und haben 25 bis 30 purpurrothe Staubfäden mit weichen Beuteln.

e) Magnolia glauca. Blaugrün belaubte Magnolie.

Ein Baum Nordamerikas in sumpfigen Wäldern, bis 10 Meter hoch und mit stumpfen, elliptischen, abfälligen, unten blaugrüngrauen Blättern, die im Herbst abfallen und gleich nach dem Winter wieder zum Vorschein kommen. Die Blumen erscheinen im Anfange des Sommers, sind aufrecht wie Seerosen, sehr wohlriechend wie Vanille- und Pomeranzenblüthen, weiß, werden aber gelblich, dauern lang und verwelken am Stamm. Die drei Kelchblätter sind auch weiß. Die Früchte sind wie Tannenzapfen und hängen darauf etwa zwei Dutzend rothe Samen wie Sauerdornbeeren an 2 Centimeter langen Fäden. Die Rinde des Baumes fressen in Amerika die Biber gern, schmeckt bitter und riecht wie Sassafras; auch wird dieselbe gegen Fieber gebraucht.

f) Magnolia grandiflora Linné. Großblumige Magnolie.

Die großblumige Magnolie ist ein sehr schöner, immergrüner, 20 bis 24 Meter hoher Baum Nordamerikas, mit eirunden, länglichen, lederartigen, 15 bis 20 Centimeter langen, oben glänzenden und unten rostbraunen Blättern, sehr großen, weißen, angenehm duftenden, im Juni bis September erscheinenden Blüthen, braunen Fruchtzapfen und scharlachrothen Samen. Er trägt jährlich eine Menge Blumen auf seiner regelmäßigen, rundlichen Krone am Ende der Zweige. Die Blüthen bestehen aus neun bis zwölf ovalen Blättern mit vielen goldgelben Staubfäden. Dieser Baum kommt hauptsächlich in den Wäldern am Mississippi vor, selten in den kälteren Gegenden. Die bittere, gewürzhafte Rinde wird als Magen- und Fiebermittel angewendet.

g) Magnolia macrophylla Michaux. Großblätterige Magnolie.

Ein Baum Nordamerikas.

h) Magnolia purpurea Sims. Purpurblätterige Magnolie.

Kommt in Japan vor.

i) Magnolia tripetala L. Dreiblatt-Magnolie.

Ein Baum Brasiliens.

k) Magnolia Yulan. Die chinesische Magnolie.

Dieser Baum wird seit den ältesten Zeiten in China angepflanzt, kommt auch hie und da in Europa in Gärten vor und wird 10 bis 13 Meter hoch, hat verkehrt ovale und plötzlich zugespitzte Blätter und aufrechte Blüthen. Die bitteren Samen werden gegen das Fieber gebraucht.

25. Morus Linné. Maulbeerbaum.

Familie Moraceae.

a) Morus alba. Der weiße Maulbeerbaum.

Dieser Baum kam erst vor einigen Jahrhunderten aus China nach Europa, wo er jetzt allgemein angepflanzt wird. Die Blätter sind schief herzförmig, meist lappig und gezähnt. Die Beeren sind weißlich und klein, süß im Geschmack.

b) Morus nigra. Der schwarzfrüchtige Maulbeerbaum.

Ein in Persien einheimischer Baum, der aber schon lange im südlichen Europa angepflanzt worden ist und 10 bis 12 Meter hoch wird, einen krummen, kernigen Stamm, aschgraue Rinde und lange, schlanke Aeste besitzt. Die Blätter sind oval, herzförmig, ungleich gezähnt und rauh. Die Früchte sind schwarz wie die Brombeeren, doch mehr oval, mit dunkelrothem Saft von säuerlichsüßem Geschmack und sind eßbar. Die bittere Wurzelrinde wird als Pugirmittel gegen den Bandwurm angewendet. Die Blätter werden zur Fütterung der Seidenraupen verwendet, auch als Viehfutter.

c) Morus papyrifera. Der Papier-Maulbeerbaum.

Der Papier-Maulbeerbaum kommt in China und Japan vor, wird 3 bis 4 Meter hoch, hat herzförmige, einfache und lappige Blätter, welche oben rauh, unten zottig sind. Die Früchte sind größer als Erbsen, in den Blattachseln sind sie dunkelroth, süß, mit röthlichem Griffel wie Haare. Aus der zähen Rinde der einjährigen Schösse macht man durch

Kochen und andere Zubereitung ein in Japan allgemein gebrauchtes Papier.

d) Morus tinctoria. Der Färbermaulbeerbaum.

Ein Baum Jamaicas und Brasiliens, der 20 Meter hoch wird und länglich gezähnte Blätter hat. Die Nebenblätter sind drei und hängend. Die Zapfen sind rundlich und aufrecht. Die Früchte sind kleiner als die Brombeeren, grünlich, süß und schmackhaft, und werden roh und eingemacht gegessen. Das Holz ist das gelbe Brasilienholz, welches in Menge nach Europa kommt und zum Färben benützt wird.

26. Ostria. Die Hopfenbuche.

Familie Corylaceae.

a) Ostria carpinifolia. Die Hopfenbuche. Ostria vulgaris Wildenow.

Die Hopfenbuche kommt im südlichen Italien und südlichen Europa überall vor, erreicht eine Höhe von 10 bis 13 Meter und hat eine mehr oder weniger geschlossene Krone und hängende Zweige. Die Blätter sind länglich oder länglich zugespitzt, unregelmäßig gesägt und unten blaßgrün. Die weißgrünlichen Blüthen erscheinen im Mai mit den Blättern zugleich, die Früchte sind klein und hellbraun, in eirunden, meist hängenden Zapfen. Sie gedeiht vorzüglich in den südlichen Alpen.

b) Ostria virginia Wildenow. Amerikanische Hopfenbuche.

Ein 5 bis 13 Meter hoher Baum Nordamerikas, mit eirund länglichen, zugespitzten, doppelt oder unregelmäßig gesägten Blättern und spitzen Knospen. Kommt hauptsächlich in Virginien vor.

27. Platanus Linné. Die Platane.

Familie Platanaceae. Amentaceae.

Platanus vulgaris Spach. Die gemeine Platane.

Ein 20 bis 25 Meter hoher Baum, der im Orient einheimisch ist und Platanus orientalis genannt wird, sowie ein gleich hoher Baum des Abendlandes Platanus occidentalis. Der Stamm der gemeinen Platane ist von heller Farbe, glatt und in Folge der in Blättern sich ablösenden Rinde gescheckt. Die zackigen Aeste bilden eine bald mehr oder weniger ausgebreitete und leichte Krone. Die großen Blätter sind handförmig, mit 3 oder 5 bald längeren und schmalen, bald kürzeren und breiteren, gezähnten oder ganzrandigen Lappen, am Grunde oft schwach keilförmig, oben lebhaft grün, glatt und glänzend, unten mit einem wolligen, später mehr oder weniger verschwindenden Ueberzuge. Die grünlichen Blüthen in kugelförmigen Kätzchen erscheinen im Mai. Die Platanen sind meist große Bäume mit zerstreuten Aesten, bilden Wälder in gemäßigten Ländern und liefern Bau- und Brennholz, sowie Holz für Wagner. Die Kerne sind eßbar und werden auch zur Schweinemast benützt.

Das Holz der Platane ist sehr hell gefärbt. Der Kern besitzt einen eigenthümlichen Geruch, den man mit dem des Pferdemistes verglichen hat. Das specifische Gewicht des Platanenholzes im lufttrockenen Zustande beträgt 0·61 bis 0·68. Das Holz ist trotz seiner nicht sehr hohen specifischen Schwere von außerordentlicher Härte und Festigkeit, läßt sich auch schwer spalten. Als Bauholz ist es wenig verwendbar. Das Holz der Platane unterscheidet sich hinsichtlich seines anatomischen Baues von dem Ulmenholze durch leiterförmige Durchbrechungen seiner Gefäßzwischenwandungen, auch zeigen die Zellen seines Holzparenchyms keine spiraligen Verdickungen. Die breiten und 2 Millimeter hohen Markstrahlen können sehr gut mit unbewaffnetem Auge erkannt werden. Die Holzzellen der Platane sind stark verdickt und besitzen keine spiralige Streifung. Die Markstrahlen des jungen Platanenholzes sind mit Reservestärke angefüllt. Die Jahresringe des Holzes sind kreisförmig, nicht ausgebaucht.

28. Populus. Die Pappel.

Familie Amentaceae. Saliceae.

a) Populus alba Linné. Weißpappel.

Die Weißpappel ist ein 30 Meter hoher, breitkroniger Baum mit silberweißen Zweigen und rundlichen Blättern, die an den Zweigen grob gezähnt oder eingeschnitten sind; oberhalb sind dieselben dunkelgrün, unterhalb mit einem dicken Filz bekleidet. Die Blüthe erscheint im März. Sie vermehrt sich durch Wurzelbrut oder Stecklinge und kommt in feuchten Auen hauptsächlich vor, jedoch kommt sie auch in einem lockeren, tiefgründigen Boden fort. Das Holz der Pappel ist weiß, zäh und weich, bricht nicht leicht und wird zu Tischlerarbeiten, auch Wagnerarbeiten verwendet, neuerdings auch zur Cellulosefabrikation. Die Brennkraft ist nur halb so groß wie von Buchenholz. Die Rinde, welche einen bitteren Stoff enthält, wird gegen Harnverhaltung benützt.

b) Populus balsamifera L. Die Balsampappel.

Ein 13 bis 16 Meter, sogar 20 bis 26 Meter hoher Baum Nordamerikas, mit lockerer, sperriger Krone und eiförmig, lanzettlich zugespitzten, gesägten, oben dunkelgrünen und unten weißlichen Blättern. Die harzreichen Knospen geben ein wohlriechendes Harz, welches als äußeres Heilmittel in Salben angewendet wird. Der Baum kommt auch in Europa in Anlagen vor und hat ziemlich lange Kätzchen.

c) Populus candicans Aiton. Ontario-Pappel.

Dieser Baum wird 16 bis 20 Meter hoch, hat einen weißgraulichen Stamm und Aeste, nebst braunen, rundlichen, gefurchten Zweigen, sperriger Laubkrone und breit, oval-herzförmigen Blättern. Die Knospen enthalten eine sehr balsamisch duftende Substanz. Der Baum kommt in Nordamerika hauptsächlich vor.

d) Populus canadensis Michaux. Canadische Pappel.

Die canadische Pappel ist ein 25 Meter hoher, mit gefurchtem Stamme, klebrigen Knospen und Zweigen versehener Baum Nordamerikas, mit rundlich eiförmigen, deltoidisch zugespitzten Blättern, die am Grunde schwach herzförmig sind. Die canadische Pappel hat 20 Centimeter lange, weibliche Kätzchen und ist die Blüthezeit im April und Mai. Ihre Raschwüchsigkeit ist unter den Pappeln die größte, sie liefert Nutzholz und einen größeren Kopfholzertrag als die Schwarzpappel. Sie treibt keine Wurzelbrut und wird wie die Schwarzpappel fortgepflanzt und benützt.

e) Populus canescens Smith. Graupappel.

Ein 25 bis 30 Meter hoher Baum mit rundlichen, tief ausgeschweiften, deutlich dreinervigen Blättern, die unten filzig, bisweilen kahl sind.

f) Populus fastigiata Desfontaines. Spitzpappel.

Die Spitzpappel ist ein 30 bis 40 Meter hoher Baum mit langgestreckter, spitzer, cypressenartiger Krone, der hauptsächlich in Oberitalien vorkommt. Die Blätter sind deltoidisch, mehr breit als lang, mit ausgezogener Spitze und am Rande gekeilt. Dieser Baum blüht im Monat März und April und hat rothe Blüthenkätzchen.

g) Populus grandidentata Michaux. Pappel mit großgezähnten Blättern.

Ist ein rasch wachsender, 15 bis 16 Meter hoher Baum Nordamerikas mit grünlich grauer, glatter Rinde und behaarten Zweigen. Die Blätter sind eirund, weiß behaart, bucklig gezähnt, oben dunkelgrün und unten blaßgrün. Die weiblichen Kätzchen sind sehr lang, walzenförmig und ist die Blüthezeit im März und April.

h) Populus heterophylla L. Herzförmige Pappel.

Die herzförmige Pappel ist ein 25 Meter hoher Baum Nordamerikas mit runden, behaarten Trieben und rundlich eiförmigen, am Grunde herzförmigen Blättern, die in der Jugend mit einem dichten, weißen Filz bedeckt sind. Die Blüthezeit ist im März und April.

i) Populus monilifera Aiton. Die Halsbandpappel.

Ein außerordentlich rasch wachsender Baum Canadas und Virginiens, der eine Höhe von 30 Meter erreicht und mehr oder weniger knotige Triebe besitzt, die später rund werden und spitze, rothe, klebrige, balsamisch duftende Knospen hat. Sie dient hauptsächlich zur Anpflanzung von Alleen und kommt in geringem, sandigem Boden auch fort.

k) Populus nigra Linné. Die Schwarzpappel.

Die Schwarzpappel ist ein 30 Meter hoher und in 2 Meter Stammstärke sich entwickelnder Baum Europas und Mittelasiens, dessen Stamm und Aeste grau sind und später tief gefurcht und schwarz werden. Sie hat eine verlängert eiförmige Krone und lang zugespitzte, deltaförmige, am Grunde schwach herzförmige, mit drüsigen Sägezähnen versehene Blätter. Die Blüthen erscheinen im März und April und sind die Kätzchen lang und walzenförmig. Sie unterscheidet sich von den übrigen Pappeln durch den Mangel an Behaarung an der Unterseite der Blätter. Das Holz ist gut für Schreiner.

l) Populus pyramidalis. Italienische Pappel.

Die italienische Pappel hat aufrechtstehende Aeste und ein sehr langsames Wachsthum. Sie dient zur Bepflanzung von Alleen.

m) Populus tremula Linné. Zitterpappel.

Ein großer Baum mit sperriger Krone, der in Europa Mittel- und Vorderasien, auch Nordafrika vorkommt. Die Rinde des Stammes in grünlich grau, rissig und fast schwarz.

Die Blätter sind rundlich, eiförmig, beinahe kreisrund, geschweift und gezähnt, auf beiden Seiten kahl und mattgrün, sie sitzen an langen, dünnen Stielen und bewegen sich bei dem geringsten Luftzug, woher der Name Zitterpappel stammt. Sie kommt auf trockenem und flachem Boden fort und erreicht kein hohes Alter, da sie an Kernfäule leidet. Das weiche Holz wird zu Drechslerarbeiten und auch als Brennholz verwendet, hat aber keinen großen Brennwerth. Sie vermehrt sich durch Wurzelbrut sehr leicht und ist die verbreitetste unter den Pappeln.

Die Pappelknospen werden hauptsächlich von folgenden Pappelarten gesammelt: Populus nigra L., Populus alba Ait. und Populus tremula. Diese Bäume liefern im Februar oder März zolllange, kegelförmige, spitze Knospen, die aus fest übereinander liegenden, ungleich großen Schuppen gebildet sind und äußerlich eine braungelbe, harzige Farbe und inwendig eine weißgrünliche Farbe zeigen. Der Geruch ist angenehm, balsamisch und der Geschmack harzig und reizend. Durch Aether kann man ein Oel aus den Pappelknospen ausziehen und die Bienen bereiten im Frühjahre aus der harzigen Masse, womit die Pappelknospen überzogen sind, das sogenannte Stopfwachs. In der Rinde von Populus tremula ist außer Silicin ein eigenthümlicher Stoff, das Populin, enthalten.

Das Holz der Pappel ist im jungen Zustande gelblich weiß, das Kernholz besitzt dagegen einen entschiedenen braunen Ton. Das specifische Gewicht des Pappelholzes beträgt 0·39 bis 0·52. Bezüglich des anatomischen Baues des Pappelholzes ist zu bemerken, daß dasselbe wie die Hainbuche, Linde und Roßkastanie nur eine Art einschichtiger Markstrahlen besitzt, doch kann dasselbe von diesen Holzarten dadurch unterschieden werden, daß die Querwände seiner Gefäße, welch letztere nichts von einem Spiralbande, wohl aber Tüpfel zeigen, von größeren runden Löchern durchbrochen sind. Die Holzzellen des Pappelholzes sind nur wenig verdickt und von weitem Lumen. Die Jahresringe sind nicht völlig rund, sondern etwas winkelig. Das Holz der Pappel ist sehr weich und leicht vergänglich, dem Wurmfraße sehr ausgesetzt.

29. Pterocarpus. Sandelbaum.

Familie der Hülsengewächse.

a) Pterocarpus draco. Die amerikanische Flügelkruppe.

Dieser Baum kommt in Westindien vor, wird 10 Meter hoch und hat 5 bis 7 Blättchen, welche spitz oval und glatt sind. Die Blumen sind gelb und purpurroth gestreift. Die Hülse ist eine runde, geflügelte Tasche mit 1 bis 3 Samen. Durch Einschnitte in die Rinde erhält man blutrothe Tropfen, die am Stamm herunterfließen und bald vertrocknen. Dieselben werden als karthagenisches Drachenblut nach Europa geschickt und als Heilmittel verwendet.

b) Pterocarpus indicus. Die indische Flügelkruppe.

Ein hoher, krummer Waldbaum Indiens, voller Schmarotzerpflanzen, mit 5 bis 9 Blättchen, die spitz oval und glatt sind. Die Blumen sind dunkelgelb und sehr wohlriechend. Die Hülse ist so groß wie ein Guldenstück, wie ein trockenes Blatt und ringsum geflügelt. Das Holz ist roth wie Sandelholz, weich und wohlriechend, oft schön geflammt und wird zu Tischlerarbeiten verwendet. Aus der Rinde schwitzt ein rother Gummi, der sehr herb ist und gegen Durchfall angewendet wird. Die Blätter braucht man gegen Flechten und Geschwüre.

c) Pterocarpus santalinus Linné. Rother Sandelbaum.

Ein großer Baum Indiens mit erlenartiger Rinde, der auf den Bergen von Palicot und Ceylon vorkommt. Es hat Fiederblätter, 3 bis 5 Blättchen, rundlich und glatt. Die gelben Blumen haben eine rothgeschweifte Fahne. Die Hülse ist sichelförmig ausgeschweift mit einem scheibenförmigen Samen. Das Holz ist das echte Sandelholz, was in großen Stücken nach Europa kommt, blutroth ist, schwarze Adern hat, gewürzhaft riecht, herb schmeckt und roth färbt. Es kommen auch oft viereckige, balkenartige, außen schwärzliche Holzblöcke im Handel vor. Dieses Holz, welches von Ceylon kommt, ist schwer, ziemlich fest und auf dem Bruche splitterig und sehr faserig. Der Geschmack ist schwach zusammenziehend und färbt den Speichel. Pelletier fand in dem Sandelholz ein Harz von eigenthümlicher Beschaffenheit, was von Alkohol aufgenommen wird. Dieses Harz scheidet sich unter gewissen Verhältnissen im Holze selbst krystallinisch aus. Im Handel findet es sich meist im geraspelten Zustande vor. Das Holz wird zu Räucherungen und zu Zahnpulvern verwendet. Aus der Rinde schmilzt auch ein rother Gummi.

30. Prunus Linné. Der Pflaumenbaum.

Familie der Amygdaleen.

a) Prunus domestica. Der gewöhnliche Pflaumenbaum.

Der Pflaumenbaum stammt aus dem Orient und kam zuerst nach Italien, von wo aus er sich über ganz Europa verbreitet hat. Die Aeste sind meist dornenlos und die Blätter oval, lanzettförmig, gezähnt und unten behaart. Die Blüthenstiele sind paarig und nackt. Die Früchte sind länglich rund und süß. Es giebt eine Menge Spielarten.

b) Prunus insititia. Die Haberschlehe.

Wächst in Südeuropa und dem Orient wild, hie und da in Gärten. Die Aeste sind dornig und die Blätter breit lanzettförmig, doppelt gezähnt und pflaumig. Die Blüthenstiele sind paarig und behaart. Die Früchte sind rundlich, schwarzblau und überhängend; sie reifen schon im August, sind herb, werden aber getrocknet süß und schmackhaft.

c) Prunus spinosa. Der Schlehdorn.

Der Schlehdorn hat sperrige Zweige voll Dornen und eine schwarze Rinde. Die Blätter sind verkehrt eirund, elliptisch, unten schwach behaart, doppelt und schwach gesägt. Die weißen

Blüthen erscheinen im März und April und sind wohlriechend. Die kleinen Früchte sind so groß wie eine Kirsche, werden erst im Winter reif und sind dann eßbar, haben aber einen schlechten Geschmack. Unreif werden dieselben zum Schwarzfärben benützt. Die Rinde benützt man zum Rothfärben, schmeckt bitter und wird gegen Wechselfieber gegeben. Die wohlriechenden Blüthen sind ein blutreinigendes Mittel. Das harte Holz wird von Drechslern benützt, auch wird es häufig zu Einzäunungen verwendet. Der Schlehdorn wächst überall an Zäunen.

31. Pirus Linné. Der Apfelbaum.

Familie der Pomaceen.

Fig. 7 und 8.

a) Pirus sylvestris Miller. Der Holzapfelbaum.

Ein kleiner Baum, der in Europa verwildert vorkommt, mit rundlichen, eirunden, gekerbt gesägten, glänzenden, unten kahlen Blättern und röthlichen, kurz gestielten Blüthen. Die gelbe Frucht ist an beiden Enden glatt und sehr sauer. Die Benützung der Früchte ist mannigfaltig. Das harte, röthlich gestreifte Holz wird von Tischlern und Drechslern sehr geschätzt. Es giebt unzählige Spielarten.

b) Pirus bollvilleriana. Die Bollweiler Birne.

Ein mäßiger Baum mit grauer, schrundiger Rinde und großen ungleichen Blättern. Die Blätter sind oval, grobgezähnt, unten filzig und die Blüthen in doldenartigen Sträußern. Sie blüht im Mai und reift Ende Juli. Die Frucht ist klein, dick, glänzend gelbroth, mit gelbem Fleisch von mehlig süßlichem, angenehmem Geschmack, besonders wenn sie eine Zeit lang in Stroh gelegen hat.

Von Birnen giebt es verschiedene Spielarten:

1. Butterbirnen (Pyra crataegaria).
2. Elsenbirnen (Pyra ariaria). Hierzu gehören die Winterbirnen, welche frisch vom Baume nicht eßbar sind, sich aber den ganzen Winter über halten.

a) Die schöne Winterbirne,
b) „ Franciscusbirne,
c) „ Faßbirne,
d) „ Grasbirne,
e) „ Hutbirne,
f) „ Schatzbirne.

Fig. 7.

Querschnitt des Holzes von Pyrus malus.

Fig. 8.

Querschnitt des Holzes von Pyrus torminalis Erh.

3. Mispelbirnen (Pyra mespilaria).

a) Die graue Sommerbirne,
b) „ „ Butterbirne,
c) „ Schmalzbirne,
d) „ Kümmelbirne,
e) „ Schäferbirne,
f) „ Winterbutterbirne.

4. Die Spierbirnen (Pyra sorbaria).

a) Die Zuckerbirne,
b) „ Muscatellerbirne,
c) „ Johannisbirne,
d) „ Goldbirne,
e) „ Honigbirne.

5. Die Birn-Birnen (Pyra pyraria).

a) Methbirnen. Schmackhafte, zuckersüße, oft gewürzhaft riechende Birnen von ziemlicher Größe, welche meistens grün sind, später gelb werden und erst gegen den Herbst reifen.

b) Sommerbirnen:

Die große Zuckerbirne,
„ Feigenbirne,
„ Nußbirne,
„ Fürstentafelbirne.

32. Quajacum. Der Pockenholzbaum.

Quajacum officinale. Der gemeine Pockenholzbaum.

Ein 10 bis 12 Meter hoher, schenkeldicker Baum, der sehr langsam wächst und in Westindien auf St. Domingo und Jamaica einheimisch ist. Die vielen Aeste bilden eine schöne Krone und die Zweige haben viele Knoten.

Die Blättchen sind zweipaarig, verkehrt oval und nackt. Die Blüthen sind doldenartig, lang gestielt und blau, mit blauen Staubfäden und rothem Griffel. Die Kapsel ist fleischig, verkehrt herzförmig, hochgelb und enthält einen schwarzen Samen. Das Holz ist sehr hart und gelblich braun, bitter und gewürzhaft und sammelt sich zwischen der Rinde und Holz ein Harz an. Der Splint ist gelblich und der Kern bläulich grün, sehr schwer und hart. Gerieben verbreitet es einen sehr angenehmen Geruch und hat einen scharfen, kratzenden Geschmack. Im Handel kommt es meist geraspelt vor, welches aber ein Gemisch des Splintes und des Kernes ist. Durch Einwirkung des Sauerstoffes der atmosphärischen Luft nimmt das Kernholz meist eine grüne Farbe an. Das Holz der Wurzel und des Stammes sind gute Mittel bei ansteckenden Krankheiten und hat den Namen Franzosenholz erhalten. Durch Einschnitte in die Rinde und durch Erwärmen des Holzes wird ein Harz gewonnen, welches auch in der Medicin Verwendung findet.

33. Quassia. Bitterholz.

Familie der Simarubeen.

a) Quassia amara. Das gemeine Bitterholz.

Ein strauchartiges Bäumchen mit einer glatten, aschgrauen, sehr bitteren Rinde, welches in Westindien, Brasilien, Guyana und Surinam vorkommt und ungrad gefiederte Blätter und große Blüthen in Endtrauben hat. Die Blüthen sind hochroth in aufrechten, spannenlangen Trauben mit purpurfarbenem Stiel. Die Blumen sind zusammengerollt und die Früchte sind verkehrt oval und schwarz. Das Holz kommt in walzenförmigen, geraden, $^1/_2$ bis 2 Meter langen Stäben, die nicht die Wurzeln, sondern die Stämmchen sind, im Handel vor. Diese Sorte ist stets mit der Rinde umkleidet, die übrigens das Holz nur lose umgiebt. Der Rinde beraubt, zeigt das Holz außen eine gelbe, öfters auch bläuliche, schwärzliche Färbung, auf dem Querdurchschnitte ist es feinfaserig und auch nach der Peripherie gehende Streifen sind zu bemerken; es läßt sich leicht spalten und ist innen schwach gelblich weiß. Der Geruch fehlt. Der Geschmack ist beim Kauen rein und stark bitter. Das Holz liefert bei der Destillation Spuren von Ammoniak und Oel. Durch Auskochen mit Wasser und Eindampfen erhält man einen Extract, der in der Medicin Anwendung findet. Die Abkochung des Holzes wird auch zur Vertilgung der Fliegen angewendet, indem es betäubend wirkt. Viele Brauer wenden es auch als Ersatz des Hopfenbitters an, was jedoch höchst schädlich ist und verboten werden sollte.

b) Quassia excelsa Schwartz. Stammpflanze des jamaicanischen Quassiaholzes.

Ein hoher Baum, der in Jamaica einheimisch, 30 Meter hoch ist und 1 Meter dick wird, eine aschgraue Rinde und ungrad gefiederte Blätter hat. Die Blättchen stehen gegenüber, sind gestielt, spitz oval und glatt. Die Früchte sind nur erbsengroß. Das Holz kommt in großen, 6 Fuß langen Scheitern im Handel vor und findet man selten noch Rinde daran. In Farbe und Geschmack gleicht es dem surinamischen Quassiaholz.

34. Quercus. Die Eiche.

Familie der Amentaceen.

Fig. 9 und 10.

Es giebt verschiedene Arten der Eiche, die Hauptarten sind: Quercus robur, tinctoria, pedunculata, cerris, nigra und infectoria. Die Eiche ist im Allgemeinen sehr verbreitet und gedeiht hauptsächlich in Niederungen, auch in Gebirgsthälern; sie kommt im tiefen, sandigen Lehmboden mit angemessener Feuchtigkeit und mittlerem Klima gut fort.

Die Fortpflanzung der Eiche geschieht selten durch Samen, meist durch Anpflanzung gut bewurzelter Pflanzen, die jedoch mit anderen Holzarten vermischt aufgezogen werden und man der Eiche einen entsprechenden Vorsprung geben muß, damit sie sich frei entwickeln kann. Sie erlangt nach ihrer vollkommenen Entwickelung ein Alter von 150 Jahren und trägt in ihrem fünfzigsten Jahre erst Samen, d. h. Eicheln. Das Holz der Eiche ist sehr schwer und fest, fault nicht leicht und wird deshalb auch gern zu Wasserbauten, sowie zu Binderholz verwendet. Das junge Eichenholz dient zu Wagnerarbeiten, während das ältere zu Tischlerarbeiten verwendet wird. Das Holz der Bergeichen wird hauptsächlich zu Eisenbahnschwellen gebraucht, während bus von der Zerreiche als Brennholz Verwendung findet. Die Stieleiche liefert als Nebenbenützung die Knoppern, welche die Gerber benützen, ferner die Galläpfel, durch den Stich eines Insectes, und die Eicheln, die theils als Schweinemast, theils gebrannt als Kaffee benützt werden. Die Rinde der Eiche wird hauptsächlich von Quercus robur Wild. und Quercus pedunculata Wild. gesammelt, und namentlich von den jüngeren Zweigen, die silber- oder aschgrau, bisweilen runzlich, rissig und auch mit Flechten bedeckt sind. Die frische Rinde ist inwendig weißlich und wird nach dem Trocknen zimmtbraun oder dunkelbraun und zeigt auf dem Bruche einen zähen, faserigen Bast. Die beste Rinde wird von den sogenannten Schäleichen gewonnen und in den Gerbereien verwendet. Die Eichenrinde enthält 15 bis 16 Procent Gerbstoff.

a) Quercus aegilops. Die Knoppereiche.

Die Knoppereiche kommt in Griechenland, der Levante und in Spanien vor und wird so groß wie unsere gewöhnliche Eiche. Die Blätter sind länglich oval, schwach ausgeschweift, unten grauflaumig. Der Becherschuppen ist lanzettförmig und abstehend. Die Eichel ist eßbar, sehr dick und niedergedrückt, steckt in einem Becher fast so groß wie ein Apfel und ist von holzigen, langen Schuppen umgeben, kommen unter dem Namen Vetanede oder Knoppern in den Handel und werden jetzt viel zum Gerben und Schwarzfärben benützt.

b) Quercus ambigua Wildenow. Zweifelhafte Eiche.

Ein Baum Nordamerikas um Quebeck herum, der 25 Meter hoch wird.

c) Quercus aquatica Walter. Die Wassereiche.

Dieser Baum kommt in Virginien und Florida vor und wird 20 Meter hoch.

d) Quercus catesbaei Michaux. Catesby-Eiche.

Ein 5 bis 10 Meter hoher Baum Nordamerikas, der in Carolina und Georgien hauptsächlich vorkommt.

e) Quercus castanea folia C. A. Meyer. Kastanienblätterige Eiche.

Kommt in Nordserbien, Rumänien und Kleinasien vor und wird 20 bis 25 Meter hoch.

f) Quercus cerris. Die Burgundische Eiche. Die Zerreiche.

Dieser kräftig wachsende Baum, der die Höhe der gewöhnlichen Eiche erreicht, kommt hauptsächlich in Südeuropa, Kleinasien und Ungarn vor. Er hat eine rauhe, dunkelfarbige Rinde und sehr festes Holz. Die Blätter sind kurzgestielt, länglich, am Grunde verschmälert, tief und ungleich fiederspaltig, bucklig, mit lanzettförmigen, spitzen Lappen, oben dunkelgrün und unten weißlich, 10 Centimeter lang und die Hälfte breit. Der Becher ist halbkugelförmig und stachelig. Die Frucht ist fast walzig bis zur Hälfte im Kelch. Die Zerreiche liefert die sogenannten französischen Galläpfel, die röthlich, glatt und schlechter als die türkischen sind.

g) Quercus alba Linné. Die Weißeiche.

Ein Baum von 20 Meter Höhe, der hauptsächlich in Nordamerika vorkommt.

h) Quercus bicolor Wildenow. Die zweifarbige Eiche.

Kommt in Nordamerika vor und wird 20 bis 24 Meter hoch.

i) Quercus coccinea Wildenow. Die Scharlacheiche.

Ein 25 Meter hoher Baum Nordamerikas. Auf den Blättern lebt die Kermes-Schildlaus.

k) Quercus esculus. Die eßbare Eiche.

Ein kleiner Baum des Orientes, der namentlich in Italien vorkommt und dessen Früchte wie Kastanien schmecken und häufig gegessen werden. Die glatten Blätter sind fiederartig ausgeschweift. Die Becher sind stiellos mit zurückgeschlagenen Schuppen und einer elliptischen Eichel.

l) Quercus falcata Michaux. Die sichelblätterige Eiche.

Kommt in Nordamerika vor und wird 10 bis 20 Meter hoch.

m) Quercus heterophylla Michaux. Verschiedenblätterige Eiche.

Ein ziemlich großer Baum Nordamerikas.

n) Quercus imbricaria. Die Schindeleiche.

Ein 16 Meter hoher Baum Nordamerikas in den östlichen Staaten bis Nordcarolina. Die Blätter der Eiche waren früher officinell und wurden gesammelt. Der Geschmack ist süßlich, herb und zusammenziehend.

o) Quercus ilex. Die Steineiche.

Die Steineiche, ein Baum von mäßiger Höhe, kommt auf den südlichen Alpen vor und erreicht einen Durchmesser von 1/2 Meter. Die Blätter sind immergrün, länglich oval und stechend gezähnt, unten graufilzig. Die Eicheln sind oval und können gegessen werden wie die Haselnüsse.

p) Quercus infectoria. Die Galläpfeleiche.

Kommt in Kleinasien und Persien in den Gebirgen vor, hat länglich ovale, etwas herzförmige Blätter, grob gezähnt und glatt. Die Früchte sind gestielt und walzig, die Becherschuppen angedrückt. An den Zweigen bilden sich die besten Galläpfel von der Gallwespe (Cypris gallae tinctoriae), welche unter dem Namen Aleppischer Gallus im Handel vorkommen. Durch diese Stiche werden die Drüsen des Zellgewebes erweitert. Es sind ziemlich harte, kugelige, mit vielfachen, ungleichen Erhöhungen versehene Auswüchse von der Größe einer Kirsche, grünlich grau und höckerig, schmecken sehr zusammenziehend und enthalten sehr viel Gerbstoff. Man bemerkt häufig Löcher an den Galläpfeln und findet beim Zerschlagen bräunliche oder gelbbräunliche Ringe und im Mittelpunkte eine mehr oder weniger große Höhle, in welcher man, wenn sie die Größe einer Linse erlangt hat, häufig die Gallwespe findet. Man unterscheidet mehrere Sorten Galläpfel:

1. Aleppische Galläpfel, welche von Smyrna und Aleppo kommen und ein äußerlich grünlich schwärzliches Aussehen, keine Löcher besitzen und sehr schwer sind. Sie enthalten den meisten Gerbstoff und lassen sich schwer zerschlagen. Man benützt sie hauptsächlich zur Tintenfabrikation, außerdem auch in der Färberei.

2. Die Istrianer Galläpfel kommen von Istrien, sind lichter in der Farbe als die von Aleppo und auch specifisch leichter, zeigen auch keine so große Erhabenheit, sondern sind mehr glatt und lassen sich leichter zerschlagen. Der Gerbstoffgehalt ist bedeutend geringer als bei den Aleppischen Gallus.

3. Die ungarischen Galläpfel sind weißgelblich oder gelbgrau, die Oberfläche ist glatt und findet sich beim Zerschlagen ein weißgelbliches Mark. Die Galläpfel enthalten alle Gallussäure und einen rothen, gelben und grünen Farbstoff.

Die Knoppern entstehen durch den Stich von Cynips Quercus calicis in die jüngeren Kelche der früher angeführten Eichenarten; es sind braune, unregelmäßige, stark gefurchte, haselnußgroße und größere Auswüchse, an denen noch öfters der Kelch befindlich ist. Beim Zerschlagen sind sie ziemlich dicht, gelblich, graugelblich und löcherig und besitzen einen adstringirenden, den Galläpfeln ähnlichen Geschmack. Man verwendet sie in den Gerbereien.

q) Quercus ilicifolia Wangenheim. Hülsenblätterige Eiche.

Ein 3 Meter hoher Baum Nordamerikas.

r) Quercus laurifolia Michaux. Lorbeerblätterige Eiche.

Dieser Baum kommt in Nordamerika in Südcarolina und Georgien vor und wird 20 Meter hoch.

s) Quercus lyrata Walter. Leierblätterige Eiche.

Kommt in den sumpfigen Gegenden von Nordamerika vor und erreicht eine Höhe von 16 bis 26 Meter. Die Eicheln sind breit und rund, etwas zusammengedrückt.

t) Quercus macrocarpa Michaux. Großfrüchtige Eiche.

Ein Baum von 20 Meter Höhe, ausgezeichnet durch üppige Belaubung in Tenessee und Kentucky.

u) Quercus montana Wildenow. Bergkastanien-Eiche.

Kommt in Nordamerika vor, wird 20 Meter hoch, hat eine breit entwickelte Krone und zeichnet sich durch üppige Belaubung aus. Die Blätter sind 15 Centimeter lang und 10 Centimeter breit, an kurzen gelben Stielen, rautenförmig oval und gleichmäßig gezähnt. Die Blüthen kommen mit den Blättern zugleich zum Vorschein.

v) Quercus olivaeformis Michaux. Olivenfrüchtige Eiche.

Ein 20 Meter hoher, ziemlich seltener Baum Nordamerikas.

w) Quercus palustris Wildenow. Sumpfeiche.

Ein 26 Meter hoher Baum Nordamerikas.

x) Quercus pedunculata. Die Sommereiche.

Ist die gemeinste Eiche, welche überall große Wälder bildet, 300 Jahre alt wird, 60 Meter Höhe erreicht und über 2 Meter stark wird. Sie kann auch 1000 Jahre alt werden. Es giebt Stämme, die bis 3 Meter Stärke erreichen. Die Blätter sind kurz gestielt, länglich, buchtig, hinten herzförmig und kahl. Der Becher ist langgestielt und die Eichel walzig. Das Holz ist sehr hart und dauerhaft und wird zum Schiffbau häufig benützt.

Fig. 9.

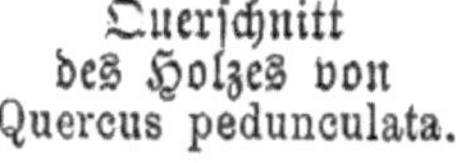

Querschnitt des Holzes von Quercus pedunculata.

y) Quercus nigra. Die Schwarzeiche.

Ein kleiner, 7 bis 10 Meter hoher Baum, der hauptsächlich in Nordamerika vorkommt. Die Blätter sind keilförmig, mit herzförmigem Grunde und sehr kurz gestielt, am oberen Ende abgestutzt, rundlich, 15 Centimeter lang und 10 bis 12 Centimeter breit, lederartig, oben glänzend und dunkelgrün, unten mit feinwolligem Ueberzuge versehen. Dieser Baum hat eine tiefgefurchte, schwärzliche Rinde und wächst gern auf trockenem sandigen Boden.

z) Quercus Prinus Linné. Kastanieneiche.

Ein 26 bis 30 Meter hoher Baum Nordamerikas.

aa) Quercus Putescens Wildenow. Filzhaarige Eiche.

Ein Baum, der so groß wie die gewöhnliche Eiche wird und in England, Frankreich und Ungarn hauptsächlich vorkommt.

bb) Quercus pyrenaica Wildenow. Pyrenaica-Eiche

Ein Baum von 7 Meter Höhe, der in den Pyrenäen vorkommt.

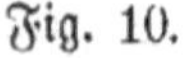
Fig. 10.

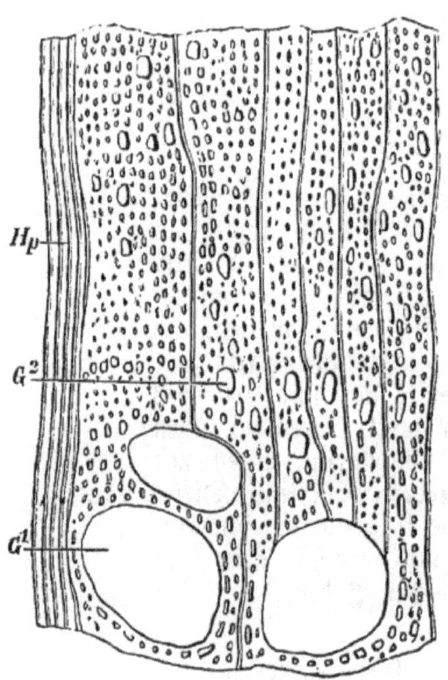

Querschnitt durch das Holz von Quercus robur, hundertfache Vergrößerung nach Dippel.

Hp Holzparenchym. G^2 Kleinere Gefäße des Herbstholzes. G^1 Große Gefäße des Frühjahrsholzes.

cc) Quercus robur. Die Wintereiche.

Mit Fig. 10.

Ist ein 30 bis 40 Meter hoher Baum, der in Europa, namentlich dem Orient vorkommt und eine meist horizontal entwickelte Laubkrone und eckige, knorrige Astformen besitzt. Im höheren Alter hat er meist einen sperrigen Wuchs.

Die Blätter sind 10 Centimeter breit, kurz gestielt, mit grünem Blattstiel, mehr oder weniger tief ausgebuchtet und auf jeder Seite mit etwa vier abgerundeten, etwas nach oben gerichteten Lappen, am Grunde mit ohrförmigen Anhängseln. Die Blüthen erscheinen vor den Blättern im Mai und die Früchte hängen meist paarweise an langen, hängenden Stielen. Das Holz wird zum Brennen und Bauen benützt. Die bittere, herbe Rinde enthält viel Gerbstoff, etwas Harz und Wachs. Die Eicheln werden gebrannt zum Kaffee benützt; auch geben dieselben ein gutes Schweinefutter ab. Er ist einer der größten Bäume, welcher große Wälder bildet und einige hundert Jahre alt wird.

Das Holz der Sommer- oder Stieleiche unterscheidet sich von allen anderen Laubhölzern dadurch, daß dasselbe zweierlei Arten von Markstrahlen besitzt. Nur die Buche hat diese Eigenthümlichkeiten mit den Eichenarten gemein. Die breiteren, mehrreihigen Markstrahlen des Eichenholzes sind auch mit bloßem Auge zu erkennen, sowohl nach dem Quer- als auch dem Längsschnitte. Von dem Buchenholze unterscheidet sich das Eichenholz einmal durch die nähere Gestaltung der breiten mehrreihigen Markstrahlen, wie man dies bei Fig. 7 sieht. Dieselben sind bei den letzteren höher und schmäler als bei dem Buchenholze, auch sparsamer im Holze verbreitet. Das Eichenholz zeichnet sich vor demselben durch die auffallend weiten Holzgefäße im Frühjahrsholze aus; aus diesem Grunde erscheinen die dünnen Querschnitte sehr porös an diesen Stellen, während der Buche diese weiteren Gefäße fehlen. Das Parenchymgewebe tritt im Holze der Eiche in größeren Zellgruppen auf als in dem der Buche. Die Holzzellen der Eiche zeigen weiter im Stammholze nur eine Tüpfelreihe und sind sehr stark verdickt. Die Jahresringe der Eiche sind deutlich und von der Kreislinie wenig abweichend. Der Splint des Eichenholzes ist fast weiß, der Kern gelblich bis schwarzbraun. Das Holz der Eiche ist sehr hart, fest, leicht spaltbar und dauerhaft. Das specifische Gewicht des Eichenholzes beträgt zwischen 0·69 bis 1·03 im lufttrockenen Zustande, ist daher unter Umständen schwerer als Wasser.

dd) Quercus rubra Linné. Rotheiche.

Ein 30 Meter hoher Baum Nordamerikas.

ee) Quercus sessiflora Salisbury. Wintereiche.

Ein schöner Baum mit rundlicher Krone, der im Orient, Nordasien und Europa überhaupt vorkommt. Die Blätter sind länger gestielt, mit gelbem Stiele länglich am Grunde abgerundet oder fast keilherzförmig.

ff) Quercus suber. Die Korkeiche.

Kommt besonders in Spanien und um das Mittelmeer herum vor und versorgt fast ganz Europa mit Korkholz. Die Rinde wird fast alle zehn Jahre abgeschält, jedoch so, daß der Bast unversehrt bleibt. Die Rinde ist korkartig und zerklüftet. Die Blätter sind etwas herzförmig.

gg) Quercus tinctoria L. Die Färbereiche.

Ein großer hoher Baum Nordamerikas, namentlich Pennsylvaniens, der dort eine Höhe von 20 bis 30 Meter erreicht und dort große Wälder bildet. Er hat eine tiefgefurchte, schwärzliche Rinde, wodurch er sich leicht von den übrigen Eichenarten unterscheidet. Die inneren Rindenflächen schmecken beim Kauen bitter und wird der Speichel gelb gefärbt. Die Rinde ist unter dem Namen Quercitronholz bekannt und wird zum Gelbfärben benützt.

Die Blätter sind länglich oval, schwach ausgeschweift und gezähnelt und unten flaumig, mit meist sieben breiten, stumpfen, borstenartig gespitzten, etwas eckigen Lappen. Die Früchte sind eirund und braun. Die Rinde mit dem Splinte kommt mehr oder weniger fein geraspelt im Handel vor und hat eine hellbräunliche gelbe Farbe.

Sie enthält einen eigenthümlich gelben Farbstoff, der in der Färberei und der Papierfabrikation Verwendung findet. Durch Leim wird dieser Farbstoff nicht niedergeschlagen. Um den Farbstoff daraus zu erhalten, wird der wässerige Extract vom Gerbstoffe durch Hausenblase gereinigt und die Flüssigkeit eingedampft. Er bildet kleine, blaßgelbe Schuppen, die in Wasser und Alkohol löslich sind, dagegen aber nicht in Aether. Die Alkalien färben die Lösungen dieses Pigments dunkler, Zinnchlorür schlägt ihn gelbroth, essigsaures Kupfer und Bleioxyd dunkelgelb, schwefelsaures Eisenoxyd olivengrün nieder. Alaunlösung färbt schön gelb ohne Niederschlag.

35. Robinia L. Robinie. Erbsenbaum. Schotendorn.

Familie der Leguminosen.

Mit Fig. 11.

a) Robinia frutescens. Die strauchartige Robinie.

Kommt in Sibirien vor, bei uns in Europa in Gärten. Die Zweige sind ruthenartig mit sechs weißen Längsstrichen. Zwei Paar Blättchen, die keilförmig oval sind. Die Blüthen sind einzeln und gelb. Die Hülsen sind einsamig.

b) Robinia hispida L. Borstige Akazie.

Ein kleiner Baum von 3 bis 6 Meter Höhe und rundlicher Laubkrone, der in Amerika, hauptsächlich Carolina, vorkommt und dessen Zweige, Blüthenstiele, Kelch und Hülsen mit rothen Borstenhaaren dicht besetzt sind. Die Blätter haben neun bis elf verkehrt eirunde, an der Spitze weichstachelige, glänzend grüne Fiederblättchen. Die großen Blüthen sind dunkel rosenroth, geruchlos, in lockeren, hängenden Trauben und erscheinen im Juni bis September.

c) Robinia pseudoacacia L. Gemeine Akazie.

Mit Fig. 11.

Dieser 20 bis 24 Meter hohe Baum stammt aus Nordamerika, hat sich aber überall in Europa eingebürgert und wird an allen Wegen angepflanzt; derselbe wächst sehr rasch, hat eine schöne Krone und ruthenförmige Zweige. Die Blätter haben 11 bis 21 längliche, eiförmige Blättchen mit dornigen Nebenblättern. Die weißen, wohlriechenden Blüthen erscheinen in lockeren, hängenden Trauben im Monat Juni. Die Hülsen sind fingerlang, ganz flach, mit sechs bis acht braunen, flachen, fast nierenförmigen, ölreichen Samen. Die Akazie gedeiht selbst auf dem schlechtesten Boden und ist ein sehr nützlicher Baum, mit gelblichem, hartem, nutzbarem Holze, der rasch wächst und in dreißig Jahren fußdick wird. Die Rinde wird zum Gerben verwendet. Das zähe biegsame Holz wird gern zu Stangen in Obst- und Weingärten benützt. Als Wagner- und Maschinenbauholz wird es ebenfalls verwendet und kommt als Brennholz dem Buchenholz fast gleich.

Fig. 11.

Querschnitt des Holzes von Robinia pseudoacacia.

d) Robinia viscosa Ventenat. Die klebrige Robinie.

Ein 16 Meter hoher Baum Nordamerikas mit dunkelbraunen, drüsig klebrigen Zweigen, der namentlich in Südcarolina und Georgien vorkommt. Die Blätter haben 13 bis 15 eirunde Blättchen, die etwas kleiner sind als bei der gemeinen Akazie und auf der unteren Fläche heller und mit kurzen Haaren besetzt sind. Die hellrothen oder fleischfarbenen Blüthen stehen gedrängt in kurzen, aufrechten Trauben und erscheinen im Monat Juni.

Das Holz der Robinie ist gelblich, der Kern geht ins Grünliche oder auch ins Bräunliche. Es ist sehr hart und läßt sich schwer spalten. Das specifische Gewicht des Robinienholzes im lufttrockenen Zustande beträgt 0·58 bis 0·85. Das Holz hat einen geringen Gerbstoffgehalt und ist im Trockenen und unter Wasser von großer Dauerhaftigkeit. Bezüglich des anatomischen Baues zeichnet sich das Robinienholz durch ein sehr entwickeltes Holzparenchym aus, welches bandartig verläuft und dessen Zellen keine Spiralbänder besitzen. Die Holzzellen sind bei dem Robinienholze stark verdickt. Die Jahresringe sind sehr deutlich und in der Mitte des Stammes gut gerundet. Die Rinde des Robinienholzes enthält viel Gerbstoff und benöthigt man nach Anton zum Gerben von 1 Pfund Haut 10 Pfund Robinienrinde.

36. Salix. Die Weide.

Famlie Amentaceae. Saliceae.
Mit Fig. 12 und 13.

a) Salix alba Linné. Die Weißweide.

Ein schöner Baum, der eine Höhe von 25 bis 30 Meter und eine Stärke von 4 bis 5 Meter erreicht, mit eirundlicher Krone und lanzettförmigen, elliptischen, gespitzten, gesägten und auf der unteren Fläche feinen, seidenartig behaarten Blättern. Die Kätzchen sind auf kurzen, mit Blättern besetzten Aestchen, welche im April und Mai erscheinen. Sie kommt an Bächen und Wegen, auch auf trockenem Boden vor, sehr gern in aufgeschwemmtem Boden in der Nähe von Bächen und Flüssen, wächst schnell, erreicht aber wegen bald eintretender Kernfäule ein sehr geringes Alter; man gewinnt von ihr Reisig, Korbruthen, Reifen, Faschinen und Brennholz.

Fig. 12.

Querschnitt des Holzes von Salix alba.

b) Salix amygdalina Linné. Mandelweide.

Ein 4 bis 8 Meter hoher Baum mit breiter, kegelförmiger Krone und ausgebreiteten Aesten und Zweigen, sowie oval lanzettförmigen, zugespitzten und gesägten Blättern und Kätzchen, die mit den Blättern im Mai erscheinen.

c) Salix babylonica L. Die echte Trauerweide.

Ein 12 Meter hoher Baum mit rundlicher Laubkrone und überhängenden Aesten und Zweigen, der in China und Japan zu Hause ist und schmale, lanzettförmig feingesägte, oben grüne und unten schimmelgrüne Blätter besitzt. Die weiblichen Kätzchen erscheinen mit den Blättern zugleich. In

Europa wird dieser Baum in Gärten und häufig auf Gräbern angepflanzt.

d) Salix candida Flügge. Weißblätterige Weide.

Ein niedriger Baum Nordamerikas mit behaarten Zweigen und linienlanzettförmigen Blättern.

Fig. 13.

Querschnitt des Holzes von Salix caprea.

e) Salix caprea Linné. Palmweide.

Mit Fig. 13.

Kommt überall in Europa vor und wird 8 bis 10 Meter hoch, hat aufrechte, glatte, grüne Aeste und rundlich ovale, spitze, wellenförmige, gekerbte Blätter. Die Kapsel ist lanzettförmig. Das Holz giebt eine sehr gute Kohle zum Zeichnen und auch zum Schießpulver. Die Rinde wird statt der Chinarinde angewendet.

f) Salix elaeagnus Scopoli. Oleasterweide.

Ein 2 Meter hoher Strauch mit ausgebreiteten, hellbraunen Aesten, der auf den Alpen in der Schweiz und Frankreich vorkommt und schmal linien- und lanzettförmige Blätter besitzt, die 10 Centimeter lang sind.

g) Salix fragilis. Die Bruchweide.

Die Bruchweide kommt in Europa hauptsächlich an Bächen und Flüssen vor. Die Ruthen sind ästig, graulich und brüchig. Die Blätter breit, lanzettförmig und gezähnt, mit herzförmigen Nebenblättern. Die Rinde enthält viel Salicin. Die Wurzel färbt roth.

h) Salix helix Linné. Die Bachweide.

Ein 3 bis 4 Meter hoher, baumartiger Strauch, mit glatten, aufrechten, purpurgrauen Zweigen und gegenständigen, linienförmigen Blättern. Die Blüthen erscheinen im März und April vor den Blättern.

i) Salix lanata Linné. Wollweide.

Ein in Schottland einheimischer Strauch mit behaarten Aesten.

k) Salix pentandra L. Fünfmännige Weide.

Kommt in Europa überall an Flüssen und Bächen vor, wird 8 bis 10 Meter hoch, hat röthliche Aeste und braune, glänzende, wie lackirte Aeste, die breite, elliptisch zugespitzte, gesägte und etwas zusammengezogene Blätter besitzt. Die Kätzchen erscheinen auf kurzen, mit Blättern besetzten Aestchen im Mai und Juni. Wird zu Wasserbauten und zu Körben gebraucht.

l) Salix reticulata L. Die netzblätterige Weide.

Ein 15 Centimeter hoher Zwergstrauch, mit unterirdischem Stamme in Sibirien und den Alpen.

m) Salix viminalis. Die Korbweide.

Dieser zierliche Strauch, der 6 Meter hoch wird, kommt in Europa überall an den Ufern der Flüsse vor und liefert sehr zähe Ruthen, die zu Körben benützt werden. Die Blätter sind lanzettförmig, sehr lang und ganz mit schmalen Nebenblättern. Die Samenkätzchen sind walzig, oval und silberweiß.

n) Salix vitellina. Die Dotterweide.

Ist eine Abart, deren dottergelbe Zweige zu Körben verwendet werden.

37. Santalum. Der Sandelholzbaum.

Familie der Thymeleen.

Santalum album. Weißer Sandelbaum.

Stammpflanze des Sandelholzes.

Ein Baum in der Größe eines Nußbaumes mit kurzem Stamm und brauner, rissiger Rinde, ausgebreiteten Aesten, länglich ovalen Blättern und Blüthen in Achsel- und Endtrauben. Die Blüthen sind anfangs gelblich, dann braunroth. Die Frucht ist so groß wie eine Kirsche, schwarz, sehr abfällig und unschmackhaft. Der Same ist weiß. Dieser Baum liefert das weiße und gelbe Sandelholz.

Es ist das Kernholz der angeführten Pflanze und wird nahe an der Wurzel und von dieser selbst gesammelt, und ist um so besser, je dicker und älter die Stämme sind, von denen es gesammelt wird. Das weiße ist der geruch- und geschmacklose Splint ohne medicinische Wirkung und wird nur zu Räucherungen benützt, das gelbe ist der rosenartig riechende und gewürzhaft schmeckende Kern, welcher ätherisches Oel enthält und kräftig auf die Verdauung wirkt. Das gelbe Sandelholz, welches im Handel vorkommt, findet sich in armdicken Stücken. Die Farbe ist dunkelgelb, auf den Splint zu wird es etwas dunkler, ist weniger hart als das weiße, feinfaserig und von angenehmem gewürzhaften Geruch und bitterlichem Geschmack. Das von Malabar ist das vorzüglichere als das der östlichen ostindischen Inseln und die Eingeborenen bereiten ein sehr vorzügliches Oel daraus. Das weiße und blasse kommt jenseits des Ganges vor, am meisten aber auf der Insel Timor. Der Kern hat vorzüglich den Wohlgeruch, das Splintholz taugt nichts. Die Früchte von dem Sandelbaum sind wie kurze Oliven, bläulich schwarz, färben beim Kauen den Mund dunkelroth und werden gern von den Staaren gefressen.

38. Sorbus. Die Eberesche.

a) Sorbus americana Wildenow. Die amerikanische Eberesche.

Ein 6 bis 8 Meter hoher Baum Nordamerikas mit gefiederten Blättern und lanzettförmigen, spitzen, ausgezogenen, gleichmäßig gesägten, kahlen Fiederblättchen. Die Blüthen erscheinen im Mai und die Früchte reifen Ende August.

b) Sorbus aria Crantz. Der gemeine Mehlbeerbaum.

Der gemeine Mehlbeerbaum kommt in Mitteleuropa häufig vor und erreicht eine Höhe von 10 bis 12 Meter, hat eiförmig ovale Blätter, die am Rande etwas eingeschnitten und doppelt gesägt sind. Die Blätter sind oben schön grün und unten mit einem dichten, schneeweißen Filze bedeckt. Die weißen, in schönen Doldentrauben erscheinenden Blüthen kommen im Mai zum Vorschein. Die Beeren sind gelblich grün oder braun grundirt. Der gemeine Mehlbeerbaum kommt auf trockenem, sonnigem, meist kalkigem Boden vor. Das Holz ist schön weiß und fest und wird zu Maschinenbestandtheilen benützt. Die Beeren dienen zur Branntweinerzeugung.

c) Sorbus aucuparia L. Der Vogelbeerbaum.

Der Vogelbeerbaum ist ein 10 Meter hoher, in gutem Boden rasch wachsender Baum mit locker gruppirten Aesten und Zweigen, der über ganz Europa und Asien verbreitet ist, mit 10 Centimeter langen, gefiederten, länglich lanzettförmig gesägten und unten zottig behaarten Blättchen. Die Knospen sind filzig und die Blüthen erscheinen im Mai. Die ziegelrothen und scharlachrothen Früchte reifen im August und dienen den Vögeln als Nahrung. Der gemeine Vogelbeerbaum verlangt einen lockeren, frischen Boden und gedeiht selbst auf dem Gerölle der Alpen. Der Baum wird häufig zu Schattengängen angepflanzt, wo er sich mit seinen zahlreichen, rothen Fruchtdolden während des Herbstes und Winters prächtig ausnimmt und nicht zu viel Schatten wirft. Das Holz ist hart und wird zu Drechslerarbeiten benützt. Die rothen Früchte schmecken herb und enthalten viel Aepfelsäure, werden als harntreibendes Mittel und gegen den Durchfall gebraucht.

d) Sorbus chamaemespilus Crantz. Zwergmehlbaum.

Kommt in den Alpen und den Pyrenäen vor. Die Früchte sind rundlich, von der Größe einer Erbse und orangegelb.

e) Sorbus domestica. Der Sperberbaum.

Dieser Baum kommt vorzüglich in den südlicheren Gegenden und den Alpen vor und wird auch hie und da als Obstbaum angepflanzt. Er hat eine schrundige, graue, braune Rinde, behaarte Blätter und größere Blüthen wie der Vogelbeerbaum. Die Früchte sind wie kleine Birnen in Gestalt und Färbung, grünlich gelb mit rothen Backen und kaum von den echten Birnen zu unterscheiden. Der Baum blüht im Mai und reifen die Früchte im October. Am Baume sind die Früchte herb, werden aber im Stroh bald weich, süß und schmackhaft und können gegessen werden; auch macht man Wein und Branntwein daraus. Das Holz ist sehr hart und gut zu Drechslerarbeiten. Die Rinde wird zum Gerben verwendet.

f) Sorbus scandix. Elzbeerbaum.

In den Niederungen und im Hügellande kommt dieser 9 bis 12 Meter hohe Baum vor, der überhaupt ein mildes Klima liebt. Das Holz ist sehr hart und fest und wird als politurfähiges Nutzholz von Drechslern und Mechanikern zu feineren Arbeiten benützt.

g) Sorbus torminalis Crantz. Elzbeerbaum.

Ein 13 bis 16 Meter hoher Baum, der in Europa überall verbreitet ist, mit breit eirunden, tief und ungleich gelappten, scharfgesägten Blättern, die oben dunkelgrün und unten mattgrün sind. Die weißen Blüthen sitzen in flachen, filzigen Doldentrauben am Ende der Zweige und erscheinen im Mai und Juni. Die länglichen Früchte sind erdbraun, nach der Ueberreife eßbar.

39. Strichnos. Der Schlangenbaum.

Familie der Aponiceen.

Strychnos colubrina L. Schlangenholzbaum.

Ein mannhohes grünes Bäumchen, welches auf Java und Malabar wächst, mit spitz elliptischen Winkelblättern und Blüthen im Achselknäuel. Die blaßrothen Blüthen erscheinen am Ende in einer Doldentraube, sind röhrig und unten geknickt mit fünflappigem Saum, weiß und eingeschlagen. Die Frucht ist wie zwei verwachsene Pfefferkörner, glatt und schwarz, mit zwei gelblichen, eckigen Nüssen, deren Kern wie Haselnuß schmeckt. Die Wurzel ist gerade absteigend, mit einigen Windungen und unten dicker, gelb, runzlich, holzig und spröde wie Glas, schmeckt rein bitter und ist ein kräftiges Gegengift; auch wird es gegen Grimmen und Erbrechen gebraucht. Das Schlangenholz, welches jedenfalls von dieser Wurzel herstammt, kommt im Handel in armdicken, runden Holzstücken, gewöhnlich noch mit der Rinde bedeckt vor. Die Rinde ist glatt und glänzend, bräunlich oder schmutzigbraun und erscheint wie bestäubt. Das Holz ist gelblich, leicht, geruchlos und entwickelt beim Kauen einen bitteren Geschmack. Es enthält Strychnin und Brucin. In Indien nennt man alle diejenigen Holzarten, die, in Becherform gedrechselt, dem hineingegossenen Wasser einen bitteren Geschmack ertheilen, Schlangenholz. Das weiße Schlangenholz kommt von den molukkischen Inseln.

40. Swietenia. Der Mahagonybaum.

Familie der Meliaceen.

Swietenia mahagony Linné.

Der Mahagonybaum wird 30 bis 32 Meter hoch und $1\,^1/_2$ Meter dick, er ist ein astreicher Baum Westindiens und Südamerikas mit röthlichem Holz und höckeriger Rinde, abwechselnden, spannenlangen, gerade gefiederten Blättern, spitz ovalen Blättchen und kleinen, weißen Blüthen in den Achselrispen. Die Kapsel ist hart, faustgroß, braun, klafft bald von oben, bald von unten und die Klappen fallen ab. Das Holz ist das beste und schönste zu Geräthen. Die schwach riechende Rinde, die bitter und herb schmeckt, wird unter dem Namen Amarantrinde gegen Fieber gebraucht.

41. Tilia. Der Lindenbaum.

Mit Fig. 14.

a) Tilia alba Aiton. Die Weißlinde.

Dieser Baum kommt in Nordamerika vor, hat eine etwas lockere Krone und lange, schwache, überhängende

Zweige. Die 10 Centimeter breiten Blätter mit aufgesetzter kurzer Spitze sind herzförmig, scharf gesägt und am Grunde etwas ungleich, auf der unteren Fläche mit dünner, filziger Behaarung. Die Blüthen erscheinen in mehrblüthigen Doldentrauben im Monat August. Die Frucht ist fünfsamig, von oben zusammengedrückt.

b) Tilia americana Linné. Schwarzlinde.

Ein 20 bis 25 Meter hoher Baum Nordamerikas mit sehr großen, bis 10 Centimeter breiten, rundlich herzförmigen, auf der oberen Fläche dunkelgrün, glatten und glänzenden Blättern. Die Blüthen stehen in vielblüthigen Doldentrauben. Die Frucht ist von Erbsengröße.

c) Tilia argentea de Candolle. Silberlinde.

Ein rundkroniger Baum wie die gewöhnliche Linde, der in Ungarn und der europäischen Türkei vorkommt, mit herzförmigen, scharf gesägten, etwas spitzen, oben glatten und unten mattgrünen, mit weißem Filz versehenen Blättern. Die weißgelblichen, stark duftenden Blüthen kommen in vielblüthigen Doldentrauben Ende Juli zum Vorschein. Die Frucht hat fünf Rippen.

d) Tilia grandifolia. Die Sommerlinde.

Mit Fig. 14.

Kommt im südlichen Deutschland und am Mittelmeer häufig vor, auch in Wäldern, wird aber auch als Schattenbaum angepflanzt. Sie erreicht ein Alter von vielen hundert Jahren und es giebt berühmte hohle Linden von ungeheurem Umfange, gewöhnlich 20 bis 26 Meter hoch. Die Blätter sind rundlich und ungleich herzförmig, zugespitzt, gezähnt und unten flaumig. Die Blüthen sind ohne Schuppen. Die Nuß ist vierrippig. Die Blüthen sind blaß citronengelb und wohlriechend. Sie blüht im Juni und reift im September. Das weiße Holz wird häufig von Drechslern und Schmieden gebraucht; aus dem Bast macht man Binden. Die Blüthen dienen als Thee.

Das Holz der Linde ist weiß, auch im reifen Zustande, und sehr imbibitionsfähig, weich, läßt sich leicht spalten und geht in feuchtem Zustande sehr leicht in Fäulniß über, leidet auch oft an Wurmfraß. Die Verwendung des Lindenholzes in der Technik ist mannigfaltig, namentlich zur Erzeugung

Fig. 14.

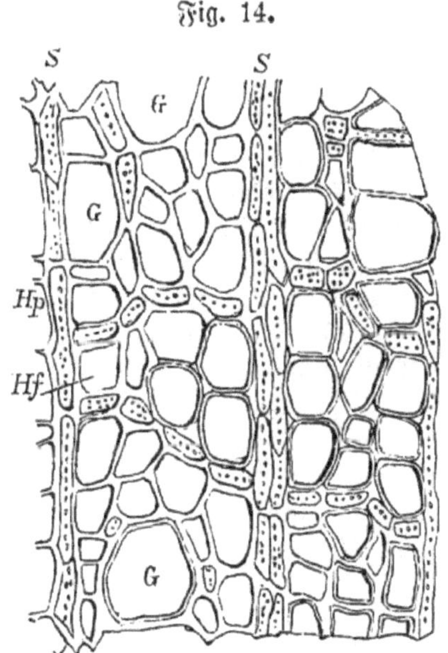

Querschnitt des Holzes von Tilia grandifolia bei vierhundertfacher Vergrößerung nach Dippel.

G Die sehr mäßig großen Gefäße. S Markstrahlen. Hf Die nur schwach verdickten Holzzellen.

einer guten Holzkohle. Das specifische Gewicht des Lindenholzes in lufttrockenem Zustande beträgt 0·32 bis 0·59.

Das Holz der Linde ist ähnlich der Hainbuche gebaut und besitzt nicht bloß so schmale Markstrahlen (Fig. 8 S), sondern auch getüpfelte Spiralgefäße. Von dem Holze der Hainbuche unterscheidet es sich durch die geringere Höhe der Markstrahlen und dann namentlich durch seine verhältnißmäßig weiten und nur wenig verdickten Holzzellen. Die Spiralbänder der Gefäße sind beim Lindenholze stärker entwickelt und zu einer steilen Schraube gezogen. Die Jahresringe bei dem Lindenholze sind deutlich und sehr regelmäßig.

e) Tilia parvifolia. Die Winterlinde.

Ein Baum, der 20 Meter hoch wird, mit sehr dickem Stamme, großer Krone und unbehaarten Zweigen, der mehrere Jahrhunderte alt wird. Die Blätter sind rundlich, ungleich herzförmig, zugespitzt und scharf gezähnt. Die Stiele sind fünf- bis siebenblüthig, die Blumen ohne Schuppen. Die Nüsse sind rundlich ohne Rippen. Die wohlriechenden Blüthen geben den Bienen viel Honig und werden als schweißtreibendes und krampfstillendes Mittel benützt. Das weiße Holz verwenden Drechsler und Schreiner, auch wird es verkohlt und die Kohle als Zahnpulver und zum Zeichnen verwendet. Die Samen enthalten ein fettes Oel, das aber keine Verwendung hat.

f) Tilia pubescens Aiton. Weichhaarige Linde.

Die weichhaarige Linde ist ein Baum, der hauptsächlich in Nordamerika in den Staaten Carolina und Florida vorkommt.

g) Tilia rubra de Candolle. Die Rothlinde.

Kommt in den Kaukasusländern vor und haben die jungen Zweige eine rothe Färbung. Die Früchte sind eirund.

h) Tilia vulgaris. Die gemeine Linde.

Ein großer Baum Nord- und Mitteleuropas, welcher lockeren und feuchten Boden verlangt und ein sehr hohes Alter und großen Umfang erreicht. Die gemeine Linde blüht im Juni und reift ihr Same im October. Die Blätter sind doppelt gesägt und von dunklem Grün. Die Knospen sind unbehaart. Die Blüthen erscheinen in vielblüthigen Doldentrauben. Die Frucht ist eirund und filzig behaart. Die Blüthen dienen als Thee und die jungen Blätter sind ein gutes Viehfutter. Die gemeine Linde liefert einen guten Bast und das Holz ist sehr schön weiß, leicht, zäh und ziemlich hart, wird zu Tischler-, Wagner- und Drechslerarbeiten verwendet, während es als Bauholz unbrauchbar ist. Als Brennholz hat es einen bedeutend geringeren Werth als das Buchenholz. Wenn das Holz verkohlt wird, so erhält man die Lindenkohle, die sehr fein ist und auch medicinische Verwendung findet. Die Lindenblüthen werden in den Monaten Juni und Juli eingesammelt und sind kleine, langgestielte Blümchen, deren Geruch frisch, sehr angenehm und erfrischend gewürzhaft ist und mit der Zeit aber verloren geht. Der Geschmack ist süßlich schleimig. Die Samen geben beim Pressen Oel.

42. Ulmus Linné. Ulme. Rüster.

a) Ulmus americana L. Amerikanischer Rüster.

Dieser 20 bis 26 Meter hohe Baum kommt in den Staaten Neufundlands und Carolinas mit mächtig entwickelter Krone, rissigem Stamme, schön gebogenen Aesten und fein behaarten jungen Zweigen vor. Die Blätter sind länglich, lanzettlich zugespitzt, am Grunde ungleichseitig, 10 bis 12 Centimeter lang und 5 bis 6 Centimeter breit, einfach oder doppelt gesägt, mit etwas gekrümmten Sägezähnen. Die Blüthen sind ungleich gestielt, mit 5 bis 8 ungleich langen Staubgefäßen und violetten Staubbeuteln, die im Frühjahre vor den Blättern erscheinen.

b) Ulmus campestris L. Feldrüster.

Ein 20 bis 25 Meter hoher Baum Europas, mit schwärzlichem, rissigem Stamme und braunen Zweigen. Die Blätter sind länglich, eiförmig, auch rundlich, zugespitzt und doppelt gesägt, auf beiden Seiten von zerstreuten, kleinen Haaren besetzt. Die fest sitzenden Blüthen haben eine spaltige Hülle mit fünf Staubgefäßen und erscheinen im Frühjahre, März und April, vor den Blättern; sie trägt im vierzigsten

Jahre Samen. Die gemeine Ulme kommt im Hügellande sowohl als auch in Vorbergen vor. Sie verlangt einen guten, etwas feuchten, bindigen Boden, mit etwas Kalkgehalt und liebt sonnige Lage.

c) Ulmus effusa Wildenow. Ausgebreitete Bergrüster.

Ein stattlicher, mit mächtigen, weit ausgreifenden Aesten versehener Baum Europas, der vielfach in Norddeutschland vorkommt. Die Blätter sind am Grunde ungleich, eiförmig, zugespitzt, am Rande mit scharfen, stark nach oben gebogenen, mehrmals gesägten Sägezähnen. Die Blüthen haben 6 bis 8 Staubgefäße, die im zeitlichen Frühjahre vor den Blättern erscheinen.

d) Ulmus fulva Michaux. Gelbknospige Rüster.

Die gelbknospige Rüster kommt in Canada und Carolina vor, wird 18 bis 20 Meter hoch, hat rauhe, weißliche Aeste und länglich oval zugespitzte, am Grunde mehr oder weniger herzförmig und ungleich gesägte Blätter, die auf beiden Seiten behaart sind. Die kurzgestielten Blüthen erscheinen im zeitigen Frühjahre vor den Blättern.

e) Ulmus montana Smith. Bergrüster.

Ein 16 bis 20 Meter hoher, kräftiger, üppig belaubter Baum, mit ausgebreiteter Krone und glattem Stamme. Die Blätter sind breit, gespitzt, doppelt gesägt und auf beiden Seiten rauh. Die Blüthen sind sehr kurz gestielt, mit purpurfarbenen Staubbeuteln und erscheinen im Frühjahre vor den Blättern.

f) Ulmus suberosa. Die Korkulme.

Sie kommt hauptsächlich in den Niederungen vor und erkennt man dieselbe an dem auf älteren Zweigen sich befindenden korkähnlichen Holz. Die Blätter sind doppelt gezähnt, die unteren oval, die oberen länglich. Die Blüthen sind vierzählig. Die Taschen verkehrt oval. Ist ein kleiner, mäßiger Baum, der hie und da in Bergwäldern vorkommt.

Das Holz der Ulmen ist ziemlich fest, schwer, dauerhaft und von guter, um 10 Procent geringerer Brennkraft als die Rothbuchen, es wird zu Fournier-, Wagenarbeiten, Gewehrschäften, Kanonenlafetten, Drechslerarbeiten und Einrichtungsstücken verwendet. Die Ulmen geben auch einen guten Bast und brauchbares Futterlaub. Sie verlangen einen tiefen, guten, etwas feuchten und bindigen Boden mit etwas Kalkgehalt und eine kühle, feuchte und vor allem sonnige, lichte Lage. Am besten werden die Ulmen durch künstliche Saat fortgebracht und mit anderen Laubhölzern gemischt aufgezogen. Sie erreichen ein sehr hohes Alter, leiden aber gern an Kernfäule. Die Ulmen gehören zu den harten Hölzern. Das Holz der Ulme hat nur eine Art von Markstrahlen und sind dieselben mehrschichtig. Die Buche und Eiche hat breitere und schmälere Markstrahlen. Das Holz der Ulme ist im Besitze von Holzparenchym, welche Gewebeform die Esche und Ulme entbehren; außerdem sind im Frühjahrsholze sehr weite Gefäße durch runde Löcher miteinander in Verbindung. Die Holzzellen der Ulme liegen zwischen dem Holzparenchym und den Gefäßen, welch letztere getüpfelt sind. Die Jahresringe des Ulmenholzes sind nicht ganz rund, sondern stumpf polygonal. Das specifische Gewicht des Holzes beträgt im lufttrockenen Zustande 0·56 bis 0·82.

III.

Die Nadelhölzer.

Pinusarten.

a) Pinus Abies Linné. Die Weißtanne. Abies pectinata mit drei Abbildungen Figur 15, 16, 17.

b) Pinus australis. Die Sumpfkiefer.

c) „ balsamea. Die Balsamfichte.

d) Pinus cembra. Der Zirbelbaum.
e) „ cedrus. Die Ceder.
f) „ Larix L. Der Lärchenbaum.
g) „ maritima P. Die Strandfichte.
h) „ nigra. Die Schwarzfichte.
i) „ picea. Die Fichte. (Fig. 18.)
k) „ pinea. Die Pinie.
l) „ pumilio. Die Zwergkiefer.
m) „ strobus. Die Weymouthskiefer.
n) „ sylvestris. Die Föhre oder Kiefer mit Abbildung Figur 19.
o) Pinus taeda. Die Weihrauchkiefer.
p) Auracaria imbricata. Die gemeine Schuppentanne.
q) Agathis orientalis. Die Knorrentanne.

Die Eiben.

a) Dacrydium cupressinum. Die gemeine Schuppeneibe.
b) Salisburia biloba. Die gemeine Lappeneibe.
c) Taxus baccata. Die gemeine Eibe.
d) „ nucifera. Die nußtragende Eibe.

Die Cypressen.

a) Cupressus semper virens. Die gemeine Cypresse.
b) Cupressus thujoides. Die höckerige Cypresse.
c) Taxodium distichum. Die virginische Cypresse.
d) Thuja occidentalis. Der gemeine Lebensbaum.
e) Thuja orientalis. Der orientalische Lebensbaum.
f) Callitris articulata. Der gegliederte Lebensbaum.

1. Pinusarten.

a) Pinus Abies Linné. Die Weißtanne.

Die Weißtanne ist ein Baum, der 25 bis 30 Meter hoch wird, mit glatter, weißer Rinde, wodurch sie sich von der Fichte unterscheidet; sie hat breitgedrückte, an der oberen Seite dunkelgrüne und an der unteren Seite silberweiße Nadeln, der Zapfen ist walzig, bis 15 Centimeter lang und

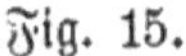

Fig. 15.

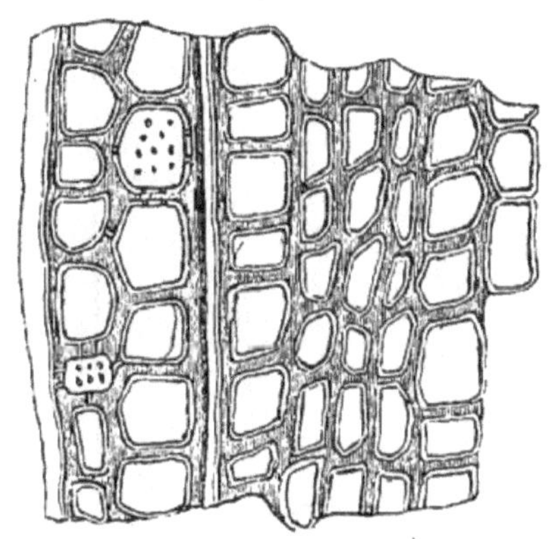

Querschnitt bei vierhundertfacher Vergrößerung, mikroskopischer Schnitt durch das Holz der Abies pectinata nach Dippel.

aufrecht. Die Schuppen sind stumpf und angedrückt, fallen bei der Reife ab und haben zwei Samen mit Flügeln. Der Keim im Eiweiß ist verkehrt. Die Weißtanne kommt sehr häufig im Mittel- und Vorgebirge in kühlen, schattigen Lagen, selten in reinen, meist in gemischten Beständen, als Hochwald mit 120- bis 140jährigem Umtriebe, wo sie sich selbst noch länger gut geschlossen erhält und viel Nutzholz liefert, den Boden beschattet und verbessert, vor. Die Tanne entwickelt sich in den ersten Jahrzehnten sehr langsam, dafür aber später desto mehr. Sie erreicht ein höheres Alter als die Fichte und giebt auch einen höheren Holzertrag; sie liefert ein ähnliches Holz wie die Fichte, es ist glatt, geradspaltig, weißer und biegsamer, aber weniger harziger als das Fichtenholz. Das Holz wird wegen seines geraden hohen Wuchses gern zu Mastbäumen benützt, außerdem dient es

Fig. 16.

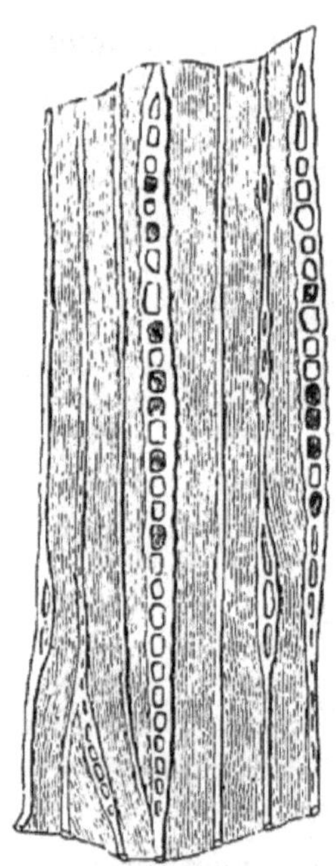

Tangentialschnitt bei hundertfünfzigfacher Vergrößerung des Holzes von Abies pectinata.

Fig. 17.

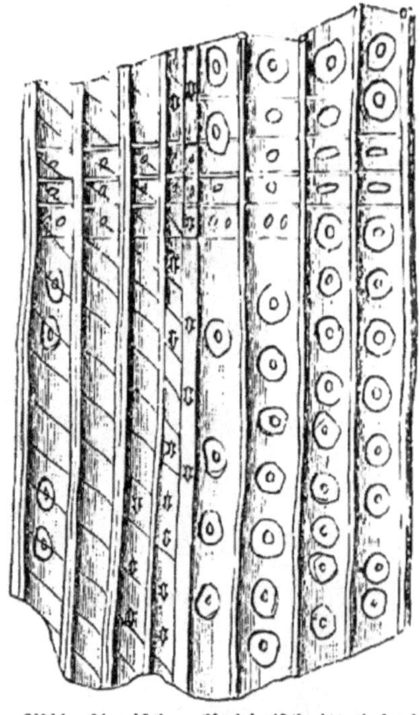

Mikroskopischer Radialschnitt bei vierhundertfacher Vergrößerung des Holzes von Abies pectinata nach Dippel.

als Land- und Dachschindelholz. Die Tanne giebt 69 Procent Scheitholz, 1 Procent Prügelholz, 13 Procent Reisigholz und 17 Procent Stockholz. Die Fortpflanzung geschieht am besten auf natürlichem Wege, soll dieselbe durch Pflanzung oder Saat geschehen, so muß für gehörigen Schutz, am besten durch Kiefern, Sorge getragen werden. Sie verlangt einen lockeren, tiefgründigen Boden wegen ihrer tiefgehenden Wurzeln. Als Nebennutzung giebt die Tanne den deutschen Terpentin und die Tannenzapfen, ein gutes Brennmaterial, außerdem eine sehr gute Streu. Der Borkenkäfer und der große Rüsselkäfer, sowie die Holzwespe sind die Feinde der Tanne.

Das Holz der Tanne, Weißtanne (Abies pectinata) besitzt Holzzellen, welche nur mit einer Reihe von Tüpfeln versehen sind. (Fig. 16 und 17.) Eine Ausnahme hiervon macht nur das Wurzelholz, in welchem die Holzzellen sich erweitern und nur zwei Tüpfelreihen besitzen. Die Markstrahlen des Tannenholzes bestehen (in wagrechter Richtung) aus einer einzigen Zellreihe oder sind, wie man sich bezeichnender ausdrücken würde, einschichtig. Dasselbe enthält keine Harzgänge. Die Jahresringe sind sehr deutlich und fast rund. Das Tannenholz ist weiß und fast geruchlos, von nicht unbedeutender Festigkeit und hervorragender Spaltbarkeit. Als Bauholz findet es mannigfache Anwendung wegen seiner großen Dauerhaftigkeit.

Das specifische Gewicht des Tannenholzes beträgt im trockenen Zustande etwa 0·37 bis 0·60. Das specifische Gewicht bezieht sich auf den lufthaltigen, also auf das scheinbare specifische Gewicht des Holzes. Das absolute Gewicht oder deren feste Substanz ist höher wie das des Wassers, denn das Holz sinkt im Vacuum in demselben nach Entweichen der Luftblasen unter. Was man gewöhnlich unter dem specifischen Gewicht des Holzes versteht, giebt mehr einen Maßstab von jener gröberen, unter dem Mikroskop erkennbaren Dichtigkeit, als von der molecularen Dichtigkeit des Holzgewebes selber.

b) Pinus australis. Die australische Fichte oder Tanne. Die Sumpfkiefer.

Ist ein 20 Meter hoher Baum Amerikas mit langen Blättern und walzigen Zapfen. Pinus australis kommt hauptsächlich im Sumpfboden am Mississippi und in Florida vor. Der amerikanische Terpentin wird davon gewonnen.

c) Pinus balsamea. Die Balsamtanne. Die Balsamfichte.

Die Balsamfichte ist ein 18 Meter hoher Baum Nordamerikas, besonders Virginiens und Canadas, mit einzelnen, um die Zweige herumstehenden Nadeln. Sie liefert den feinsten und best riechenden Terpentin unter dem Namen canadischer Balsam. Er ist blaßgelblich und durchsichtig. Der Geruch ist balsamisch, aromatisch und bitterlich. Er läßt sich zwischen den Fingern ziehen. Der Balsam wird durch Einschnitte, die in die Rinde gemacht werden, gewonnen, außerdem befindet er sich unter der Rinde in Geschwülsten, die geöffnet werden müssen.

d) Pinus cembra. Der Zirbelbaum. Die Zirbelkiefer.

Der Zirbelbaum ist ein sehr hoher Baum, der in den Alpen von Mitteleuropa, Tirol und Asien vorkommt, mit 6 bis 7 Centimeter langen, scharfrandigen Nadeln und einem gestielten, ovalen, gegen 10 Centimeter langen Zapfen, mit angedrückten Schuppen. Die Nüsse sind groß und hart, kaum geflügelt. Die schmackhaften Kerne oder Zirbelnüsse werden gegen den Husten gegessen, auch preßt man Oel daraus. Der Zirbelbaum liefert ein schönes, wohlriechendes Holz zu Schnitzereien, sowie ein der Föhre ähnliches Bau-, Tischler- und Brennholz. Von der Zirbelkiefer wird der karpathische Balsam gewonnen, der freiwillig ausschwitzt, durchsichtig ist und balsamisch bitterlich schmeckt.

e) Pinus cedrus. Die Ceder.

Ein sehr hoher, dicker Baum, der auf den Bergen von Syrien, dem Libanon und Taurus vorkommt und weit ausgebreitete, fächerförmige Aeste und hängende Zweige, spitzige, ausdauernde, zolllange Blätter und rundliche, kaum 4 Centimeter lange, rothe Zapfen, abgestutzte und angedrückte Schuppen und zwei geflügelte Samen besitzt. Das Holz ist seiner Dauerhaftigkeit, der schön braunrothen Farbe und des Wohlgeruches wegen berühmt. Von den alten Cedern auf dem Libanon sollen nur noch 100 stehen, wovon die stärksten

$2^1/_2$ bis 3 Meter Durchmesser besitzen. Man glaubt, daß sie so alt sind, wie unsere Zeitrechnung. Das Cedernholz wird zum Räuchern gebraucht, auch bewahrt man kostbare Dinge gern in Kistchen von Cedernholz auf. Das Holz giebt auch bei der Destillation ein Oel, das Cedernöl, was gegen Wurmfraß angewendet wird. Die Blätter schwitzen eine Art Manna aus.

f) Pinus Larix L. Der Lärchenbaum. (Larix europaea.)

Die Lärche ist ein ziemlich hoher Baum mit gebogenen Aesten, schlaffen und stumpfen Nadeln, die büschelartig beisammenstehen. Die Zapfen stehen seitlich und haben länglich ovale Schuppen. Die Nadeln fallen jeden Herbst ab und wird dadurch der Baum ganz kahl, während dieselben bei anderen Nadelhölzern stehen bleiben. Sie kommt vorzüglich im Hochgebirge vor und liebt Kalkboden und sonnige Lage. Die Blüthezeit ist im Monat April und trägt vom zwanzigsten Jahre an Samen, der im October reift und im Frühjahre ausfliegt. Die Lärche vom Hochgebirge liefert ein harzreiches, rothbraunes Nutz-, Werk- und Brennholz von sehr guter Qualität, während das von den Niederungen weiß und von geringer Beschaffenheit ist. Auch giebt es gutes Eisenbahnschwellenholz. Die Lärche liefert einen ganz hellen, wachsgelben, durchsichtigen Balsam von starkem, angenehmen Geruch und Geschmack, der unter dem Namen venetianischer Terpentin im Handel vorkommt. Die Lärche kommt selten allein, meist mit anderen Holzarten, wie Fichten und Föhren, vor, wächst in der Jugend rasch und erreicht mit dem achtzigsten Jahre ihre Vollkommenheit.

Das Lärchenholz ist etwas gelblich, später nimmt es im Kerne eine entschieden rothe Färbung und auch ein geflammtes Aussehen an. Es ist biegsam, läßt sich leicht spalten und besitzt eine große Dauerhaftigkeit, weshalb man es gern als Bauholz benützt. Das specifische Gewicht des Lärchenholzes ist im lufttrockenen Zustande 0·44 bis 0·80. Das Holz der Lärche hat große Aehnlichkeit mit dem der Tanne und Fichte und besitzt Harzgänge in senkrechter und wagrechter Richtung; dagegen sind die Jahresringe bei der Lärche in der Regel breiter als bei anderen Nadelhölzern und durch prägnante Verschiedenheit des Frühlings- und Herbstholzes ausgezeichnet.

g) Pinus maritima P. Die Strandfichte.

Die Strandfichte ist wenig von der gemeinen Föhre verschieden, hat aber bedeutend längere Nadeln, zwei in einer Scheide. Ueber jeder Kätzchenschuppe befinden sich zwei Staubbeutel mit gefransten Staubfäden. Unter jeder Zapfenschuppe sind zwei geflügelte Samen. Sie wächst hauptsächlich am Mittelmeer in der Nähe von Bordeaux. Die Strandfichte liefert den französischen Terpentin.

h) Pinus nigra. Die Schwarzfichte.

Ein Baum Nordamerikas mit filzigen Aesten und nur 3 Centimeter langen Zapfen. Aus den Sprossen braut man mit Ahornzucker das Fichtenbier, welches allgemein in Nordamerika getrunken wird.

i) Pinus pinea. Die Pinie.

Ein 15 Meter hoher Baum im südlichen Europa, namentlich Italien, mit schirmförmigen Aesten, 5 Centimeter langen Nadeln, $6^1/_2$ Centimeter langen, ovalen Zapfen, mit dicken Nüssen. Der Kern schmeckt fast wie Mandeln und wird unter dem Namen Pinolien gegessen. Dieser Baum liefert wenig Harz.

k) Pinus picea. Die Fichte.

(Mit Fig. 18.)

Die Fichte ist ein gerader, schlanker Baum, der 40 Meter hoch wird, eine braune, schuppige Rinde und ein leichtes, weiches Holz besitzt. Die wagrechten Aeste bilden einen pyramidalen Wipfel. Die schmalen, vierseitigen Blätter oder Nadeln sind kurz, spitz, und auf beiden Seiten sattgrün, stehen einzeln rund um den Zweig herum und fallen erst nach einigen Jahren ab. Die Blüthen kommen getrennt in Kätzchen hervor, die bräunlichen Staubblüthen enthalten viel schwefligen Blüthenstaub; die purpurrothen Fruchtblüthen verwandeln sich in einen 15 bis 22 Centimeter langen, walzlichen, hängenden Zapfen, dessen flache Schuppen je zwei geflügelte Samen bedecken. Die Fichte ist ein Baum des Mittel- und Hochgebirges, wächst rasch durch die dunstige Gebirgsluft und erreicht ein hohes Alter. In den Ebenen hört sie

Fig. 18.

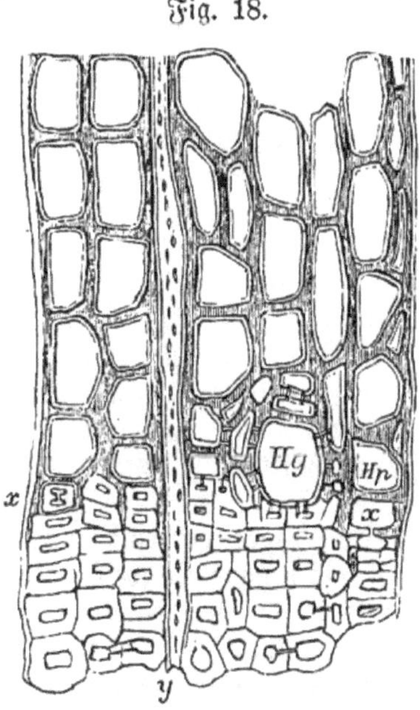

Querschnitt des Holzes von Abies excelsa oder Pinus picea.
Hg Harzgang.

früher in ihrem Wachsthum auf, wird leicht rothfaul und liefert ein schwammiges Holz von geringer Qualität.

Die Fichte erreicht mit dem sechzigsten bis achtzigsten Jahre den größten Zuwachs, wird wohl auf guten Standorten 200 bis 300 Jahre alt, erreicht jedoch mit dem hundertzwanzigsten Jahre ihre Vollkommenheit.

Die Umtriebszeit ist für Brennholz gewöhnlich achtzig bis hundert Jahre, für Nutzholz hundertzwanzig Jahre. Das

Holz ist weiß-röthlich, harzig, leichter und weniger fest als das Föhrenholz, läßt sich aber besser verarbeiten als das Tannenholz und giebt Bau- und Sägeholz. Ein gutes Kohlen- und Brennholz geben die Stöcke und Aeste, jedoch ist die Ausbeute geringer als beim Buchenholz. Die Fichtensprossen und jungen Zapfen geben ein Bierverfälschungsmittel und die jungen Stangen die Gerberlohe; außerdem erhält man das Fichtenharz von dem ausgeflossenen Terpentin, was zur Darstellung des Fichtenbrauerpeches benützt wird. Die Feinde der Fichte sind die Fichtenborkenkäfer, der große Rüsselkäfer und die Nonne, sie hat außerdem durch Schnee, Frost, Wind und Dürre, sowie durch Rothfäule zu leiden. Die Fortpflanzung geschieht auf natürlichem Wege, obwohl die junge Pflanze wegen ihres langsamen Wachsthums viel zu leiden hat und bei künstlichem Anbau dieses Ziel früher erreicht wird.

Das Holz der Fichte ist in seiner histologischen Beschaffenheit dem der Weißtanne sehr ähnlich. Die Zellen des Fichtenherbstholzes zeigen eine deutlich wahrnehmbare, spiralige Streifung, desgleichen ist das sparsame Vorhandensein von Harzgängen im Fichtenholze ein brauchbares Unterscheidungsmittel für diese beiden Holzarten. Die Jahresringe sind bei der Fichte etwas feinwelliger geformt als wie der Tanne. Das Fichtenholz ist nicht ganz so weiß wie das der Tanne und riecht viel harziger als wie letzteres. Die Festigkeit ist dieselbe wie bei der Tanne, die Spaltbarkeit aber etwas geringer. Als Baumaterial unter Wasser ist das Fichtenholz seines größeren Wassergehaltes wegen dauerhafter als das Tannenholz. Im Freien ist es jedoch, namentlich der Witterung anhaltend ausgesetzt, sehr leicht zerstörbar. Das specifische Gewicht des trockenen Fichtenholzes schwankt zwischen 0·35 und 0·60.

l) Pinus pumilio. Die Zwergkiefer.

Die Zwergkiefer wächst auf Sumpfboden in den Karpathen, dem Riesengebirge und den österreichischen Alpen und wird kaum mannshoch. Die Aeste liegen verwirrt auf dem Boden, ohne Zweifel vom Schnee niedergedrückt. Sie giebt ein harzreiches Brenn- und Kohlenholz, sowie Holz zu Schnitzereien. Im Frühjahre sickert aus den Spitzen der Zweige der sogenannte ungarische Balsam aus.

m) Pinus strobus. Die Weymouthskiefer.

Die Weymouthsfichte ist ein 60 Meter hoher Baum, der in Nordamerika sehr große Wälder bildet und in Europa in Lustgärten gehalten wird. Sie hat dreieckige, bläulich grüne Nadeln und einen langen, lockeren Zapfen und kleinen Samen. Die Rinde der Weymouthskiefer ist glatt und glänzend. Die Stämme liefern die schönsten Masten, aber ein geringes Brennholz. In Nordamerika wird sehr viel Harz davon gewonnen.

n) Pinus sylvestris. Die Föhre. Die Kiefer.

Die Föhre wird 24 Meter hoch und hat gerade oder etwas gebogene Stämme, deren röthliche Rinde sich leicht in Blättchen ablöst. Die Aeste bilden im Alter einen breiten, flachen Wipfel. Die Nadeln stehen stets zwei beisammen und bilden an den Astgipfeln Büschel. Sie sind bläulich grün und 5 Centimeter lang. Die staubreichen Kätzchen mit Staubblüthen stehen gedrängt am Ende der Aeste. Die purpurrothen Kätzchen mit Fruchtblüthen sind einzeln und entwickeln sich zu kegelförmigen, spitzigen Zapfen, deren holzige Schuppen sehr fest und verdickt sind und je zwei geflügelte Samen bedecken. Die Blüthezeit ist im Monat Mai und trägt mit fünfzehn Jahren Samen. Die Fortpflanzung geschieht auf natürlichem Wege dadurch, daß in einem Samenjahre alle 15 bis 20 Schritte ein Stamm gelassen, der Boden gehörig verwundet und vor jeder der jungen Pflanze sehr nachtheiligen Beschattung bewahrt wird. Die Kiefer ist sehr verbreitet und steigt bis in die Alpen hinauf, wo sie die Eigenthümlichkeit hat, daß sie selbst im freien Stande weniger Astverbreitung, dafür aber einen langen, schaftreinen, vollholzigeren und holzreicheren Stamm bildet.

Das Holz der Kiefer ist ungleich in seinem Harzgehalte und ist dies von Alter und Standort abhängig. Das harzreiche Holz mit rothem Kerne ist zu vielen Zwecken sehr geschätzt und kommt im Werthe als Brennholz dem Buchenholz gleich, die geringeren Sorten haben weniger Brennkraft als Tannen- und Fichtenholz. Die Fichtenwurzelstöcke werden an vielen Orten, namentlich in Mähren und Galizien, ausgerodet, gespalten und in Meilern verkohlt, wobei man mehrere Theersorten gewinnt. Die Föhre liefert Terpentin und wird aus denselben durch Destillation Terpentinöl und Colophonium gewonnen.

Fig. 19.

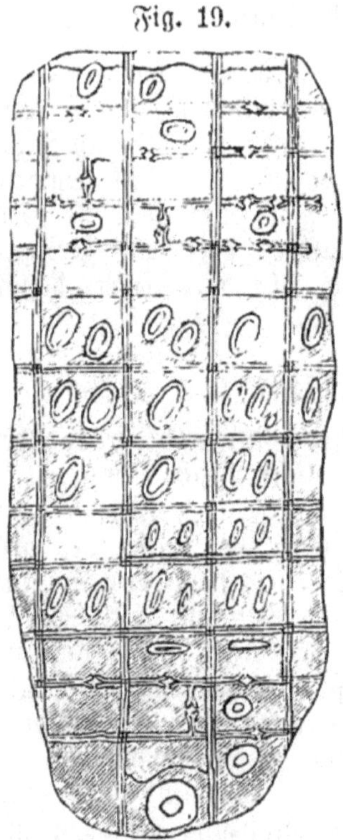

Radialschnitt durch das Holz von Pinus sylvestris, vierhundertfache Vergrößerung nach Dippel.

Die jungen Kieferpflanzen werden durch eine Krankheit, die sogenannte Schutte, arg mitgenommen, wobei die Nadeln und Pflanze gänzlich absterben; außerdem leidet die Föhre durch Kieferspinner, Rüsselkäfer, Nonne und Kieferspanner. Das Holz der Kiefer oder Föhre (Fig. 19), Pin. sylvestris, unterscheidet sich von den Nadelhölzern in histologischer Beziehung durch die Gestaltung seiner Markstrahlen, wie sie namentlich auf Längsschnitten derselben parallel hervortritt. Die Markstrahlen sind zwar auch bei diesem Holze einreihig, allein die oberen und die unteren Zellreihen derselben zeigen zierlich gezackte Verdickungen, wie man aus Fig. 19 ersehen kann. Außerdem sind die außerordentlich großen Tüpfel für die Markstrahlen dieses Holzes charakteristisch. Die senkrecht und wagrecht verlaufenden Harzgänge sind bei der Kiefer besonders reichlich vorhanden. In größter Menge findet man dieselben im Herbstholze, wo man sie in dünnen Schnitten gegen das Licht leicht mit bloßem Auge beobachten kann. Das Kiefernholz ist im Splinte etwas röthlich, im Kern gelblich gefärbt, hat einen starken Harzgeruch, ist geschmeidig und leicht spaltbar. Seines Harzgehaltes wegen wird es auch zu Wasserbauten mit benützt und besitzt eine große Dauerhaftigkeit. Das specifische Gewicht des trockenen Kiefernholzes beträgt 0·31 bis 0·74 und kommt sehr viel auch auf das Alter und den Ort, wo es gewachsen ist, an.

o) Pinus taeda. Die Weihrauchkiefer.

Ist ein 25 Meter hoher Baum mit weiter Krone, langen Nadeln und langen, kegelförmigen Zapfen. Kommt in Nordamerika in Wäldern vor, liefert guten Terpentin und wohlriechendes Harz, das wie Weihrauch angewendet werden kann.

p) Araucaria imbricata. Die gemeine Schuppentanne.

Ist ein großer Baum, der auf den Anden von Chili Wälder bildet und bis 50 Meter hoch wird; er besitzt Kreuzäste, die eine pyramidenförmige Krone bilden. Die Blätter sind spitz lanzettförmig und spiegelartig, die Kätzchen wie eine Faust und stehen aufrecht am Ende. Die Zapfen sind herzförmig und haben zweisamige Schuppen. Die Kerne können gegessen werden. Das Holz ist weiß und hart.

q) Agathis orientalis. Die Knorrentanne.

Die Knorrentanne ist einer der höchsten Bäume Indiens, der bis 3 Meter stark wird und wie eine Ceder aussieht. Die Aeste befinden sich ganz oben. Die Blätter sind gegenüber so breit wie Weidenblätter. Der Zapfen ist so groß wie eine Limonie und sitzt oben an den Zweigen, hat weiche Schuppen und Samen wie ein Gurkenkern. Die Knorrentanne findet sich nur auf hohen Bergen und ragt über das andere Holz hervor. Sie wird wegen ihres großen Nutzens überall angepflanzt. Das Holz hat Längsfasern wie das Cedernholz, fault aber leicht. Ueber der Wurzel stehen kopfgroße Knorren, woraus ein Harz fließt, welches bald steinhart, weiß und durchsichtig wird. Das später ausfließende ist gelblich wie Bernstein. Es kommt im Handel unter dem Namen Dammarharz vor.

2. Die Eiben.

a) Dacrydium cupressinum. Die gemeine Schuppeneibe.

Ein großer Baum Neuseelands, der große Wälder bildet, mit hängenden Aesten und schuppenartigen, vierzeiligen, immergrünen Blättern. Auf jeder Schuppe befinden sich nur zwei einlöcherige Beutel und die Frucht steht auf einem scheidenartigen Endblatt.

b) Salisburia biloba. Die Lappeneibe.

Die Lappeneibe kommt in Japan vor und ist ein Baum wie ein Nußbaum, mit großen, hellgrünen, zweilappigen und geradrippigen Blättern, die langgestielt sind und abwechselnd und wirbelförmig stehen. Die Kelche sind schmal und haben viele Beutel ohne Hüllen. Der weibliche Kelch ist eintheilig und enhält eine Steinfrucht mit dreieckiger Nuß. Die Früchte sind rund, so groß wie Pflaumen, gelblich, warzig, mit herbem Fleisch, das stark am Stein hängt, der wie ein Pfirsichkern aussieht, aber eine dünne Schale hat. Der Kern ist süß wie Mandeln und wird gekocht und gebraten gegessen. Die Rinde des Baumes ist grau und das Holz ist leicht, weich und hat ein schwammiges Mark.

c) Taxus baccata. Die gemein Eibe.

Ein im südlichen Europa und südlichen Deutschland auf Bergen vorkommender, 10 bis 12 Meter hoher Baum, der schmale, flache, zweiruthige Blätter und rothe, stiellose Früchte in den Achseln hat. Das Holz ist hart und röthlich geflammt und wird zu schönen Drechsler- und Schnitzarbeiten gebraucht. Man macht daraus Löffel, Gabeln, Körbchen und Kästen. Der Saft aus der Rinde und Blättern ist giftig, das süßliche Fleisch der Frucht kann aber gegessen werden. Der Kern ist bitter. Die Früchte sind einzeln, eine einsamige Nuß in einer fleischigen, becherförmigen Hülle, scheinbar wie eine Steinfrucht. Die gemeine Eibe kommt namentlich in der Schweiz vor.

Die Farbe des Eibenholzes ist weiß und gelblich, die des Kernholzes bräunlich roth. Der Kern ist im Querschnitt häufig nicht kreisförmig, sondern unregelmäßig mit Ausläufern, so daß sich dessen Bildung in diesem Falle noch viel weniger als sonst nach dem Verlaufe der Jahresringe richtet. Das Holz der Eibe ist sehr hart und von langer Dauer, läßt sich aber nicht gut spalten. Das specifische Gewicht des Eibenholzes in lufttrockenem Zustande beträgt zwischen 0·74 und 0·94. Bezüglich seiner anatomischen Beschaffenheit ist das Holz der Eibe den anderen Nadelhölzern sehr ähnlich, nur besitzt dasselbe wenig Harzzellen, die man auf dem dünnen Querschnitt mit bloßem Auge kaum erkennen kann. Das beste mikroskopische Unterscheidungsmittel ist die Eigenthümlichkeit des Eibenholzes, daß seine sämmtlichen Holzzellen eine spiralförmig gewundene Verdickung, ein sogenanntes Spiralband besitzen, wodurch sich dasselbe namentlich auch von den verwandten Holzarten, der Cypresse und des Wachholders, sicher unterscheiden läßt. Als gröberes Merkmal dienen auch die auffallend schmalen Jahresringe bei dem Eibenholz, sowie auch die etwas niedrigeren Markstrahlen, als bei den Nadelhölzern.

d) Taxus nucifera. Die Nußeibe.

Ein ansehnlicher Baum Japans mit vielen gegenüberstehenden Aesten und schmalen zugespitzten, einzelnen Blättern. Die Nüsse stehen am Ende, sind fest, so groß wie Wallnüsse und sitzen auf einem kleinen Kelch aus fleischigen Schuppen. Die äußere Hülle ist glatt, grün, weiß gestreift, besteht aus faserigem, etwas beißendem Fleisch und umschließt locker eine etwas zugespitzte Nuß, die etwas größer als eine Haselnuß ist. Der Kern ist nicht theilbar, fett und süß, wie der einer Haselnuß, aber nicht eßbar. Es wird ein Oel daraus geschlagen.

3. Die Cypressen.

a) Cupressus semper virens. Die gemeine Cypresse.

Ein mäßiger, immergrüner Baum mit senkrechten Aesten und pyramidaler Krone, der am Mittelmeer und im Orient vorkommt und kleine Wälder bildet, aber auch in Frankreich und Italien in Gärten als Baumgänge gepflanzt wird. Als Sinnbild der Trauer wird er auf Gräbern gepflanzt. In Mitteleuropa kommt er nur in Gewächshäusern vor. Die Zweige sind viereckig und die Blätter schuppenförmig, schmutziggrün, vierreihig und angedrückt. Der Baum ist schlank, steif, wie ein abgenützter Besen. Er wird so alt wie die Eiche. Das Holz ist hart und röthlich gelb, wohlriechend, unverweslich und wird zu vielen Geräthschaften benützt. Das Holz und die Zapfen wurden früher gegen Fieber und Blutfluß gebraucht.

b) Cupressus thujoides. Die höckerige Cypresse.

Ein in Nordamerika wachsender Baum, der 20 bis 26 Meter hoch wird, zusammengedrückte Zweige und vierreihige, ovale Blättchen, hinten mit einem Höcker versehen, besitzt. Das Holz wird als gutes Bau- und Schreinerholz benützt; auch macht man Masten, Balken und Kähne daraus.

c) Taxodium distichum. Die virginische Cypresse.

Ein 30 Meter hoher Baum, der in den sumpfigen Gegenden von Virginien und Carolina vorkommt und eine ausgebreitete Krone mit langen, fiederartigen Blättchen hat. Die Kätzchen sind traubenartig gestellt und haben an dem Grunde 2 bis 3 rundliche Zapfen, mit zwei Blüthen in jeder Schuppe. Aus dem Holze macht man Balken, Masten und Kähne. Die Abkochung der Rinde, Blätter und Zapfen braucht man als harntreibendes Mittel. Man gewinnt auch ein Harz durch Rösten des Holzes.

d) Thuja occidentalis. Der gemeine Lebensbaum.

Der gemeine Lebensbaum stammt aus Canada und Sibirien, erreicht eine Höhe von 16 Meter und kommt in

Mitteleuropa hie und da in Gärten vor, hat viele ausgebreitete Aeste und zusammengedrückte Zweige. Die Blättchen sind vierreihig, rautenförmig, mit einem Höcker. Der Zapfen oval und glatt, mit einem Höcker an den Schuppen. Die Abköchung der Schösse ist ein schweiß- und harntreibendes Mittel.

e) Thuja orientalis. Der orientalische Lebensbaum.

Wächst in Japan und China, kommt auch in Mitteleuropa häufig vor, hat aufrechte Zweige, gefurchte Blättchen und elliptische Zapfen, mit sperrigen, umgebogenen Schuppen. Blüht im März.

f) Callitris articulata. Der gegliederte Lebensbaum.

Ein mannhohes Bäumchen mit sperrigen Aesten auf den Hügeln der Berberei, hat gegliederte Zweige und vierkantige Zapfen mit drei und mehr Nüßchen. Der gegliederte Lebensbaum liefert das Sandaracharz, welches von selbst aus der Rinde schwitzt und eine weißgelbliche, geschmacklose und zerreibliche Masse darstellt. Beim Erhitzen verbreitet der Sandarac unter Auflösung einen dem Mastrix ähnlichen, nicht unangenehmen Geruch. Das Harz läßt sich leicht zu Pulver reiben. Der Sandarac findet hauptsächlich in der Technik Verwendung zur Herstellung von Lacken und Firnissen.

IV.

Ueber die Bäume in den verschiedenen Ländern.

1. Nahrung gebende Bäume.

a) Cocos nucifera. Die Cocosnuß.

Der Cocosnußbaum, eine um die ganze Erde verbreitete Palme, die vorzüglich in Ostindien, in der Nähe der Küsten

8*

vorkommt, giebt den Bewohnern ein Hauptnahrungsmittel ab, liefert jährlich 200 bis 300 Nüsse und kann 100 Jahre alt werden. Die reife Frucht enthält einen Milchsaft, der getrunken werden kann; auch wird Arrak daraus gemacht. Der feste Kern schmeckt wie Mandeln und wird mit Zucker eingekocht, liefert auch das bekannte Palmöl. Die harte Schale wird zu allerhand Drechslerwaaren verarbeitet. Aus den Fasern, die um die Schale liegen, macht man Seile und Decken. Die jungen Schösse werden als Kohl benützt. Aus dem Safte, welcher durch Verwundung aus dem Blüthenkolben rinnt, macht man Palmwein und durch Destillation Arrak.

b) Bertholettia excelsa. Die brasilianischen Kastanien oder Jucias.

Sind längliche Steine, welche in Menge beisammen in einer großen Frucht stecken und sehr schmackhafte Kerne enthalten. Diese Bäume bilden ganze Wälder am Orinoco.

c) Ceratonia siliqua. Der Johannisbrotbaum.

Der Johannisbrotbaum wird 10 Meter hoch, hat einen geraden Stamm mit brauner, unebener Rinde und krumme Aeste mit 5 Centimeter langen Blättern, rothen Blüthen, in aufrechten langen Aehren und hängenden Hülsen. Die Hülsen heißen Johannisbrot, schmecken süß und angenehm, besonders das Mark, und enthalten Zucker und Schleim. Aus dem Stamm schwitzt eine Art Manna in blaßgrünen Körnern aus. Das Holz ist hart, roth geadert, gut zu Schreinerarbeit und die Rinde wird zum Gerben verwendet.

d) Phoenix dactylifera. Der Dattelbaum. Die gemeine Dattelpalme.

Die gemeine Dattelpalme kommt in dem nördlichen Afrika, Aegypten, Syrien, Persien, Ostindien und auch im südlichen Europa vor; sie ist eine der fruchtbarsten Bäume des Orientes, welcher die Einwohner von Arabien und Persien durch seine Früchte ernährt, und meistens in der Wüste wächst und auch ganze Wälder bildet. Eine ausgewachsene Dattelpalme hat einen 10 Meter langen Stamm, der walzenförmig ist und keine eigentliche Rinde besitzt, sondern nur aus dicken, holzigen Fasern besteht, die durch schwammiges Fleisch locker verbunden sind. Von einem jungen Stamm kann man den inneren Theil ganz essen; von einem älteren nur den oberen. Nach vier bis sechs Jahren trägt der Baum die ersten Früchte, welche im April gelb werden und herb schmecken; im Mai sind sie wie Kirschen und grünlich, im Juni wie Oliven und im Juli ausgewachsen, das Fleisch ist weicher, aber noch derb und herb; im August ganz reif, wenn die heißen Winde wehen.

e) Anacardium occidentale. Der Accajuapfel.

Ein hoher Baum, ähnlich wie ein Birnbaum, mit länglich runden Aepfeln, die von den Negern gegessen werden. Der Kern dieser Aepfel wird frisch mit Salz gegessen, wie die welschen Nüsse. Man kann die Nüsse Jahre lang aufbewahren und man nennt sie auch indianische Nüsse.

f) Artocarpus. Der Brotbaum. Artocarpus pubescens. Der flaumige Brotbaum.

Ein sehr großer Baum Ostindiens, mit rauhen, braunen, gewundenen Aesten und inwendig röthlicher, dicker, herber Rinde, sehr hartem, weißem Holze. Die Blätter sind spannelang und handbreit und die Kätzchen am Ende spannelang und fingerdick. Die Blüthen grün und inwendig weiß. Der Kolben oder die Frucht hängt an dicken Stielen herunter und besteht aus einem weichstacheligen, gelblichen, faustgroßen Zapfen, der kleine, länglich runde Früchte wie Bohnen enthält, die einen weinartigen Geschmack und gewürzhaften Geruch haben und aus denen durch Einschnitte eine Art Milch heraustropft. Aus dem Holze werden Kisten und Schiffe gemacht, auch höhlt man die Stämme zu Nachen aus.

g) Artocarpus integrifolia. Der indische Brotbaum.

Der indische Brotbaum kommt in Ostindien wild und angebaut vor, wird 10 Meter hoch und 1 Meter dick, ist weiß und gelb gescheckt und hat viele gewundene Aeste und eine dicke Rinde mit Milchsaft. Die zahlreichen Blätter sind spannelang und handbreit mit einem langen Stiel. Die Kätzchen sind lang, grün in den oberen Wechseln. Die Frucht hängt einzeln an den dicken Aesten, selbst am Stamm; sie ist länglich rund, wie ein großer Zapfen, 5 bis 10 Kilo schwer, mitunter auch bis 30 Kilo. Die Schale ist gelblich grün, mit schleimiger Milch überzogen, dick, runzlich, voll Höcker und inwendig weiß und voll Milchsaft. Diese gemeinschaftliche Schale schließt unzählige kleinere Früchte ein, die länglich sind und von dickem, weißem, wohlriechendem und wohlschmeckendem, süßem Fleisch umgeben sind und gegessen werden können. Jede Frucht enthält einen Kern in der Größe der Eichel, weiß und milchreich, der wie Kastanien schmeckt. Diese Kerne liegen 80 bis 100 um eine dicke, milchreiche Spindel, im Kreise, von einer Haut umgeben. Die Spindel und die Schale enthalten einen klebrigen Saft. Die reifen Früchte werden geschält und als Leckerbissen gegessen, sie sind aber schwer verdaulich. Der Geschmack ist süßlich wie Honig, Pomeranzen und Trauben, und so stark, daß man den Geruch überall erkennt. Erfrischend und gesund sind die Früchte zur heißen Zeit und geben dieselben einen großen Theil des Jahres hindurch die Lebensmittel für die Eingeborenen ab. Die jungen Früchte werden roh gegessen, die reifen eingemacht, auch in Stücke geschnitten und in Palmöl gebraten. Die gerösteten Kerne schmecken süß. Aus der Milch der Früchte kocht man eine Art Vogelleim, auch dient dieselbe als medicinisches Mittel gegen Nachtblindheit. Die Elephanten gehen den Früchten stark nach und brechen oft ganze Bäume um. Das Holz wird als Mahagonyholz gebraucht.

h) Persea gratissima. Die Avogatofrucht.

Im warmen Amerika, auch in Ostindien als Obstbaum angepflanzt, der 6 bis 12 Meter hoch und mannsdick wird und eine graue, schrundige Rinde hat. Die Frucht gleicht einer großen Birne und zergeht im Munde wie eine Pfirsich, enthält einen rundlichen Stein. Die Frucht ist sehr gut, enthält süßes Oel, Schleim, Zucker und Essigsäure.

i) Malpighia punicifolia. Die surinamischen Kirschen.

Ein Baum Südamerikas und Cayennes mit blaßrothen Blumen und rothen, sehr schmackhaften Früchten von der Größe einer Kirsche, die reif sauer schmecken. Dieselben werden auch mit Zucker eingemacht. Der Baum sieht aus wie ein Granatbaum und die Rinde dient zum Gerben.

k) Achras sapoda. Die surinamischen Mispeln.

Ein 13 Meter hoher Baum Westindiens und Südamerikas, mit aufrechten Aesten und überhängenden Zweigen, die dicht mit Blättern besetzt sind. Die bräunliche Rinde ist rauh wie bei der Eiche und das Holz ist weiß. Die Frucht ist wie ein Apfel, rund, oval, mit rauher, spröder und brauner Schale und enthält ein weißes, schmutziges, schmackhaftes Mus, was herb und zusammenziehend ist. Die Frucht kann erst gegessen werden, wenn sie reif geworden ist, wie die Mispel und erhält beim Reifen einen süßen, weinartigen Geschmack.

l) Achras mammosa. Der Sabadyll oder Breiapfel.

Dieser Baum kommt in Südamerika und Westindien vor, wird 30 Meter hoch und so dick wie eine Eiche, mit einer weiten Krone, wenig getheilten Aesten und runden narbigen Zweigen und grauer, klüftiger Rinde. Der Baum trägt erst nach 5 bis 6 Jahren Früchte, welche für die besten in Südamerika gelten. Die Früchte sind von der Größe eines Hühnereies, kugelrund, mit einer sammetartigen und zimmtfarbigen Haut bedeckt, enthält ein musartiges Fleisch, von etwas honigartigem Geschmack, in Fächern wie bei einer Pomeranze, mit je einem schwarzen Kern. Er blüht im December und trägt im März und April Früchte. Kommt in Jamaica, Cuba, St. Domingo, Portorico und Brasilien auf Hügeln vor.

m) Tamarindos indica. Der Tamarindenbaum.

Ein großer Baum mit hohem Stamme, der in Indien, Aegypten, Arabien und am Senegal vorkommt, mit weiter, laubiger Krone und Blüthen in kleinen Trauben. Die sichelförmigen Hülsen sind an langen Stielen, braun, mit 3 bis 4 viereckigen Bohnen und sehr sauerem Mus. Das Mus besteht aus Weinsäure, Aepfelsäure, Zucker, Gummi und Gallert und wirkt gelinde abweichend.

n) Zuno Zach Anona. Der Schuppenapfelbaum. Anona muricata. Der saure Schuppenapfelbaum.

Kommt in Westindien, Brasilien, Peru und Mexico vor, ist ein 5 Meter hoher Baum, mit hartem, weißem Holze und brauner, stark riechender Rinde. Die rundliche, ovale, birnförmige Frucht, so groß wie eine Melone, hat ein Fleisch wie Milchrahm, welches sauer schmeckt und sehr erfrischend ist. Der Baum trägt nach drei Jahren Früchte.

o) Anona symanosa. Der Zimmtschuppenapfelbaum.

Ein 6 Meter hoher Baum Südamerikas, mit zierlicher Krone und Früchten, die im August reifen, von der Größe eines Gänseeies, die beinahe die Gestalt eines Tannenzapfen haben, indem die halbfingerdicke Haut mit kleinen, grünen Schuppen bedeckt ist, die bei der Reife verwelken. Das Fleisch gleicht einem dicken Rahm, ist nicht besonders schmackhaft und enthält große, schwarze Samen.

p) Citrus medica. Der Citronenbaum.

Der Citronenbaum stammt ursprünglich aus Asien, ist dann nach Italien gekommen und wird jetzt überall am Mittelmeer angepflanzt; er wird 6 bis 10 Meter hoch, hat eine stark verästelte Krone, glatte, graue Rinde und Zweige und Dornen. Die Frucht ist größer als ein Apfel, länglich, mit gelber, dicker, gewürzhafter Schale, zehn bis zwölffächerig, mit 2 bis 6 gelblich weißen Samen. Der angenehme, säuerliche Saft ist sehr erfrischend und wird an verschiedene Speisen gegeben.

q) Citrus aurantium. Der Pomeranzenbaum.

Ist im südlichen Asien und nördlichen Afrika einheimisch, wird aber jetzt überall am Mittelmeer gebaut und wird 6 bis 10 Meter hoch, hat eine schwärzlich graue Rinde und Blüthen in kurzen Trauben. Die Frucht ist fest, groß, etwas niedergedrückt, runzelig, rothgelb, mit starkem Geruch und bitterem Muß. Aus der bitteren Schale wird ein ätherisches Oel, das Oleum bergamottae, gewonnen, die Blüthen, Flores naphae, geben auch ein ätherisches Oel, das Oleum naphae, und die gewürzhaften, bitteren Blätter werden ebenfalls benützt. Der Baum wächst sehr langsam, wird sehr alt, blüht und trägt das ganze Jahr.

r) Citrus decamara. Die Pampelmus.

Kommt in Ostindien und auch in Westindien vor, ähnelt dem Pomeranzenbaum, hat aber noch ausgebreitetere Aeste, wohlriechende Blüthen in Trauben und Früchte, die so groß sind wie ein Kopf, gelb, hin und wieder höckerig und voller Stiche. Die Frucht hat eine fingerdicke Haut, die bitter ist, das Fleisch dagegen ist säuerlich, nach Erdbeeren und Trauben schmeckend, das ohne Schaden genossen werden kann.

s) Psidium. Die Goyaven. Psidium pomiferum. Die wilde Goyave.

Kommt in Westindien, Mexico und ganz Südamerika vor. Die Früchte sind klein, ganz rund, nicht größer als eine große Pflaume, rauh, schwärzlich grün, wie mit Leder überzogen. Das Fleisch ist hart und trocken, aber süß und ohne unangenehmen Geruch.

t) Psidium pyriferum. Die gemeine Goyave.

Ist ursprünglich in Westindien und Südamerika zu Hause, ist ein Baum in der Größe eines Apfelbaumes und wird 6 Meter hoch, hat lange, biegsame Aeste, die nicht leicht brechen. Die Frucht hat die Gestalt und Größe einer mäßigen Birne, ist rauh und strohgelb, mit dünner Schale. Das

Fleisch ist weiß und saftig wie bei den Quitten. Die Früchte werden gern roh gegessen.

u) Carica. Die Melonenbäume. Carica papaya. Der gemeine Melonenbaum.

Ein 6 Meter hoher Baum West- und Ostindiens, überall in Wäldern, mit glatter grauer Rinde wie beim Nußbaum. Die Staub- und Zwitterblüthen stehen in Trauben. Die Blumen sind blaßgelb und weiß, kleiner als Jasmin und sehr wohlriechend. Die Zwitterblumen tragen Früchte, welche aber kleiner sind, mit 5 Längsstreifen und wenig schmackhaft, unreif voll Milchsaft. Der Samenbaum hat größere Blätter und einzelne Blumen. Die Frucht wird so groß wie eine Walnuß, ehe die Blume abfällt; reif ist sie faustgroß, selbst wie Melonen, hat eine dünne Schale und ein gelbes, saftiges Fleisch. Dieselbe wird roh gegessen, giebt aber wenig Nahrung. Der Baum blüht und trägt das ganze Jahr und giebt bei Einschnitten einen gelben Milchsaft von sich, der unangenehm herb schmeckt.

v) Ficus. Die Feigenbäume. Ficus carica. Der gemeine Feigenbaum.

Der gemeine Feigenbaum kommt am Mittelmeere, Italien und in der Provence auf Felsen und Mauern vor, erreicht eine Höhe von 6 bis 10 Meter, hat krumme, schlaffe Aeste voll weißer Milch. Die Blätter sind herzförmig, in 3 bis 5 stumpfen und gezähnten Lappen, oben rauh und unten flaumig. Der Fruchtboden ist birnförmig und glatt. Die Feigen einzeln in Blattachseln, enthalten kaum sichtbare Blüthen mit einem langen Griffel, bei den zahmen ohne Staubfäden, haben die Größe einer mäßigen Birne, bläulich, röthlich und gelblich, auch weiß, sehr weich und der anfangs scharfe und bittere Milchsaft wird süß und schmackhaft. Der Baum wächst schnell, lebt aber nicht lange, giebt zwei Ernten im Jahre, eine mitten im Sommer und eine im Herbst. Das Holz ist hellgelb, zäh und elastisch.

w) Mammea. Die Apfelgallen. Mammea americana. Die gemeine Apfelgalle.

Ein 30 Meter hoher Baum Amerikas, so dick wie eine Eiche, mit weiter Krone und schrundiger, grauer, inwendig gelblicher Rinde und viereckigen Zweigen. Die Blumen sind zerstreut, weiß und wohlriechend. Die Früchte sind ein bis zwei Faust dick, mit gelblich brauner, liniendicker, lederiger Schale, die sich stückweise abziehen läßt, darunter eine dünne, gelbliche Haut erst am Fleisch, welche man auch abziehen muß, weil sie einen bitteren Geschmack hat; ebenso ist das Fleisch nahe an den Samen bitter, das übrige ist anfangs milchig, meist derb und härter als Aepfel, hat einen angenehmen Geschmack, gewürzhaften Geruch und ist eine der schmackhaftesten Früchte, die mit Wein und Zucker gemischt werden. Das Holz dieses Baumes braucht man zu Balken, Tischen und Stühlen.

x) Spondias. Die Zwetschenspillen. Spondias lutea. Die gelbe Zwetschenspille.

Ein großer Baum Südamerikas, der 12 Meter hoch wird, eine schattige Krone und graue Rinde besitzt. Die blaßgelben Blüthen erscheinen in großen Rispen. Die Früchte oder Pflaumen sind gelb, so groß wie Zwetschen, wohlriechend, aber mit sauerem Fleisch. Wächst in Wäldern, blüht im März und reift im August. Das Holz ist weiß und leicht und wird nur zur Feuerung benützt. Die Rinde giebt einen braunen Gummi.

y) Coffea. Der Kaffeebaum. Coffea arabica. Der gemeine Kaffeebaum.

Ein mäßiger, 10 Meter hoher, schlanker Baum Arabiens mit brauner, rissiger Rinde und zahlreichen, ausgebreiteten Aesten und spitzovalen, glatten Blättern und gehäuften Blüthenstielen in den Achseln. Die Blumen sind fünfspaltig und weiß, die Staubfäden vorragend und die Beere länglich und braun. Die Beere ist wie eine Kirsche, zweifächerig, je ein Samen, von der inneren papierartigen Haut der Frucht eingeschlossen. Der Same besteht fast ganz aus haarartigen Eiweißkörpern, welcher unten den aufrechten Keim enthält. Die Kaffeebohnen sind nach den verschiedenen Ländern an Güte und Farbe verschieden. Der beste wächst bei Mokka, ist klein und dunkelgelb, kommt aber nicht nach Europa, sondern es werden die ausgesuchten, kleinsten und bräunlich-gelben Bohnen von Java dafür verkauft. Dann folgt in der Güte der größere, längliche und weißliche Kaffee von Bourbon und der bläulich graue oder grünliche und größere von Westindien, Guyana und Brasilien. Die Europäer haben Anpflanzungen des Kaffeebaumes auf Java, Ceylon, Moritz, den Antillen, auf der Insel Cayenne und in Surinam. Der arabische Kaffeebaum liefert aber den besten Kaffee. Die Bohnen werden gesäet und dann klafterweit voneinander gesetzt. Nach vier Jahren tragen die 2 Meter hohen Bäumchen Früchte, welche man dreimal abnehmen kann. Der Baum erreicht ein Alter von 30 Jahren.

z) Theobroma. Die Cacaobäume. Theobroma guyanensis. Der wilde Cacaobaum.

Ist ein Baum wie ein Kirschbaum, der im heißen Amerika, von Mexico bis Guyana und auf den Antillen, an schattigen Orten angepflanzt wird. Er hat spitzovale, ausgeschweifte, gezähnte, unten graufilzige Blätter und gelbe Blüthen in Büscheln, 5 bis 6 Blüthen beisammen an den Aesten, auf einem langen, gegliederten Stiel. Die Kapsel ist oval, dick, wollig und gelb, inwendig weiß, mit 5 dünnen Scheidewänden und vielen ovalen, eckigen Samen an der Mittelsäule, in weißem, gallertartigen Mus. Die frischen Kerne schmecken sehr gut. Jeder Baum giebt gegen 300 Früchte. Die Bohnen sind zu 30 bis 40 Stück in der gurkenartigen gelben Frucht vorhanden. Dieselben werden mit den Händen aus der Frucht gemacht, gereinigt, getrocknet, in Tonnen gebracht und versendet. Die Frucht reift im Monat December und wieder im Juni. Die Cacaobohnen von Caraccas sind fetter und weniger bitter, als die von den Inseln, nämlich von den Antillen. Um die Bäume 20 bis 30 Jahre in gutem Stande zu erhalten, muß man sie jährlich behacken und beschneiden, jedoch mit Vorsicht, daß nicht zu viel Milchsaft ausfließt.

Man pflanzt die Kerne zuerst in Baumschulen und setzt sie dann 4 Meter weit auseinander. Es wird auch Pisang dazwischen gesetzt. Nach drei Jahren tragen sie zweimal Früchte, nach zwölf Jahren sind die Bäume ausgewachsen.

Cananga odorata Hoocker fil Thompson.

Ist in Südasien einheimisch, gehört der Familie der Anonaceen an, es ist ein Baum von 60 Fuß Höhe mit wenigen, aber reich verzweigten Aesten, die zweizeilig geordneten, kurz gestielten, länglich zugespitzten Blätter sind bis 18 Centimeter lang und gegen 7 Centimeter breit, die Blattfläche etwas derb, nur unterseits längs der Nerven schwach flaumig, die schönen ansehnlichen Blüthen dieses Baumes sitzen bis zu vier auf kurzen Stielen. Die Lappen des dreitheilig ledrigen Kelches sind zuletzt zurückgeschlagen. Die Blumen sind etwas glockenförmig herabhängend. Die Staubfäden sind sehr zahlreich, der etwas erhöhte Blüthenboden am Scheitel leicht eingesunken. Die grüne Beerenfrucht ist aus 15 bis 20 ziemlich langgestielten einzelnen Chapellen gebildet, welche 3 bis 8 in zwei Reihen geordnete Samen einschließen. Das Fruchtfleisch ist süßlich und aromatisch. Den Blüthen kommt der ausgezeichnete, oft mit den Hyacinthen, Narcissen und Nelken verglichene Wohlgeruch zu.

Hölzer in Nordamerika.

Thuja, Juniperus, Taxodium, Halesia, Symplocos, Heisteria, Diospyros, Bumelia, Hamiltonia, Nyssa, Dirca, Sassafras, Celastrus, Apalachine, Rhus, Juglans, Robinia, Gleditschia, Gymnocladus, Acer, Ampelopsis und Ptelea. Magnolia und Asimina.

Hölzer in Südamerika.

Colymbea, Zamia, Maritia vinifera, Desmoncus, Acrocomia, Astrocaryum, Guilielma, Elacis, Manicaria saccifera, Cocos, Oreodoxa, Iriartea, Ceroxylon, Geonoma, Oenocarpus, Euterpe, Chamaerops, Corypha und Sabal.

Rhizophora, Chimarrhis, Cuninghamia, Siderodendrum. Morinda, Cinchona, Genipa, Randia, Barcia, Hamelia, Ternstroemia, Bucida, Jacquinia, Sideroxylon, Chrysophyllum, Cordia, Ehretia, Citharexylon, Aegiphila, Tabernaemontana, Thevetia, Lasiostoma, Ignatia, Allamanda, Willugbeia, Triplaris, Conocarpus, Lagetta, Embothrium, Cecropia, Brosimum, Galactodendrum und Morus. Hernandia, Vinola, Gyrocarpus, Adenostemum und Peumus. Siphonia, der Federharzbaum, Phyllanthus virginea, Jungfernholzbaum, Cascarilla, Alcornoque, Mabea, Hura Sandbuchsenbaum, Sapium, Leimbaum, Hippomane Ronschinellbaum, Omphalea, Bejuco, Ilex, Homalium, Samyda und Gouania. Schinus, Comocladia, Icica, Enceins, Tacamahaca, Aracouchini, Cedre blanc, Chipa, Bursera, Tetragastris. Piscidia, Myroxylon, Balsambaum, Swartzia, Pterocarpus, Drachenblut, Amerimum, Ebenholz, Vatairea, Dalbergia, Nissolia, Dipteryx die Tongabohne, Panzera, Macrolobium, Hämatoxylon, Cäsalpinia, Fernambukholz, Bauhinia, Hymenea Courbaril, Copaifera Copaiva-Balsam, Mimmosa sensativa. Petaloma, Foetidia, Myrtus pimenta, Piment- oder Jamaica-Pfeffer, Balata blanc, Calebasse a Colin, Morinsonia und Bixa. Sapindus, der Seifenbaum, Guarea, Bisamholz, Swietenia, Mahagonyholz, Cedrela Cedernholz, Canella weißer Zimmt, Bonplandia, Angosturarinde, Guajacum officinale, der Franzosenholzbaum, Xanthoxylum der Rosenholzbaum, Elaphrium, Sattelholzbaum. Quassia, Simuraba und Gomphia. Smegmaria, Carolinea, Bombax, Wollbaum, Chirostemum, Aubletia, Muntingea, Wintera, Wintersrinde, Xylopia Bitterholz.

Hölzer von Australien.

Casuarina, Altingia, Dammara, Dacrydium, Thalamia, Epacris, Embothrium, Lomatia, Dryandra, Banksia, Lambertia, Hakea, Knightia, Persoonia, Ceratopetalum, Gummibaum, Fabricia myrtifolia, Myrthenigel, Melaleuca, Silberigel, Metrosideros, Eisenholz, Eucalyptus, Harzigel.

Hölzer vom Cap der Guten Hoffnung.

Leucadendron, Aulax, Protea, Brabeium, Mithridatea der Trommelbaum, Celastrus der Hottentottenkirschenbaum,

Schrebera, Colophonia, Cunonia, rother Elsenbaum, Erythrospermum, Erythoxylon, Gastonia, Grewia.

Hölzer und Sträucher der indischen Wälder.

Casuarina, die Keulenbäume im östlichen Indien auf Madagascar, Ginkgo, Bambus in Ostindien in feuchtem Sande an Bächen, Arundo vera, Rottang, Rhizophora, Cleyera, Avicennia, Terminalia, Olax, der Stinkholzbaum, ein mäßiger Baum Ceylons; das Holz hat die Farbe und Gestank wie Menschenkoth, Fereola Ebenholz, Styrax benzoin, Myrsine, Bassia, Premna, Gmelina, Tectonia, Echites, Cerbera, Strychnos, Gnetum, Santalum, Antiaris, Morus, Tomex der Talgbaum, Cinnamonum verum, der Zimmtbaum, Cinnamonum camphora, der Kampherbaum, Excoecaria agallocha, der Blendbaum, Croton tiglium, der Purgirbaum in Ostindien, zwischen Felsen, Aleurites, Augia Rhus und Sapium. Aquilaria der Adlerholzbaum, Amyris der Balsambaum, Boswellia serrata der Weihrauchbaum, Bursera und Pistacea. Erithrina, Butea, Sophora, Pterocarpus der Sandelholzbaum, Intsia der Eisenholzbaum, Bauhinia, Guilandina, Schnellkugelbaum, Aloëxylon der Aloëholzbaum, Adenanthera der Wegbohnenbaum, Acacia scandens, Acacia catechu, Lawsonia Alkanna, Barrinatonia, Stravadium, Sapindus, Stadmannia, Eisenholzbaum, Flindersia, Raspelholzbaum, Xylocarpus Strandgranatenbaum, Melia, Shorea, Dipterocarpus, Dryo balanops und Vateria indica, Calophyllum inophyllum, Tacamahacabaum, Stalagmites, Gummiguttbaum, Leea, Cissus, Ailanthus, Xanthoxylum der Pfefferholzbaum, Fagara, Ochna, Bombax der Wollbaum, Sterculia, Kleinhovia, Büttneria, Decadia der Alaunbaum, Menispermum der Kockelskörnerbaum, Magnolia, Xylopia und Guatteria.

2. Ueber die Rinden der Hölzer.

Die äußerste, das Holz umgebende Schicht nennt man die Rinde. Eine innere Organisation fehlt der Rinde, dessenungeachtet gestattet sie der Luft und dem Wasser die Einwirkung auf den Splint und das Holz. Sie wächst von außen nach innen. Anfangs von grüner Farbe, wird sie mit der Zeit grau, gelb und auch weiß, durch Einwirkung des Lichtes und der Luft färbt sie sich meist dunkler und wird auch fester.

Die Rinde selbst besteht aus der Borke, der äußeren, gegen die Luft gekehrten Bedeckung, dem Rinderkörper zwischen der Borke und dem Bast befindlich, und dem Bast der inneren Rinde. Diese drei Körper lassen sich jedoch nicht immer unterscheiden, da sie theilweise ineinander übergehen oder auch ganz und gar ineinander verwachsen sind. Dennoch läßt sich öfters die äußere Borke trennen, so wie der aus Saftgefäßen bestehende Bast bei vielen Rinden in langen Fäden abgezogen werden kann. Er stimmt weder im Bau noch in der Mischung mit der Rinde selbst überein. Der Geruch fehlt bei vielen, bei manchen ist er sehr angenehm, selten unangenehm oder stinkend. Der Geschmack weicht bei ihnen erstaunlich ab, er wird durch Gerbstoff, scharfes Harz, Extractivstoff, ätherische Oele und Alkaloide bestimmt.

Die Rinden heißerer Länder erscheinen im Durchschnittte schärfer, gewürzhafter, die der nördlichen Gegenden zeichnen sich durch ihren Gehalt an Gerbstoff, Extractivstoff und Mangel an ätherischen Oelen aus. Das Harz findet man bei vielen schon auf dem Bruche in glänzenden Punkten. Die Jahreszeit scheint auf ihre chemische Constitution sehr großen Einfluß zu haben. Durch das Alter verlieren sie an ihrer Wirksamkeit, selbst ihr Gehalt an Alkaloiden soll sich mit der Zeit verringern. Gerbstoffhaltige Rinden können jedoch jahrelang aufbewahrt werden, ohne zu verderben.

Der Gerbstoffgehalt der Rinden ist sehr verschieden und ist die Eichen- und Weidenrinde daran am reichhaltigsten. Junge Eichenrinde von der Frühjahrsernte enthält nach Davy und Geiger 22 Procent Gerbstoff, alte Eichenrinde 9 bis 21 Procent. Die Reiserholzrinde von einem sechzehn- bis neunzehnjährigen Baume von Quercus pedunculata gab nach Wolf von der Winterernte 8·5 Procent, von der Frühjahrsernte 15·1, von der Sommerernte 10·9. Weidenrinde giebt nach Davy 3 bis 16 Procent Gerbstoff. Ellernrinde nach Gassincourt 36 Procent, Kirschbaumrinde nach Gessincourt 24 Procent Gerbstoff. Fichtenrinde nach Fehling 5 bis

7 Procent, Haselnußrinde 3 Procent, Eichenrinde nach Davy 3·3 Procent, Ulmenrinde nach Davy 2·9 Procent Gerbstoffgehalt.

3. Ueber neue Gerbstoffmaterialien aus Rinden.

Acariaarten.

Diese in Australien und in Afrika einheimischen Bäume sind wegen ihrer tanninhaltigen Rinde, wegen ihrer Früchte und wegen des Gummis bekannt.

Die gerbstoffhaltigen Rinden, welche in den Handel kommen, stammen beinahe alle aus Australien und heißen Mimosarinde. Ihr Gerbstoffgehalt ist verschieden und variirt zwischen 15 und 35 Procent; die meisten importirten Sorten enthalten durchschnittlich 28 Procent Tannin, mithin zwei und einhalbmal mehr als die guten Eichenrinden.

Die australischen Sorten sind folgende: Acaria harpophylla, sehr reich an Tannin, aus Queensland; Acaria cunninghami, in Queensland unter dem Namen Blackwattle bekannt; Acaria motlihsima, ebenfalls Blackwattle benannt; Acaria retinoides, von Victoria; Acaria pycnantha, Goldwattle genannt; Acaria subporosa, von Victoria und Neu-Süd-Wales, ist eine der ärmsten Sorten; Acaria pennineroís, Hikory Acaria hat 20 Procent Tannin; Acaria devarrens, auch ein Wattle tree, kommt unter dem Namen Mimosarinde vor; Acaria melanoxylon Blackwood in Tasmanien und Neu-Süd-Wales; Acaria dealbata Silberwattle in Tasmanien; Acaria leiophylla. Sämmtliche Species werden sowohl in Australien gebraucht, als auch unter dem Namen Mimosarinde nach Europa, besonders nach England importirt. Jedoch nur einige werden ihres Tanningehaltes wegen vorgezogen und sind es die Acaria harpophylla, mollissima, pyonantha, leiophylla und oyanophylla; die letzteren haben einen Gerbstoffgehalt von 24 bis 32 Procent. Die Rinde der Korkeiche ist auch ein reichhaltiges algierisches Gerbmaterial, sie enthält 12 bis 16 Procent Tannin. Quercus ilea und Quercus conifera werden in derselben Weise behandelt.

Snobarrinde enthält 24 Procent Gerbstoff, stammt von Pinus halepensis Mitt., wächst in Taris.

Die Algarobilla Chilis ist die Hülsenfrucht des Balsamocarpan brevifolium, in den felsigen Gegenden Chilis zu Hause. Sind die Hülsen reif, so bricht die Epidermis leicht und das Tannin, welches eine gelbe, bröckliche Schicht unmittelbar darunter bildet, geht verloren. Diese Hülsen sind beinahe cylindrisch, von 1 bis 5 Centimeter Länge, roth im Durchmesser und enthalten 1 bis 7 Samen, welche denen des Johannisbrot ähnelt. Sie enthalten 40 bis 60 Procent Gerbstoff.

In nachfolgender Tabelle ist der Gerbstoffgehalt verschiedener Rinden zusammengestellt:

Name der Rinde	Gerbstoffgehalt		Analytiker
Ellernrinde	36	Procent	Gassincourt
Kirschbaumrinde . . .	24	"	"
Aprikosenrinde	32	"	"
Granatbaumrinde . . .	32	"	"
Tormentillrinde . . .	46	"	"
Sassafrasrinde . . .	58	"	Reinisch
Cornelkirschenrinde . .	19	"	Gassincourt
Junge Eichenrinde, Frühjahrsernte	22	"	Davy u. Geiger
Beste Eichenrinde . . .	19 bis 21	"	Fehling
Alte " . . .	9 " 16	"	"
Reiserholz Eichenrinde, Winterernte	8·5	"	Wolf
Reiserholz Eichenrinde, Frühjahrsernte . . .	15·1	"	"
Reiserholz Eichenrinde, Sommerernte . . .	19·9	"	"
Weidenrinde (Leicester) .	6·8	"	Davy
" (innere) .	16·0	"	"
" (mittlere) .	3·0	"	"
" (Zweige) .	16·0	"	"
Kastanienrinde (amerik.)	8·0	"	Gassincourt
" (Carolina)	6·0	"	"

Name der Rinde	Gerbstoffgehalt		Analytiker
Kastanienrinde (Frankreich)	4·0	Procent	Fontanelle
„ (Spanien)	0·5	„	Davy
Haselnußrinde	3·0	„	„
Italienische Pappelrinde .	3·5	„	Fontanelle
Ulmenrinde	2·9	„	Davy
Eschenrinde	3·3	„	„
Hollunderbaumrinde . .	2·3	„	„
Buchenrinde	2·0	„	„
Fichtenrinde	5 bis 7·0	„	Fehling
Birkenrinde	1·6	„	Davy
Lärchenrinde	1·6	„	„
Roßkastanienbaumrinde .	2·0	„	Fontanelle
Espenrinde	2·6	„	Frans
Weidenrinde von Salix purpurea	5·0	„	„
Fichtenrinde, 15jährige .	10·8	„	„
„ 20—30jährige	8·0	„	„
„ 30—40 „	7·5	„	„
„ 40—50 „	10·7	„	„
„ 80—100 „	8·7	„	„
Birkenrinde, Betula pubescens	5·3	„	„
Feldeiche, 40—60jährige .	18·0	„	„

Zweiter Abschnitt.

I.

Von dem Holze im Allgemeinen.

Der Hauptbestandtheil des Holzes ist die Cellulose. Dieselbe ist ein Kohlehydrat von der Zusammensetzung des Stärkemehles, welches letztere durch die Formel $C_6 H_{10} O_5$ ausgedrückt werden kann. Die Cellulose ist eine farblose Substanz von wenig in die Augen fallenden Eigenschaften, ist geruch- und geschmacklos, in heißem und kaltem Wasser unlöslich. Dieselbe zeigt zum Unterschiede vom Stärkemehl mit Jod unmittelbar keine blaue Färbung, wohl aber nach Behandlung mit concentrirter Schwefelsäure, wodurch zunächst eine Umwandlung in Stärke erfolgt. Nach längerer Einwirkung der concentrirten Säure geht die Cellulose in Dextrin und Zucker über. In dem Holzstamm unterscheidet man drei Hauptteile:

1. Den inneren Theil, die Marksäule, welche aus einem lockeren Gewebe besteht, welches vertrocknet und sich mit atmosphärischer Luft füllt.

2. Einen Ring von Gefäßbündeln, welcher jenes umgiebt.

3. Die aus Zellen und Fasern gebildete Rinde.

Fig. 20 zeigt den schematischen Keilschnitt aus einem Diktotyledonenstamme. m ist das Mark, welches durch luftführende Spiralgefäße mit entrollbaren Fäden, den Markscheiden oder Markröhren s, von den Holzfaserzellen h getrennt ist. Letztere sind von großen, ringförmigen, gestreiften und dicht punktirten Gefäßen p, Fig. 21 und 22, durchsetzt. Zwischen dem Holze und der Rinde liegt ein aus zartem,

Fig. 20.

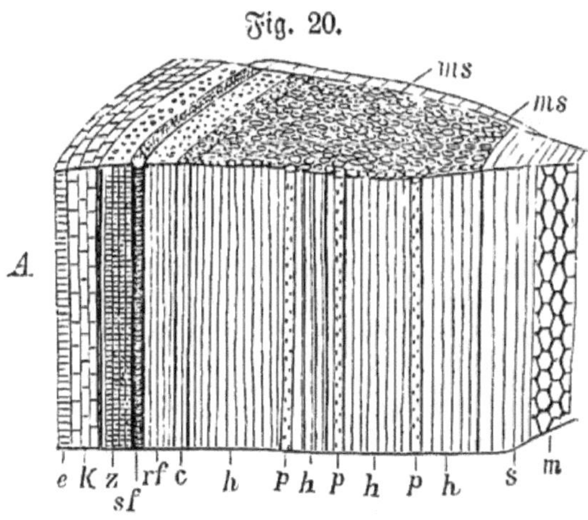

m Mark. s Markröhren. h Holzfaserzellen. p panotische Gefäße. c Cambium. r f Rindenfasern. s f Saftgefäße. z Zellenhülle. k Korkhülle. e Epidermis.

Fig. 21. Fig. 22.

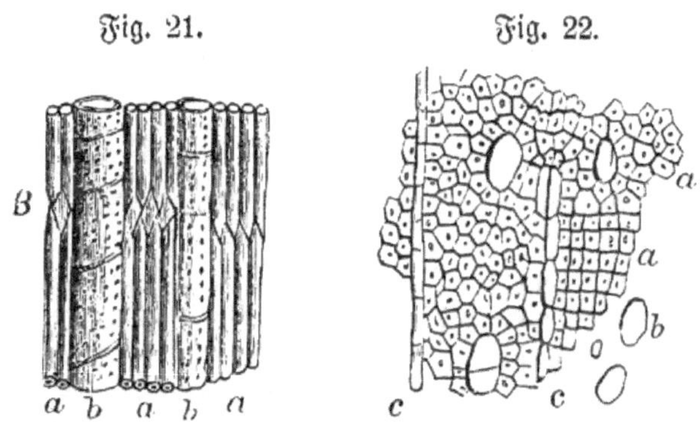

Feines Längsschnittchen von Eichenholz, stark vergrößert. a Holzzellen. b poröse Gefäße.

Querschnitt des Eichenholzes. a Holzzellen. b Gefäße. c Markstrahlen.

fast halbflüssigem Gewebe bestehender Gürtel, das Cambium c. An diesen reiht sich eine Schicht von Rindenfasern r f,

Saftgefäße sf, alsdann die Zellenhülle z, die Korkhülle k und die Epidermis e. Von der Marksäule laufen Radialstreifen vom Markzellengewebe, die Markstrahlen (Fig. 20 ms) bis zur Rinde. Die Cambiumschicht erzeugt alljährlich um ihren äußeren Umfang Rindenschichten und nach und nach innen einen Holzring, der sich aber noch durch seine weichere Beschaffenheit und hellere Farbe als Splintholz von dem älteren, nach innen liegenden und festen Kernholze unterscheidet. In den Holzzellen lagert sich die Cellulose ab, wodurch sich ihre Wandungen verdicken; da dieses Wachsthum ungleichmäßig ist, indem dasselbe im Frühjahr rasch stattfindet, im Sommer und Herbst sich verlangsamt, bis es im Winter abstirbt, so werden auch die alljährlich entstehenden Holzschichten durch härtere, dichtere, im Herbst abgelagerte Schichten markirt, es entstehen die Jahresringe. Das Holz liegt nach innen und besteht aus hartgewordenen, langen, dünnen und an ihren Enden miteinander verwachsenen Faserzellen, nebst Spiralgefäßen, alles durch gewöhnliches Zellgewebe untermischt und verbunden. Die Spiralgefäße liegen bündelartig beisammen und sind überall von gestreckten Zellen eingehüllt. Die Saftgefäße und Schraubengänge der Pflanzen füllen sich nach und nach und ziehen sich zusammen, wodurch das zwischen denselben befindliche Zellgewebe zusammengedrückt wird und das Holz entsteht. Es ist anfänglich weich, verhärtet sich mit den Jahren, und wenn es die größte Härte erreicht hat, so kommt ihm der oben angeführte Name (Holz) im vollen Sinne des Wortes zu.

Junges, noch nicht verhärtetes Holz heißt Splint. Bei vielen Pflanzen umgiebt der Holzkörper noch einen Cylinder von lockerem Zellgewebe, Mark; dieser Cylinder heißt Markröhre. Wo die Markröhre fein ist, verschwindet sie bald, indem sich die sie umgebenden Holzlagen zusammenziehen und verdichten, oder auch dadurch, daß sich wirklich neue Holzfasern um sie herum erzeugen. Wo die Markröhre weit ist, bleibt sie auch oft in dem alten Stamme. Beim Durchschnitte zeigen manche Holzarten concentrische Ringe, die Jahresringe genannt werden. In Dichtigkeit, Schwere, Biegsamkeit weichen die Hölzer der verschiedenen Bäume wesentlich voneinander ab. Dasselbe gilt auch von der Farbe, die weißlich, gelbröthlich, roth, violett, schwarz und in den verschiedenartigsten Schattirungen sich vorfindet. Die Farbe der Hölzer wird vorzüglich dann kenntlich, wenn sie gehobelt und polirt werden. Wenn sich die Lagen der Holzfaser in verschiedenen Richtungen durchkreuzen, was am häufigsten in knotigen Theilen stattfindet, so entsteht dadurch das Maserholz, auch Fladerholz genannt. Der Geruch bei den verschiedenen Hölzern ist sehr mannigfaltig, häufig lieblich, auch unangenehm, selbst stinkend. Der Geschmack wird gewöhnlich durch die ätherischen Theile, durch Harz und Extractivstoffe bestimmt. Das Harz enthalten die Hölzer mehr oder weniger flüssig, indem es mit dem ätherischen Oel verbunden ist und dann Balsam heißt; durch Verdunstung entsteht dann das Harz. Viele enthalten im Milchsaft Kautschuk, andere Bäume geben beim Anbohren, namentlich im Frühjahr, zuckerhaltige Säfte, wie die Birke und der Ahorn. Zwischen der Rinde und dem Holze liegt aus dünnen Blättern eine Schicht von langen und kurzen saftreichen Zellen, welche sich von beiden leicht ablösen läßt, biegsam und zäh, und daher zum Binden brauchbar ist. Diese Schicht heißt Bast und enthält keine Spiralgefäße. Die gewöhnlichen Zellen liegen nach außen, die faserförmigen nach innen. Es kommen darin auch Lücken vor, welche allerlei Stoffe enthalten, wie Gummi und Gerbstoff, aber keine Luft. Bei Pflanzen mit einem geschlossenen Holzring bildet dieser Bast ebenfalls einen geschlossenen Ring; bei den Pflanzen mit zerstreuten Gefäßbündeln aber hängt er mit dem dazwischen liegenden und nach innen laufenden Zellgewebe zusammen und läßt sich daher nicht wie ein Band abziehen. Echten Bast haben nur die Holzpflanzen und seine Blätter mehren sich jährlich wie die Holzringe, so daß sich immer eine Lage nach außen und eine nach innen bildet. Zur Zeit des Safttriebes bemerkt man unter dem Baste einen bräunlichen Saft, von dem man glaubt, daß sich daraus das junge Holz bildet. Man nennt ihn daher Bildungssaft (Cambium). Er ist sehr reich an gerinnbarer Substanz, welche wahrscheinlich zu jungen Zellen und Spiralgefäßen wird und sich nach außen in Bast, nach innen in Holz verwandelt. Die Rinde besteht aus drei Theilen, dem inneren dickeren, dem äußeren oder der Oberhaut (Epidermis) und dem mittleren oder der grünen Haut. Alle bestehen bloß aus Zellen mit Intercellulargängen, ohne alle Spiralgefäße, jedoch nicht selten mit Lücken, worin allerhand Stoffe, wie ätherische Oele, Harze u. s. w. enthalten sind. Die Oberhaut besteht nur aus einer einzigen Lage von Zellen, welche bloß Luft zu enthalten scheinen. Sie läßt sich meistens nur bei jungen Pflanzen leicht abziehen. Bisweilen ist sie noch mit einem dünnen, einfachen Häutchen (Calicula) überzogen, welches sich durch Maceration ablöst. Es scheint nur verhärteter Schleim zu sein. Die eigentliche Rinde besteht aus blätterigen Lagen und diese aus langen, faserförmigen, ziemlich unregelmäßigen Zellen, welche größtentheils vertrocknet sind. Daher löst sie sich sehr leicht ab, besonders im Frühjahr, zur Zeit des Safttriebes. Eine deutlich abgesonderte Rinde findet sich nur bei Holzpflanzen; bei den Kräutern läßt sie sich selten deutlich unterscheiden; bei den Monokotyledonen geht sie unmittelbar in das darunter liegende Zellgewebe über, hat jedoch eine deutliche Oberhaut mit Spaltmündungen. Bei den Pflanzen ohne Spiralgefäße, wie bei Moosen, Flechten, Tangen und Pilzen, giebt es weder eine unterscheidbare Rinde noch Oberhaut, indem sie ganz aus ziemlich gleichförmigem Zellgewebe bestehen.

Das wirklich trockene Holz erhält sich bei Luftzutritt lange, ohne zu verderben, unter Wasser gebracht zerfällt es nicht und wird oft noch fester, kann sogar in versteinertes Holz übergehen. Wird das Holz öfters unter Luftzutritt befeuchtet, so lösen sich die Holzfasern auf und zerfällt es in Moder. Die Feuchtigkeit oder der Wassergehalt der Hölzer ist sehr verschieden und richtet sich ganz nach der Zeit der Fällung und dem Verweilen an der Luft, wo es immer mehr Wassergehalt verliert. Wird das Holz erhitzt, so geht zuerst ein großer Theil Wasser über, dem dann bei gesteigerter Hitze verschiedene andere Producte folgen. Bei der trockenen Destillation im geschlossenen Raume liefert das Holz Kohle als Rückstand, je dichter das Holz, um so größer ist die Menge derselben. Im entgegengesetzten Verhältnisse steht die Heizkraft, die durch die Lockerheit der Faser bestimmt wird. Die weiteren Producte der trockenen Destillation sind: Kohlensäure, Kohlenwasserstoffgase, Kohlenoxydgas, brenzliche Essigsäure, brenzliche Oele, Brandharze, Paraffin und noch verschiedene andere Körper. Durch Verbrennen des Holzes erhält man die Asche, die verschiedene Salze enthält: kohlensaure, schwefelsaure, phosphorsaure, dann ferner Chlornatrium, Chlorkalium, Kieselsäure, Kalk, Magnesia, Eisen und Mangan. Aus der Holzasche wird die Potasche gewonnen, welche aus verschiedenen Ländern im Handel vorkommt und nach diesen Ländern die Handelssorten, wie russische, illyrische und amerikanische Potasche bekannt werden; neuerdings ist diese Potascheerzeugung durch die Herstellung von Potasche aus Chlorkaliumsalzen und aus Runkelrübenmelasse mehr in den Hintergrund gedrängt worden.

Die Farbhölzer.

Viele ausländische Holzarten kommen im Handel in geraspeltem Zustande vor, wie das Fernambukholz oder Brasilienholz, Campeche- oder Blauholz und das Sandelholz; es werden denselben aber oft mindere oder schon einmal verwendete, wieder aufgefärbte Holzsorten beigemischt und kommt dies hauptsächlich in dem Blauholz vor, aus dem man den Extract noch herauszieht. Die Erkennung dieser Fälschung ist nicht immer so leicht, da auch gutes Holz wieder beigemischt wird und man alles zusammen auffärbt und wieder trocknet; bei der praktischen Verwendung dieser gefälschten Hölzer kommt man am besten auf diesen Betrug, besonders wenn man früher mit echtem, gutem Holze gearbeitet hat.

Das Campecheholz, dessen Abstammung schon früher bei den Laubhölzern angegeben wurde, enthält außer der Holzfaser ätherisches Oel, Harz, freie Essigsäure, Alkalisalze und einen krystallisirbaren Stoff, das Hämatoxylin, welches erst durch den Einfluß der Luft in Verbindung mit Basen, namentlich Ammoniak, den eigentlichen Farbstoff bildet.

Das Fernambuk- oder Brasilienholz. Diese Holzart enthält außer dem Faserstoff ein ätherisches Oel von pfefferartigem Geruch, Gerbsäure, Essigsäure, essigsaure und andere Salze, ferner einen Stoff Brasilin, der durch Oxydation des Brasilin den eigentlichen Farbstoff bildet. Das Brasilin sind orangefarbene Nadeln, die sich in Wasser, Weingeist und Aether mit rother Farbe lösen und in diesen Lösungen durch Säuren gelb werden; mit Alkalien bildet es purpurfarbene, mit vielen Metalloxyden röthliche oder violette Verbindungen.

Das Sandelholz, dessen Abstammung und Vorkommen bereits bei den Laubhölzern beschrieben wurde, enthält einen Farbstoff, den man aus dem geraspelten Holze mittelst kochendem Alkohol und Ammoniak extrahiren kann; er besitzt eine weiche, harzähnliche Masse von braunrother Farbe, welche leicht schmelzbar ist, in Wasser schwer und in Alkohol, Aether, Essigsäure und Alkalien leicht löslich ist. Die essigsaure Lösung schlägt Leimlösung nieder, die alkalische Lösung wird durch Zinnchlorür purpurfarben, durch Bleizucker violett, durch Quecksilberchlorid scharlachroth gefällt.

1. Ueber das specifische Gewicht verschiedener Holzarten.

Das specifische Gewicht der verschiedenen Holzarten wechselt nach dem Alter des Holzes, Beschaffenheit des Bodens, wo es gewachsen, und dann dem Klima sehr, das frisch gefällte ist schwerer als Wasser, während das lufttrockene leichter ist. Von Wernek, Neuffer und Schübler wurden darüber verschiedene Versuche angestellt und folgende Resultate gefunden:

Holzgattung	frischgefällt	lufttrocken	stark getrocknet	Wassergehalt im frischgef. Holze
Pappel	0·7600	0·3690	0·3500	—
Linde	0·8170	0·4390	0·4300	47·1 Procent
Erle	0·8571	0·5001	0·4400	— "
Fichte	0·8700	0·4700	0·3800	— "
Edeltanne	0·8941	0·5550	0·4900	37·1 "
Esche	0·9036	0·6700	0·6100	28·7 "
Ahorn	0·9036	0·6592	0·5800—0·62	27·0 "
Birke	0·9012	0,6274	0·5700	30·8 "
Kiefer	0·9121	0·5502	0·4200	39·7 "

Holzgattung	frischgefällt	lufttrocken	stark getrocknet	Wassergehalt im frischgef. Holze
Lärche . .	0·9200	0·4700	0·4100	41·6 Procent
Ulme . .	0·9500	0·5500	0·5100—0·57	— "
Buche . .	0·9822	0·5907	0·5400—0·56	39·7 "
Weide . .	0·9859	0·4873	0·4500—0·46	26·0 "
Eiche . .	1·0754	0·7075	0·6400—0·66	34·7 "

Das Gewicht eines gegebenen Maßes von Holz hängt theils vom specifischen Gewicht, theils von der Größe der Stücke und ihrer Form ab. Das Gewicht ist um so größer, je größer die Stücke und desto geringer der Zwischenraum ist. Nach Karmarsch beträgt in dem Klafterholze der wirklich mit Holz gefüllte Raum 0·66 und der Zwischenraum 0·34. Das Gewicht eines bayerischen Kubikfußes lufttrockenen Holzes in Zollpfunden beträgt nach Karmarsch bei verschiedenen Holzgattungen wie folgt:

Ahornbaumholz	35·5	Zollpfund
Birkenholz	34·0	"
Rothbuchenholz	36·5	"
Eichenholz	40·0	"
Erlenholz	27·0	"
Eschenholz	35·0	"
Fichtenholz	22·0	"
Föhrenholz	31·0	"
Lärchenholz	26·0	"
Lindenholz	26·0	"
Ulmenholz	31·0	"
Weidenholz	23·5	"
Weißbuchenholz	30·8	"

Im Durchschnitte kann man annehmen, daß eine bayerische Klafter Nadelscheitholz = 126 Kubikfuß = 22 Zollcentner und eine Klafter Buchenscheitholz 28 Zollcentner wiegt.

Specifische Gewichte verschiedener Hölzer.

	Specifisches Gewicht
Korkholz	0·240
Kirschbaumholz	0·580—0·72

	Specifisches Gewicht
Apfelbaumholz	0·670—0·79
Pflaumenbaumholz	0·790
Ebenholz	0·800—1·33
Buchsbaumholz	0·910—1·33
Campecheholz	0·910
Brasilienholz	1·030
Fernambukholz	1·014
Mahagonyholz	1·060
Franzosenholz	1·330

Specifisches Gewicht verschiedener Hölzer nach Kubikmetern.

	Spec. Gewicht	1 Kubikmeter wiegt in Kilogramm
Ahornholz	0·66	660 Kilogramm
Apfelbaumholz	0·79	790 "
Birkenholz	0·63	630 "
Birnbaumholz	0·65	650 "
Brasilienholz	1·03	1039 "
Buchenholz	0·59	590 "
Eibenholz	0·64	640 "
Eichenholz	0·68	680 "
Erlenholz	0·50	500 "
Eschenholz	0·64	640 "
Fichtenholz	0·47	470 "
" stark getrocknet	0·38	380 "
Franzosenholz	1·33	1330 "
Kiefernholz, lufttrocken .	0·55	550 "
" stark trocken	0·48	480 "
Kirschbaumholz . . .	0·65	650 "
Lärchenholz, lufttrocken	0·47	470 "
Lindenholz	0·56	560 "
Mahagonyholz	1·06	1060 "
Pappelholz, lufttrocken .	0·38	380 "
Pflaumenbaumholz . .	0·79	790 "
Tannenholz, lufttrocken	0·56	560 "
" stark trocken	0·49	490 "

	Spec. Gewicht	1 Kubikmeter wiegt in Kilogramm
Ulmenholz lufttrocken .	0·55	550 Kilogramm
Weidenholz	0·54	540 "

Nach Karmarsch's Untersuchungen ist das specifische Gewicht der Hölzer im frischen und trockenen Zustande aus nachfolgender Tabelle zu ersehen:

Namen der Hölzer	Specifisches Gewicht Im frischen Zustande			Im lufttrockenen Zustande			1 Kubikschuh Holz
	Geringstes	Höchstes	Durchschnitt	Geringstes	Höchstes	Durchschnitt	
Birke	0·851	0·987	0 919	0·591	0·738	0·664	44
Rothbuche	0·852	1·109	0·980	0·590	0·852	0·721	48
Eiche	0·885	1·062	0·973	0·650	0·920	0·785	52
Erle	0·809	0·994	0·901	0·423	0·680	0·551	36
Esche	0·778	0·927	0·852	0·540	0·845	0·692	46
Fichte	0·794	0·993	0.993	0·376	0·481	0·428	28
Föhre	0·811	1·005	0·908	0·463	0·763	0·613	40
Lärche	0·694	0·924	0·809	0·473	0·565	0·519	34
Linde	0·710	0·878	0·794	0·439	0·604	0·522	34
Pappel	0·758	0·956	0·357	0·353	0·591	0·472	31
Weißtanne	0·894	0·894	0·894	0·455	0·746	0·600	40
Weißbuche	0·939	1·138	1·038	0·728	0·790	0·759	50

2. Ueber den Wassergehalt von verschiedenen Holzgattungen.

Der Wassergehalt von weichen Hölzern ist größer als bei harten, wie nachfolgende Tabelle von G. Schübler und W. Neuser zeigt, die in hundert Gewichtstheilen frisch gefällten Holzes folgenden Wassergehalt gefunden haben:

Hainbuche	18·6	Procent
Ahorn	27·0	"
Esche	28·7	"
Birke	30·8	"
Eiche	35·4	"
Weißtanne	37·1	"
Föhre	39·7	"
Rothbuche	39·7	"

Erle	41·6	Procent
Espe	43·7	"
Ulme	44·5	"
Fichte	45·2	"
Linde	47·1	"
Lärche	48·6	"
Weide	50·6	"

In den verschiedenen Jahreszeiten ist der Wassergehalt der Holzgattungen nicht gleich, es constatirt sich ein größerer in den Frühlingsmonaten, wo die Bäume in Saft treten, und beträgt der Wassergehalt durchschnittlich ein Viertel, was selbst bei harten Hölzern der Fall ist. Das Holz verliert durch längeres Liegen an einem luftigen, trockenen Orte 10 bis 20 Procent Wassergehalt, jedoch nimmt das getrocknete Holz an einem feuchten Orte wieder Wasser auf, was sich bis zu 10 Procent steigern kann, weshalb das einmal getrocknete Holz immer an einem sehr trockenen Orte aufbewahrt werden muß.

3. Ueber den Aschengehalt der verschiedenen Holzarten.

Der Aschengehalt der verschiedenen Holzgattungen richtet sich nach der Art des Holzes und des Baumstückes, sowie nach der Beschaffenheit des Grund und Bodens, auf welchem das Holz gewachsen ist; bei Ast, Stamm und Wurzel ist der Aschengehalt verschieden. Im Allgemeinen wechselt der Aschengehalt von 0·5 bis 5·0 Procent.

Nach Chewandier geben bei 140 Grad C. getrocknete Hölzer folgende Resultate:

100	Theile	Weidenholz . . .	2·00	Procent	Asche
"	"	Espenholz . . .	1·73	"	"
"	"	Eichenholz . . .	1·65	"	"
"	"	Hainbuchenholz .	1·62	"	"
"	"	Erlenholz . . .	1·38	"	"
"	"	Rothbuchenholz .	1·06	"	"
"	"	Fichtenholz . .	1·04	"	"
"	"	Tannenholz . .	1·02	"	"
"	"	Birkenholz . .	0·80	"	"

Alle Holzarten geben im Durchschnitte Asche:

100 Theile Holz von jungen Stämmen	1·23	Procent	Asche
„ „ Klafterholz	1·34	„	„
„ „ Astholz	1·54	„	„
„ „ Reiserholz	2·27	„	„

Der Aschengehalt aller Brennhölzer beträgt durchschnittlich in der Praxis 1 Procent und besteht die Asche der verschiedenen Holzarten hauptsächlich aus kohlensauren, schwefelsauren, phosphorsauren Salzen, ferner aus Chlornatrium, Chlorkalium, Kieselsäure, Kalk, Magnesia, Eisen und Mangan. Die Mengenverhältnisse der einzelnen Bestandtheile der verschiedenen Holzarten sind natürlich verschieden und hängt sehr viel von der Beschaffenheit des Bodens ab, auf dem das Holz gewachsen ist.

4. Ueber die Heizkraft verschiedener Hölzer.

Bezüglich der Heizkraft der verschiedenen Hölzer besteht ein wesentlicher Unterschied, im Allgemeinen kann man annehmen, daß die Nadelhölzer, welche sich auch am leichtesten entzünden lassen, bezüglich ihrer Brennkraft mit dem Alter zunehmen, während die Laubhölzer, die sich schwerer entzünden, nur bis in das mittlere Alter an Brennkraft zu- und später dann abnehmen.

Die Hölzer folgen in ihrem Brennwerthe nach dem Volumen in folgender Reihe: Buche, Föhre mit Harz, Birke, Eiche; älteres Föhrenholz ohne Harz: Fichte, Tanne, Erle, Aspe, junge Föhre und Weide.

Die Flammbarkeit und Brennbarkeit der weichen Hölzer ist größer als die der harten und geben die ersteren während der ganzen Dauer ihres Verbrennens Flamme und verbrennen bis auf einen sehr geringen Rückstand von Kohle; die letzteren brennen bloß an ihrer Oberfläche mit Flamme, alle flüchtigen, brennbaren Substanzen derselben werden durch die in das Innere eindringende Wärme ausgetrieben und beibt nur eine dichte, voluminöse Kohle zurück, welche ohne Flamme zu Kohlensäure verbrennt. Der absolute Wärmeeffect verschiedener Holzarten ist bei gleichem Gewichte und gleicher Trockenheit ziemlich gleich und verhalten sich die specifischen Wärmeeffecte von Holzarten mit gleich großem Wassergehalte wie die specifischen Gewichte derselben. Perlet nimmt an, daß das Heizvermögen vollkommen getrockneten Holzes = 3600 Wärmeeinheiten sei, d. h. daß 36 Pfund Wasser von Null Grad auf 100 Grad C. oder 3600 Pfund Wasser um 1 Grad C. zu erwärmen seien.

Winkler hat den absoluten Wärmeeffect nachstehender Hölzer nach der Methode von Berthier bestimmt und gefunden, daß

1	Gewichtstheil	Eiche	14·05	Theile	Blei	reducirt
1	„	Esche	14·96	„	„	„
1	„	Ahorn	14·16	„	„	„
1	„	Buche	14·00	„	„	„
1	„	Birke	14·08	„	„	„
1	„	Ulme	14·50	„	„	„
1	„	Pappel	13·04	„	„	„
1	„	Linde	14·48	„	„	„
1	„	Weide	13·10	„	„	„
1	„	Tanne	13·86	„	„	„
1	„	Fichte	13·88	„	„	„
1	„	Föhre	13·27	„	„	„

In Folge dieser Versuche hinsichtlich des Verhältnisses der Heizkraft der Holzarten nimmt Winkler an, daß eine Klafter Fichtenholz ersetzt werden kann durch nachfolgende Mengen anderer Holzarten:

0·590	Klafter	Eichenholz,
0·635	„	Ulmenholz,
0·650	„	Ahornholz,
0·665	„	Birkenholz,
0·700	„	Buchenholz,
0·890	„	Tannenholz,
0·910	„	Weidenholz,
0·920	„	Pappelholz,
0·940	„	Föhrenholz,
1·070	„	Lindenholz.

Nach den Versuchen von Londet über den relativen Brennwerth der Brennhölzer ergiebt sich derselbe aus dem Producte ihres absoluten Wärmeeffectes und des Gewichtes eines Kubikmeters in Kilogrammen ausgedrückt in folgender Tabelle:

	Erwärmungskraft	Gewicht eines Kubikmeters Kilogr.
Steineiche, Scheitholz	10.000	380
Rothbuche "	9.941	380
Eiche, beide Varietäten gemischt	9.763	371
Weißbuche, Scheitholz	9.490	370
Stieleiche, Scheitholz	9.448	359
Birke, "	9.392	338
Weißbuche, "	9.260	381
Birke, Scheite und Stücke . .	9.224	332
Birke, Stücke	8.836	318
Tanne, "	8.587	312
Rothbuche	8.214	314
Erle, Scheitholz	8.127	293
Weißbuche, Stücke	8.030	313
Erle, "	7.849	203
Fichte, "	7.808	283
Tanne, Scheitholz	7.621	377
Weide, Scheite und Stücke . .	7.584	283
Espe, " " " . .	7.290	373
Fichte, " " Holz . .	7.064	256

Aus der Erwärmungskraft der Hölzer und ihrem Gewichte einer Maßeinheit nach läßt sich der relative Werth der letzteren bestimmen, wenn man die Zahl der Erwärmungskraft mit dem Gewichte multiplicirt; das erhaltene Product giebt den relativen Werth. Multiplicirt man das specifische Gewicht einer Holzart mit dem absoluten Wärmeeffect, so erhält man den specifischen Wärmeeffect. Nach Peclet ist das Strahlungsvermögen für die verschiedenen Hölzer um so ungleicher, je größer die Massen sind, in denen es auf einmal verbrannt wird; den größten Effect giebt klein gespaltenes Holz, aber nur in geringen Mengen auf einmal aufgegeben, unter Zuführung eines hinreichenden, aber nicht zu großen Luftstromes.

Brix hat verschiedene Versuche mit mehreren Holzarten durch Verdampfung von Wasser bei gut eingerichteten Feuervorrichtungen vorgenommen, die einen sehr instructiven Anhaltspunkt über deren Brennwerth geben und die der Verfasser hiermit anführt:

1. Altes Kiefernholz mit 16·1 Wassergehalt und 2·29 Aschengehalt, die Klafter zu 108 Kubikfuß, wog 2650 Pfund. 4·13 Pfund Holz erhitzten 1 Pfund Wasser von 0 Grad auf 110 Grad C.

2. Junges Kiefernholz mit 19·3 Wassergehalt und 2·15 Aschengehalt, die Klafter zu 108 Kubikfuß, wog 2500 Pfund. 3·62 Pfund erhitzten 1 Pfund Wasser von 0 Grad auf 110 Grad C.

3. Trockenes Kiefernholz mit 15·6 Wassergehalt, 0·55 Aschengehalt, die Klafter zu 108 Kubikfuß, wog 2500 Pfund. 3·69 Pfund erhitzten 1 Pfund Wasser von 0 Grad auf 110 Grad C.

4. Ellernholz mit 14·7 Wassergehalt und 1·11 Aschengehalt, die Klafter zu 108 Kubikfuß, wog 2780 Pfund. 3·84 Pfund erhitzten 1 Pfund Wasser von 0 Grad auf 110 Grad C.

5. Birkenholz mit 12·3 Wassergehalt und 1·14 Aschengehalt, die Klafter zu 108 Kubikfuß, wog 2780 Pfund. 3·72 Pfund erhitzten 1 Pfund Wasser von 0 Grad auf 110 Grad C.

6. Eichenholz mit 18·7 Wassergehalt und 1·39 Aschengehalt, die Klafter zu 108 Kubikfuß, wog 3125 Pfund. 3·54 Pfund erhitzten 1 Pfund Wasser von 0 Grad auf 110 Grad C.

7. Altes Rothbuchenholz mit 22·2 Wassergehalt und 1·84 Aschengehalt, die Klafter zu 108 Kubikfuß, wog 3100 Pfund. 3·39 Pfund davon erhitzten 1 Pfund Wasser von 0 Grad auf 110 Grad C.

8. Jüngeres Rothbuchenholz mit 14·3 Wassergehalt und 1·62 Aschengehalt, die Klafter zu 108 Kubikfuß, wog 3100 Pfund. 3·49 Pfund erhitzten 1 Pfund Wasser von 0 Grad auf 110 Grad C.

9. Weißbuchenholz mit 12·5 Wassergehalt und 2·48 Aschengehalt, die Klafter zu 108 Kubikfuß, wog 3100 Pfund. 3·62 Pfund erhitzten 1 Pfund Wasser von 0 Grad auf 101 Grad C.

Um den absoluten Wärmeeffect des Holzes zu ermitteln, ist die Berthier'sche Methode zu empfehlen und gründet sich dieselbe auf das von Welter aufgestellte Gesetz, nach welchem die aus verschiedenen Brennmaterialien entwickelten Wärmemengen unter sich in demselben Verhältnisse stehen wie die Sauerstoffmengen, welche diese Brennmaterialien bei der Verbrennung absorbiren. Man ermittelt daher, wie viel das Brennmaterial Sauerstoff unter Berücksichtigung seines eigenen Gehaltes aufnimmt, um seinen Kohlenstoff gänzlich in Kohlensäure und den Wasserstoff in Wasser zu verwandeln, und vergleicht man dann diese Mengen mit denjenigen, welche ein anderes Brennmaterial von bekannter Brennkraft erfordert. Dies geschieht auf eine einfache und schnelle Weise, ergiebt zwar ein brauchbares technisches, jedoch nicht genaues Resultat. Nach Plattner wird diese Methode folgendermaßen ausgeführt:

Das möglichst fein zertheilte Brennmaterial, 1 Gramm, wird mit 20 bis 40 Gramm reiner Bleiglätte gemengt, das Gemenge in eine Probirtute gebracht und mit 30 Gramm Bleiglätte überdeckt. Das Schmelzgefäß darf bloß bis zur Hälfte angefüllt sein, damit kein Uebersteigen der Masse erfolgt, und wird dann auf einem Ziegel auf den Rost des ein wenig angeheizten Windofens gebracht und nachdem es noch mit einem Deckel verschlossen, allmählich stärker erhitzt, indem man Kohlen nachschüttet, und zwar so hoch, daß der obere Theil des Tiegels noch sichtbar bleibt; die Masse wird bald weich, kocht und schäumt etwas auf. Ist sie völlig geschmolzen, so giebt man ein etwas stärkeres Feuer und unterhält dies 10 Minuten lang, damit sich das reducirte Blei zu einem Regulus vereinigt. Sodann wird die Probirtute aus dem Ofen genommen, nach dem Erkalten zerschlagen und der von Schlacke gereinigte Bleiregulus gewogen. Aus dem Gewichte des erhaltenen Regulus läßt sich nun der absolute Wärmeeffect des untersuchten Brennmateriales leicht berechnen.

5. Ueber die Elementarzusammensetzung verschiedener Hölzer.

Die verschiedenen Hölzer bestehen aus Kohlenstoff, Wasserstoff und Sauerstoff und sind im Allgemeinen die Mengen der einzelnen Bestandtheile nicht besonders ver-

10*

schieden, vorausgesetzt, daß das zur Untersuchung vorher fein geraspelte Holz bei 100 Grad C. vor der Elementaranalyse getrocknet wurde. Das bei 100 Grad C. getrocknete und dann abgewogene Holz wird zur Bestimmung des Kohlenstoff- und Wasserstoffgehaltes mit Kupferoxyd gemengt und in ein Verbrennungsrohr gebracht; sobald das Rohr erhitzt wird, verbrennt der Kohlenstoff der zu untersuchenden Substanz auf Kosten des Sauerstoffes des Kupferoxyds zu Kohlensäure und der Wasserstoff zu Wasser; die entweichende gasförmige Kohlensäure wird in dem Liebig'schen Kaliapparat und die Wasserdämpfe in einem mit Chlorkaliumstücken angefüllten gebogenen Rohre aufgefangen, welche beide früher abgewogen werden, und nach Beendigung des Processes durch nochmaliges Abwägen und Constatirung der Gewichtszunahme, woraus die Menge der erzeugten Kohlensäure und Wasser, sowie die Quantität des in dem Brennstoffe enthaltenen Kohlenstoffes und Wasserstoffes berechnet werden kann.

Nach Schödler enthalten die einzelnen Holzsorten folgende Bestandtheile in 100 Theilen bei 100 Grad C. getrockneten Holzes:

Holzgattung	Kohlenstoff	Wasserstoff	Sauerstoff
Buche	48·53	6·30	45·17
Birke	48·60	6·37	45·02
Tanne	49·95	6·41	43·65
Fichte	49·59	6·38	44·02
Kiefer	49·94	6·25	43·81

Die Resultate der elementaren Zusammensetzung verschiedener Hölzer nach Stolze sind folgende:

Name der Holzgattung mit dem Saft stark ausgetrocknet	Name des Analytikers	Kohlenstoff	Wasserstoff	Sauerstoff
Birke . . .	Schödler u. Petersen	48·60	6·37	45·02
Buche . . .	Gay-Lussac u. Thenard	51·45	5·82	44·73
Eiche . . .	„ „ „	52·54	5·64	41·78
Wachholder .	Schödler u. Petersen	49·95	6·41	43·65
Tanne . . .	„ „ „	49·59	6·38	44·65
Kiefer . . .	„ „ „	49·59	6·38	44·02

6. Ueber Cellulose.

Die Cellulose findet sich in allen Pflanzen, vorzüglich aber in den Holzpflanzen vereinigt mit den sogenannten inkrustirenden Materien. Ueber die Entstehung der Cellulose bei den Pflanzen kann man annehmen, daß dieselbe durch die Zellenbildung aus einem löslichen Kohlehydrat vor sich geht. Ob die Cellulose als solche in den Pflanzen wieder gelöst wird, ist unbekannt, dagegen sind einige Fälle bekannt, wo sie sich wieder verflüssigt hat, wobei dieselbe sich zersetzt und in der Form anderer Stoffe wieder auftritt. Betrachtet man durch ein Mikroskop einen dünnen Abschnitt von Holz, so bemerkt man eine zahllose Menge kleiner Bläschen, wovon mehrere Hundert kaum eine Linie lang, bald rund, bald eckig, walzig oder fadenförmig sind und dicht aneinander liegen. Man nennt sie Zellen und das Ganze Zellgewebe. In den niederen und weichen Pflanzen zeigen sich dieselben meistens rundlich, in den höheren mehr eckig. Die Zellen nehmen durch den gegenseitigen Druck nach und nach die Gestalt eines Rhomben-Dodecaëders an, der jedoch mehr in die Länge geschoben ist. Da nun alles Zellgewebe in der Pflanze dicht aneinander liegt, so müssen alle Zellen diese Gestalt bekommen; es versteht sich mit vielen Abänderungen, weil der Druck verschieden ist und das Streben der Pflanze in die Höhe geht. Die äußersten Zellen in der Oberhaut fallen daher mehr ins Rundliche; die innere dagegen, welche längs der Luftröhren oder im Holze liegen, sind so lang und dünn, daß man sie Fasern nennt. Sie stehen immer bündelweise und dicht beisammen und sind mit ihren spitzigen Enden miteinander fest verwachsen, so daß dadurch lange Fäden mit Scheidewänden entstehen. Die sogenannten Holzfasern sind daher nichts anderes als sehr lang gestreckte dünne Zellen. Sie zeigen sich auf dem Querschnitte hohl wie die anderen, aber mit dickerer Wand, enthalten ebenfalls Feuchtigkeit und im vertrockneten Zustande Luft. Sie finden sich auch schon im Bast. Die Haut der Zellen ist durchsichtig, gleichartig und zeigt keine Spur von Oeffnungen. Dennoch schwitzt Feuchtigkeit aus und ein, denn sie enthalten einen durchsichtigen, farblosen Saft und verlieren denselben durch Trocknen. In dem Safte sieht man gewöhnlich einige Dutzend kleine Kügelchen schwimmen, die sich mit der Zeit an die Wände setzen, was dann so aussieht, als wenn sich da Löcher befänden. Nach und nach setzen sich so viel Kügelchen fest, daß die Haut ganz dick und undurchsichtig wird und der innere Raum fast verschwindet. Meistens bleiben dabei verschiedene Stellen durchsichtig, was dann wieder aussieht, als wenn Löcher vorhanden wären. Bisweilen legen sich die Körner auch linienförmig aneinander und bilden Spiralen oder Zweige in den Zellen. Manchmal bekommen die Zellen allerlei Aussackungen und sehen dann sternförmig aus. Die Körner in den Zellen sind eine Art Stärkemehl, weil sie sich mit Jod blau färben, bei ihrer Verhärtung jedoch erleiden sie eine chemische Veränderung und verwandeln sich in Holzsubstanz. Die reine Cellulose, wie sie im Holze abgelagert ist, bildet eine schwammartige Masse, die mit einem Gemenge von vier Theilen concentrirter Schwefelsäure und einem Theile Wasser behandelt, aufschwillt und durch anhaltendes Reiben in einen gallertartigen Zustand übergeht, der anfangs steifer, später flüssiger wird. Durch Zusatz von Wasser oder Alkohol scheiden sich weiße Flocken ab, die in heißem Wasser, Alkohol und Aether unlöslich sind, aber die merkwürdige Eigenschaft zeigen, durch Jod, gleich dem Stärkemehl, blau gefärbt zu werden. Vom Stärkemehl unterscheidet sich jedoch die Cellulose wesentlich dadurch, daß das Jod durch Wasser ausgewaschen und die blaue Farbe dem Körper wieder entzogen werden kann, was beim Stärkemehl nicht der Fall ist. Man hat diesen Umwandlungsstoff Amyloid genannt. Dieser Stoff löst sich in Schwefelsäure wieder leicht auf und wird durch Wasser unverändert daraus gefällt. Starke Salpetersäure löst diesen Stoff ohne Gasentwickelung auf, beim Kochen damit liefert er aber Oxalsäure. Von Salzsäure wird er schwierig gelöst, durch Ammoniak aber nicht daraus gefällt und nicht gelöst. In starker Kalilauge quillt er auf und löst sich dann im zugefügten Wasser auf. Durch Essigsäure kann dieser Stoff wieder daraus gefällt werden. Zur Erkennung der Cellulose im Pflanzengewebe befeuchtet man dasselbe mit

Schwefelsäurehydrat, wodurch es sich schöner blau färbt, jedoch verschwindet diese Färbung allmählich wieder und besonders durch Zusatz von Wasser. Durch starke Salpetersäure oder eine Mischung von starker Salpetersäure und Schwefelsäure wird in der Cellulose ein Theil des Wasserstoffes durch NO_4 substituirt und können dabei verschiedene Producte erzielt werden, darunter die Schießbaumwolle.

7. Die Nitrocellulose. Pyroxylin.

Die Nitrocellulose wird durch Einwirkung von Salpetersäure im specifischen Gewichte von = 1·54 auf Cellulose gebildet und wendet man zu ihrer Bildung am besten einen Theil gewöhnliche, concentrirte Salpetersäure und zwei Theile concentrirte Schwefelsäure, oder einen Theil Salpeter und drei Theile Schwefelsäure an. Die veränderte, aber noch ganz unverändert erscheinende Substanz wird mit Wasser ausgewaschen und getrocknet, natürlich bei gelinder Wärme, die 100 Grad C. nicht übersteigt. Die so erhaltene Substanz ist farblos, ohne Geschmack und Geruch, unlöslich in Wasser oder Alkohol, löslich in Aether, essigsauren Aethyloxyd und Methyloxyd, ohne Reaction auf Pflanzenfarben. Die Nitrocellulose ist leicht entzündlich und verbrennt leicht, ohne Kohle zu hinterlassen. Sie entzündet sich erst bei 158 bis 160 Grad. Durch einen heftigen Schlag kann die Nitrocellulose auch zur Entzündung gebracht werden. Beim Erwärmen wird sie stark negativ elektrisch. Erhitzt man sie längere Zeit bis auf 150 Grad, so giebt sie salpetrige Säure ab und verliert die Fähigkeit zu explodiren. Aus der Lösung in Essigäther bleibt die Nitrocellulose pulverförmig zurück. In gewöhnlichem Aether schwillt die Nitrocellulose zuerst zu einer Gallerte auf und löst sich allmählich in mehr zugesetzten Aether. Beim Verdunsten dieser Flüssigkeit bleibt zuerst eine glashelle, farblose Gallerte zurück, welche zu einem durchsichtigen Häutchen auf Glas eintrocknet. Eine solche dicke Lösung der Schießbaumwolle in Aether wird Collodion genannt und findet in der Photographie zum Ueberziehen der Negativplatten Anwendung. Zur Lösung der Schießbaumwolle nimmt man einen

Theil trockene Wolle und 27 Theile Aether, wodurch sie gallertartig wird, dann noch 18 Theile weiteren Aether, die beim Umschütteln sich lösen. Dieses Collodion ist ein vortreffliches Klebemittel, das beim Eintrocknen auf der Haut sehr fest anhängt und in der Chirurgie als Verbandmittel sehr gute Dienste leistet. Man kann auch daraus sehr ausgezeichnete Luftballons von bedeutender Steigkraft anfertigen.

Die Nitrocellulose löst sich in starker Salpetersäure erst bei 70 Grad auf und wird daraus durch Wasser als eine mehr dem Xyloidin ähnliche Substanz gefällt. Schwefelsäure von 1·68 specifischem Gewichte löst sie unverändert auf, zersetzt sie aber beim Erwärmen; in Aetzammoniak ist sie unlöslich; von kalter Kalilauge wird sie langsam aufgelöst, beim Erwärmen färbt sich die Flüssigkeit braun und es entsteht daraus durch Essigsäure kein Niederschlag. Die Zusammensetzung der Nitrocellulose ist $C_6 H_7 (NO_2)_3 O_5$. Die Gase, die sich bei der Verbrennung der Nitrocellulose entwickeln, sind Kohlensäure, Kohlenoxydgas, Stickoxyd und Wasser. Durch Zusatz von chlorsaurem Kali läßt sich ihre Verbrennung noch vollständiger machen.

8. Ueber Lignin.

Das Lignin nennt man den eigentlichen Holzstoff, der die Cellulose einschließt; dasselbe kann jedoch nicht isolirt dargestellt werden, da es aus den Alkalien, in denen es bei der Extraction des Holzes aufgelöst wird, nicht wieder ausgeschieden werden kann, indem es sich in Ulminsäure verwandelt. Werden feine Sägespäne mit dem vielfachen Gewichte höchst concentrirter Salpetersäure macerirt, so wird das Lignin aufgelöst, während die Cellulose unangegriffen bleibt und die man durch Behandlung mit einer Lösung von kohlensaurem Natron von der Säure befreien kann. Der gebleichte Holzfaserstoff ist ein Gemenge von Cellulose und Lignin, ist faserig und zähe und in allen Mitteln unlöslich.

Die Zusammensetzung des Lignin soll $C_6 H_{10} O_5$ sein.

9. Ueber Wollin und seine Erzeugung aus Holz.

Wollin (auch Holzwolle und Holzfaser genannt) ist trotz seiner ausgezeichneten Eigenschaft und der bereits bewährten vielseitigen Verwendung noch immer nicht allgemein bekannt und wird Wollin in Oesterreich nicht so häufig verwendet wie in Frankreich und Amerika, wo es seit vielen Jahren alles andere Material, wofür Wollin Ersatz bietet, verdrängt hat. Die Ausstellung im Jahre 1873 machte uns mit dieser vorzüglichen Fabrikation bekannt, in der französischen Abtheilung war es ausgestellt und wurde in Folge dessen Wollin von hiesigen Firmen häufig aus Frankreich bezogen.

Nach Verlauf von zehn Jahren, da bereits der Werth von Wollin in maßgebenden Kreisen anerkannt wurde, wagte man sich bei uns an die Erzeugung. Trotzdem Wollin in Oesterreich erzeugt wurde, war Deutschland das maßgebende Absatzgebiet dafür.

Wohl kann behauptet werden, daß der Absatz heute schon ein bedeutender ist, und wenn er noch immer nicht dahin gelangt ist wie in anderen Staaten, ist die Ursache darin zu suchen, daß man Wollin im Auslande schon lange kennt und was das richtigste sein mag, ist, daß von Seite der Fabrikanten große Fehler geschehen, und zwar in der Weise, daß Wollin durch unerfahrene Agenten verkauft wurde, denen das richtige Verständniß ganz fehlte und dem Consumenten selten die richtige Faser, die er brauchen konnte, geliefert wurde, indem mancher eine theuere Faser kaufte, wo er mit einer weit billigeren auskommen konnte, daher von vornherein der Käufer davon abgeschreckt wurde, indem er Wollin als zu theueres Verpackungsmaterial betrachtete. — Dem ist aber nicht so. — Es wird Wollin schon so billig erzeugt, daß es als das billigste Material selbst anstatt Stroh verwendet werden kann.

Am besten hat sich bis nun beim Verkaufe von Wollin sowohl für Verpackungs-, als auch für andere Zwecke, die allerfeinste Sorte bewährt.

Wollin ist für alles verwendbar, es ersetzt: Stroh, Heu, Werg, Roßhaar, Febris und überhaupt jedes Material, mag es sein und wie immer heißen, Wollin kann füglich als Universalmaterial genannt werden.

10. Ueber das Dämpfen des Rothbuchenholzes für technische Zwecke.

Allgemein bekannt sind die Hindernisse, welche einer umfangreicheren Verwendung des Rothbuchenholzes in der Tischlerei entgegenstehen. Zunächst ist es die Farbe des Holzes, die wegen ihres „kalten" Tones nicht sehr beliebt ist, die Zeichnung des Holzes ist ohne jeden Ausdruck, das Verhalten gegen Beizen ist wohl vortrefflich, aber im Rothbuchenholze so häufig auftretende Spiegel verleihen dem gebeizten Holze ein unruhiges Aussehen.

Der Verwendung des Rothbuchenholzes stehen aber in besonderem Maße die Eigenthümlichkeiten des Verhaltens desselben bei Aufnahme und Abgabe der Feuchtigkeit entgegen. Schon unmittelbar nach der Fällung des Holzes machen sich die Folgen des „Arbeitens" bemerkbar. Das Aufreißen des Klotzes tritt in kürzester Zeit ein, und nach dem Verschnitte ist das Holz ebenfalls in bedeutendem Maße dem Reißen und Werfen ausgesetzt. Das stete Schwinden, Quellen, Werfen und Reißen des Holzes bei fertigen Objecten ist aber in hohem Grade lästig und zeigen sich diese Erscheinungen selbst dann noch, wenn das Holz auch unter den denkbar besten Verhältnissen getrocknet wurde. Jede Temperatur- und Feuchtigkeitsänderung rufen die erwähnten Erscheinungen hervor, und die Praktiker bezeichnen mit Recht das Rothbuchenholz als ein „nie zur Ruhe kommendes" Holz. Vielfach wurden Vorschläge erstattet, bei Fällung und Aufbewahrung des Holzes entsprechende Maßregeln zu ergreifen, welche eine Verminderung des „Arbeitens" herbeiführen sollen. Wohl ist man so weit gelangt, daß das Holz durch entsprechende Behandlung von der Fällung bis zur Verarbeitung wenigstens einigermaßen seine üblen Eigenschaften verliert, dieselben aber gänzlich zu beseitigen, ohne Anwendung künstlicher Mittel, ist ein vergebliches Bemühen geblieben.

Der Gedanke, das Holz durch Behandlung mit Dampf brauchbarer zu machen, ist mit besonderem Erfolge schon lange

Zeit versucht worden. Die Bestandtheile der Möbel aus gebogenem Holze legen ein sprechendes Zeugniß dafür ab, daß das gedämpfte Holz in Beziehung auf das sogenannte „Stehenbleiben" und Dauerhaftigkeit nichts zu wünschen übrig läßt. Wiederholt hat man sich daher mit dem Dämpfen des Holzes beschäftigt und dabei angestrebt, Pfosten derart dem Dampfprocesse zu unterwerfen, um dieselben später als Tischlerholz verwerthen zu können. Die diesbezüglichen Versuche sind jedoch nicht weiter verfolgt worden, wahrscheinlich deshalb nicht, weil der dabei beabsichtigte Zweck, das „Arbeiten" des Holzes zu beseitigen, nicht völlig erreicht wurde. Nur wenige Holzindustrielle, welche den Abdampf ihrer Maschine ausnützen wollen, unterziehen der Dämpfung nebst verschiedenen anderen Hölzern auch die Rothbuche. Ueber die dabei erzielten Resultate ist aber noch wenig bekannt geworden.

Der Vorgang des Dämpfens des Rothbuchenholzes ist folgender:

Die zu dämpfenden Pfosten werden in einem Kessel gelagert, derart, daß dieselben voneinander durch $^1/_4$ Zoll starke Latten getrennt liegen. Hierauf wird der Dampf in den Kessel (Dämpfer) eingelassen, wodurch zunächst in Folge der Condensation des Dampfes sich der Kessel mit Wasser füllt und die Hölzer also in heißem Wasser zu liegen kommen. Mittelst eines Reductionsventiles ist man nun im Stande, den Druck des Dampfes langsam von $^1/_4$ Atmosphäre bis auf $3^1/_2$ Atmosphären zu steigern, und zwar so, daß innerhalb einer halben Stunde der Dampfdruck um $^1/_4$ Atmosphäre zunimmt. Würde man den Druck über $3^1/_2$ Atmosphären steigern, so würde das Holz „verbrennen", d. h. es würde schwammige Structur zeigen. Das Holz bleibt nun unter dem Druck von $3^1/_2$ Atmosphären circa 18 Stunden im Kessel, und würde, wollte man dasselbe herausnehmen und an der Luft trocknen, vollständig zerreißen und zerspringen. Um dies zu verhindern, wird nun nach Entziehung des Dampfes und des Wassers aus dem Kessel das Holz noch circa 3 Stunden im Dämpfer gelassen. Dadurch wird ein Vacuum im Kessel gebildet, welches dazu beiträgt, das vom Holze aufgenommene Wasser theilweise aus demselben wieder zu entfernen. Nunmehr erst wird das Holz aus dem Dämpfer gebracht, circa 8 Tage an der Luft liegen gelassen, so zwar, daß Pfosten auf Pfosten zu liegen kommen. Würde diese Art der Aufschichtung nicht beachtet werden, so würde dies ein arges Reißen und Werfen der Pfosten zur Folge haben. Jetzt erst wird das Holz gespannt, d. h. in der Weise aufgeschichtet, daß zwischen je 2 Pfosten eine Zwischenlage, bestehend aus $^1/_4$ Zoll starken Latten, kommt; die Hirnseite der Pfosten werden mit Kalk bestrichen, und das Holz im Freiem liegen gelassen.

Nach circa zwei Monaten ist das so gedämpfte Holz vollständig trocken, ist dem Schwinden, Werfen und Reißen beinahe gar nicht unterworfen und zeigt eine dunkelbraune Farbe von einer Wärme und Gleichmäßigkeit, wie solche kaum schöner gedacht werden kann. Durch vorstehend geschilderte Procedur ist man nunmehr im Stande, den Uebelständen zu begegnen, welche der allgemeinen Verwerthung des Rothbuchenholzes als Tischlerrohmaterial entgegen standen, und die Erhöhung des Preises gegenüber dem nicht gedämpften Holze ist nur eine geringe. Die Preiserhöhung wird mit 10 Procent des Werthes des nicht gedämpften Holzes angegeben. Die Erfolge in Beziehung auf die Farbe des Rothbuchenholzes sind ähnlich jenen, welche man durch die kostspieligere Imprägnirung des Holzes nach dem Verfahren von Blythe versuchte.

Zur Erprobung des gedämpften Rothbuchenholzes, mit Rücksicht auf dessen Bearbeitungsfähigkeit, sind verschiedene Versuche gemacht worden, die sehr günstig ausgefallen sind.

Das Holz, welches verarbeitet wird, muß einem sehr hohen Dampfdrucke ausgesetzt werden und ist das von seiner faserigen Textur weniger gut zu bearbeiten; dasjenige Holz jedoch, welches genau nach obigem Verfahren gedämpft wurde, läßt sich vortrefflich bearbeiten, ist im hohen Grade politurfähig und zeigt die mehrfach erwähnten Eigenschaften, so daß eine allgemeinere Verwendung des gedämpften Rothbuchenholzes in der Tischlerei zu erwarten steht.

Das Auskochen oder Dämpfen des Holzes bewirkt also zunächst die Austreibung der atmosphärischen Luft, aber auch zu gleicher Zeit eine Lösung aller gummiartigen, leicht löslichen Stoffe des Holzes, und erfolgt alsdann nach Trocknung des Holzes eine dichtere Zusammenziehung der Masse, vorausgesetzt, daß die Operation oder die Einwirkung nicht so weit fortgesetzt wird, bis eine Zerstörung der Zellensubstanz eingetreten ist. Die Zeitdauer der Einwirkung muß nach dem Alter des Holzes bestimmt werden, bei jüngerem Holze eine kürzere und bei älterem eine längere.

11. Ueber die technische Darstellung der Cellulose.

Die Cellulose, welche in neuerer Zeit eine nicht unwichtige Rolle in der Papierfabrikation eingenommen hat und einen Ersatz für Lumpen zur Herstellung von gröberen und feineren Papiersorten bildet, wird aus dem Holze auf zweierlei Wege hergestellt:

1. Auf mechanischem Wege durch Schleifen des Holzes.
2. Durch Einwirkung von chemischen Agentien auf Holz.

1. Die Cellulose durch Schleifen. Holzschleifstoff. Lignitcellulose.

Das frischgefällte, von der Rinde befreite Holz wird durch Andrücken an große Schleifsteine unter stetem Wasserzufluß und Sortiren durch Siebe in eine so feine faserige Masse verwandelt, daß diese sofort für sich allein oder mit anderen Stoffen, wie Hadern, zu Papiermassen verarbeitet werden können. Der feuchte Holzstoff wird durch Pressen von dem überflüssigen Wasser befreit und in feuchtem Zustande an die Papierfabriken versendet. Dieser gepreßte Holzstoff kann jedoch nicht wieder die ursprüngliche Feinheit bei der Papierfabrikation erlangen, selbst wenn die Masse gekocht wird, und kann ohne Zusatz von 25 bis 80 Procent Hadernstoff nicht verarbeitet werden. Das mit Holzschleifstoff erzeugte Papier nimmt mit der Zeit einen gelben oder grauen Ton an und ist deshalb zu ganz weißen, feinen Papieren nicht zu verwenden. Der Holzschleifstoff ist nicht reine Cellulose, sondern enthält noch die Intercellularsubstanz, wodurch die Zellen zusammengehalten werden. Die reine Cellulose in dem Holzschleifstoffe schwankt zwischen 30 bis 60 Procent. Der

Holzschleifstoff ist sehr kurz in seiner Faser, was in der Darstellung liegt, während die Holzcellulose mit längeren Fasern hergestellt werden kann und in Folge dessen bei der Papierfabrikation auch lieber Verwendung findet. Man kann deshalb den Holzschleifstoff nur zur Herstellung von gröberen Papiersorten und Pappendeckeln verwenden, während die durch chemische Einwirkung hergestellte Holzcellulose zu feinen Papieren gern genommen wird.

Im Jahre 1871 machte Oswald Meyh in Zwickau einen Versuch, wie Holz sich schleifen lassen möchte, wenn es vorher im Kessel gedämpft würde. Der Versuch ergab ein auffallend günstiges Resultat und er benützte das Verfahren zur Darstellung brauner Pappen. C. F. Meisner in Raths-Dammnitz bei Stolp in Pommern versuchte ebenfalls selbstständig zur gleichen Zeit das Kochen mit und ohne Kalilauge und dem Schleifen des Holzes, und er war der Erste, welcher Papier daraus verfertigte, theils aus diesem Lignitstoffe allein, theils mit Zusatz von Hadern. Mit O. Meyh verband sich Heinrich Voelter zur Ausbeute des neuen Verfahrens, und ist das patentirte Verfahren das Meyh-Voelter'sche genannt. August Erfurt, Director der Holzstoff- und Papierfabrik von A. Bezner & Comp., versuchte durch längeres Stehenlassen des gekochten und gelaugten Holzes in der anhaftenden Lauge diese noch vortheilhaft nachwirken zu lassen, was ein günstiges Resultat ergab. Hierauf variirte Erfurt mit den Verfahrungsweisen durch ein- oder zweimaliges Kochen mit Wasser und dann Kochen mit kaustischer Soda, was einen besseren Faserstoff lieferte. Die Papiere wurden auch stufenweise immer besser, bis sie gegenwärtig eine ganz befriedigende Qualität als Packpapier erlangt haben und zu mancherlei Zwecken dienen, wozu andere Papiersorten weniger geeignet sind. Auch die natürliche braune Farbe kommt für manche Zwecke zu Statten, und außer bei Cartonnageüberzügen, Bücherbänden und gewissen Emballagen erweist sich dieser Stoff auch zu Tapetenpapier sehr brauchbar. August Ehrhardt fertigt den Lignitstoff in fünf Qualitäten, die dann allein oder verschieden gemischt, verschiedene Papierqualitäten ergeben.

2. Die Darstellung der Cellulose auf chemischem Wege.

Die Darstellung der Cellulose auf chemischem Wege hat sich in der neuesten Zeit mehr Bahn gebrochen, indem ein viel schöneres, bleichfähigeres Product erzeugt werden kann, als bei der Schleifung des Holzstoffes, jedoch leiden sämmtliche Methoden noch an einem sehr großen Uebelstande: des zu hohen Herstellungspreises; man suchte mit kostspieligen Maschinen und Vorrichtungen die Cellulose herzustellen, während andere Methoden vorhanden sind, um dasselbe Ziel zu erreichen. Diese Methoden sind in der längeren Einwirkung der chemischen Agentien zu suchen, wobei kein Brennmaterial nothwendig ist und die große Abnützung der Apparate, namentlich durch den hohen Dampfdruck, vermieden wird. Es haben sich um die Cellulosefabrikation verschiedene Gesellschaften und Personen verdient gemacht und sind die hervorragendsten folgende: Wooster & Holmes, Brandt, Montgolfier, Brogniart, Morier & Legaux, Pagen, Coupier & Mellier, Gesellschaft Pentagène, Arnould, Houghton, Fredet, Pelouze, Barne & Blondel, Bachet, Watt & Burgeß.

Ein neuer Wendepunkt in der Cellulosefabrikation trat erst im Jahre 1864 durch Errichtung einer großartigen Fabriksanlage der Manajunk-Wood-Pulp-Works-Company bei Philadelphia in Amerika ein, und wurde dieses Product auf der Pariser Weltausstellung im Jahre 1867 ausgestellt. Dieses Etablissement stellte die Cellulose nach der Methode von Houghton & Coupier durch Kochen des Holzes mit Aetznatron unter Anwendung eines sehr hohen Druckes dar. Es wurde hierauf nach dieser Methode von verschiedenen Personen dieser Fabrikationszweig fortgesetzt und studirt und sind besonders dabei folgende zu erwähnen: Deluye 1864, Neyret, Orioli & Fredet 1865, Bachet & Machard 1866, Fletcher 1868, Tessié du Motay & Maréchal 1868, ferner Adamson, Molenau & Laubuhr, Schutz, Mohl, Fry u. s. w. Hierauf wurde im Jahre 1868 in England durch die Gloucestershire Paper

Company eine große Cellulose- und Papierfabrik gebaut und Papiere ohne Lumpenzusatz erzeugt; hierdurch wurde der praktische Beweis geliefert, daß man die Cellulose allein ohne Lumpenzusatz zu Papier verarbeiten kann. Dieser Gesellschaft hat jedoch dieses praktische Experiment bedeutende Summen gekostet und giebt man die Summe der Kosten auf 500.000 Mark an. Im Jahre 1870 baute eine Gesellschaft englischer und schwedischer Capitalisten in Schweden fünf größere Cellulosefabriken, die nach dem amerikanischen, von Cone-Mills in Sydney adoptirten Kochverfahren eingerichtet sind und welches sich auch bewähren soll. Nach diesem Systeme arbeiten nicht nur die oben erwähnten fünf schwedischen Fabriken, sondern auch verschiedene amerikanische und englische Etablissements, sowie sechs größere Fabriken in Deutschland. Verschiedene Fabriken, die von obigem Verfahren abwichen und sich in neue Versuche und Experimente einließen, gingen dabei zugrunde, und ist dies namentlich der mangelhaften Construction der dabei angewendeten Maschinen zuzuschreiben.

Bei den verschiedenen Verfahren hat man Säuren (Salz- und Salpetersäure) angewandt, die man auf feingehobeltes Holz so lange einwirken läßt, bis die Faser bloßgelegt ist, wobei ein Theil der Cellulose in Glukose übergeführt wird und man durch Gährung Alkohol daraus gewinnen kann; nach dieser Einwirkung behandelt man das Holz mit Aetzlauge so lange, bis sich alles aufgelöst hat, und wäscht es zuletzt. Bei diesem Verfahren kann jedoch die angewendete Säure nicht wieder gewonnen werden und müssen die Gefäße von sehr gutem widerstandsfähigen Material sein. Charles Watt und Hugo Burgers haben ein Verfahren angewandt, wobei kleinzerschnittenes Holz mit Natronlauge von 4 Grad B. unter sehr starkem Dampfdruck, 60 bis 190 Pfund pro Quadratzoll, behandelt wird. Es hängt bei diesem Verfahren sehr viel von der Form des Holzes ab, feines Holz wie Sägespäne hindert die Circulation, Hobelspäne nehmen einen sehr großen Raum ein und wendet man daher das Holz in einer Batterie von Digestoren an, indem man es unter sehr hohem Drucke mit Aetzlauge behandelt und dann das Natron durch Wasserdämpfe wieder auszieht. Da man die erhaltene Lauge wieder eindampft und den Rückstand in besonderen Oefen calcinirt, so ist es wohl leicht zu berechnen, daß dieses Verfahren die allgemeinen Kosten bedeutend erhöht und es besser ist, die Laugen noch einigemale zu benützen und in Gruben dann freiwillig zu verdunsten, oder durch die abgehende Wärme der Feuerungen in bedeckten Pfannen zu verdampfen, damit die Feuerung nichts kostet. Die bei diesem Verfahren erzeugte Cellulose wird keiner weiteren mechanischen Bearbeitung unterworfen, sondern man bleicht sie nur durch Zusatz von Chlorkalk. Die auf chemischem Wege erzeugte Cellulose übertrifft an Qualität bedeutend den auf mechanischem Wege bereiteten Holzstoff, hat mehr Elasticität und auch längere Faser, kann, wie oben schon erwähnt, ganz allein zur Papierfabrikation verwendet werden. Was die Ausbeuten betrifft, so sind dieselben natürlich sehr verschieden und hängt dies auch von der Qualität des Holzes ab, sie betragen jedoch durchschnittlich 30 bis 40 Procent.

Die größte Ausbeute erhält man vom Stammsplintholz, man verwendet auch jüngere Hölzer von 100 Millimeter Durchmesser, und geben Tannen und Fichten einen helleren und leicht bleichbaren Stoff wie Kiefern. Die deutschen Cellulosefabriken verarbeiten fast durchgehends Kiefern und erzeugen ein schönes Fabrikat. Die Preise im Walde dürfen sich bei vortheilhafter Fabrikation nicht höher stellen als:

Für 1 Meter Nutzscheitholz 6½ Mark,
„ 1 „ Rundholz 5 Mark,
„ 1 „ schwache Prügel 2½ Mark.

Die Fabrikation in den schwedischen Cellulosefabriken wird folgendermaßen betrieben:

Das von der Rinde befreite Holz wird auf einer Schneidemaschine in Stückchen von etwa 10 Millimeter Länge und 10 Millimeter Breite, sowie 5 Millimeter Dicke zerkleinert, dann noch behufs Erzielung einer größeren Gleichmäßigkeit durch einen Raffineur gelassen. Das geschnittene Holz wird in durchlochte Blechgefäße geschafft und in letzteren in einen horizontal liegenden Kessel gefahren, nachdem derselbe vollständig mit Holz gefüllt ist, verschraubt, dann mit

Natronlauge vollgepumpt und der Kochproceß durch Feuer (direct) eingeleitet. Wenn die Flüssigkeit nach einem mehrstündigen Feuern eine Temperatur erreicht hat, die ungefähr 10 Atmosphären Ueberdruck entsprechen, ist der Kochproceß beendet, man läßt den Kessel noch eine Zeit lang unter Druck stehen und entleert ihn von der Lauge, schließlich von dem darin enthaltenen gekochten Holz, welches letztere als bloßgelegte Holzcellulose zu bezeichnen ist. Die auf diese Weise gewonnene Cellulose wird in Auslaugkästen von der daran haftenden braunen Flüssigkeit möglichst durch Waschen befreit und in Waschholländern zerschlagen und gewaschen, schließlich auf einer Langsiebmaschine von Sand und Splittern befreit und in Bogenform umgewandelt, in welcher sie entweder mit 50 Procent Wassergehalt oder auch lufttrocken zum Versandt kommt. Die aus dem Kochkessel, sowie aus dem Auslaugekasten nach Beendigung des Koch- oder Auslaugeprocesses abgelassene Lauge fließt in ein großes, durch abziehende Feuergase erhitztes Blechreservoir und gelangt von dort in einen langen Flammofen, in welchem sie durch überschlagendes Feuer bis zur Pechconsistenz eingedickt und dann calcinirt wird, wobei die organischen Substanzen zerstört werden.

Das gewonnene kohlensaure Natron wird wieder mittelst Kalk kaustisch gemacht und von neuem zur Fabrikation verwendet. Man gewinnt auf diese Weise 80 bis 90 Procent der angewendeten Soda wieder. Bei der Anlage einer Cellulosefabrik kommt nicht nur das Terrain, sondern auch namentlich die zur Fabrikation nöthige Wassermenge in Betracht, sowie ferner, daß nicht nur das Rohmaterial in unmittelbarer Nähe zu beschaffen, sondern auch ein billiges Brennmaterial in der Nähe vorhanden ist.

Die ganze Fabrikation ist noch in der Entwickelung und bedarf mannigfaltiger Verbesserung, um auf eine ganz vollkommene Stufe zu gelangen. Ein Verfahren, welches in der neuesten Zeit von Professor Dr. A. Mitscherlich in Hannoverisch-Münden praktisch ausgeführt worden ist, verdient hier schließlich ganz besonders erwähnt zu werden, indem dasselbe jedenfalls unter allen Verfahren eine große Zukunft hat.

Das Verfahren besteht im Wesentlichen in der Einwirkung des doppelschwefligsauren Kalkes auf Pflanzentheile oder auch auf nur wenig zerkleinertes Holz. Die Lösung des genannten Salzes wird hergestellt durch eine besondere Methode, vermittelst welcher man auch auf bequeme Weise andere schwefligsaure Salze herstellen kann. Man zerlegt zu diesem Zwecke den Kalk durch schweflige Säure, welche durch Verbrennen von Schwefel oder Schwefelmetallen gewonnen wird, die kohlensauren Salze in besonderen Vorrichtungen. Durch die Einwirkung der Lösung des doppeltschwefligsauren Kalkes auf das zerkleinerte Holz oder andere Pflanzentheile bei höherer Temperatur wird die Cellulose, die durch andere Stoffe in denselben verkittet war, freigelegt, indem die letzteren in lösliche Körper übergeführt werden. Man erhält hierdurch die Cellulose in dem Zustande, in welchem sie in den Pflanzen enthalten ist. Durch Auswaschen wird sie leicht von den löslichen Stoffen getrennt und kann man dieselbe dann direct zu Papier verarbeiten. Die löslichen Substanzen enthalten eine ganze Anzahl von Körpern, welche je nach der Pflanze oder dem Pflanzentheile verschieden sind. Vorzüglich lassen sich aus denselben folgende Materialien gewinnen:

1. Gerbstoff zur Gerbung von Häuten,
2. Gummi,
3. Essigsäure,
4. Alkohol.

Um die Flüssigkeit für diese verschiedenen Zwecke auszunützen, wird dieselbe einer verschiedenen Behandlung unterworfen, welche hier auseinanderzusetzen zu weitläufig sein würde. Faßt man nur die Gewinnung der Cellulose allein ins Auge, so bietet dieses Verfahren große Vortheile vor der bisher angewendeten. Bei den Verfahren mit Aetznatronlauge findet eine starke Zerstörung der Cellulose statt, sie verliert deshalb an Festigkeit, wird braun und giebt eine verhältnißmäßig geringe Ausbeute. Die vermittelst doppeltschwefligsauren Kalkes gewonnene Cellulose hat eine große Länge und Festigkeit der Faser und ist wie in der Pflanze weiß. Will man dieselbe ganz weiß haben, so wird sie mit wenig Chlorkalk gebleicht. Dies ist jedoch nur für die ganz weißen Papiere erforderlich. Die Behandlung mit Chlor oder Chlorkalk muß überhaupt möglichst vermieden werden, weil die Cellulose durch den Bleichungsproceß, wenn er auch noch so vorsichtig gehandhabt wird, stets an Festigkeit verliert. Bezüglich des Bleichverfahrens der Cellulose hat Julius Erfurt dieselbe dadurch wesentlich verbessert, daß er den durch Behandlung mit Alkalien bei erhöhter Temperatur von Pectinkörpern befreiten Fasernmaterialien vor dem Hinzuthun der als Bleichflüssigkeit dienenden Chlorkalklösung im Vacuumapparat vollständig die in den Hohlräumen der Zellen enthaltene Luft entzieht. Es wird dadurch eine raschere Imbibition der zu bleichenden Substanzen, mit ihr auch eine raschere und vollkommen erschöpfende Wirkung der Bleichmaterialien erzielt.

Nach den Angaben des Civilingenieurs C. Rosenhain bedarf eine mit Dampf betriebene Cellulosefabrik von 20.000 Centner Productionsfähigkeit pro Jahr folgende Materialien:

1. Calcinirte Soda 3000 Centner.
2. Gebrannten Kalk 14.000 bis 18.000 Centner.
3. Holz 20.000 Raummeter.
4. Steinkohlen 175.000 Centner, 1/3 Würfel- und 2/3 Kleinkohlen zur Feuerung.

Für die Anlage der Fabrik ist ein Flächenraum von 18.000 Quadratmeter erforderlich; das Arbeiterpersonal schwankt zwischen 60 und 80 Mann.

Unter einer Jahresproduction von 10.000 bis 15.000 Centner Cellulosenstoff bei Tag- und Nachtbetrieb kann eine Anlage mit Vortheil nicht betrieben werden, eine solche arbeitet mit einem Kocher, während die nächstgrößere von 20.000 bis 30.000 Centner Jahresproduction nur zwei Kocher nothwendig hat. Der zur Fabrikation nothwendige Wasserbedarf beträgt pro Minute 60 bis 70 Kubikfuß.

12. Die Verarbeitung der Cellulose zu Papier.

Die Cellulose bedarf bei der weiteren Verarbeitung zu Ganzstoff einer ganz besonderen Sorgfalt, indem der Stoff sehr häufig mit dem Lumpenhalbzeug zusammen zu Ganzzeug gemahlen und während dieser Zeitdauer zu sehr zerkleinert und angegriffen wird, daß er nicht nur seine Festigkeit, sondern auch seinen Werth als Ersatzmittel vollständig einbüßt. Der Cellulosestoff muß daher für sich allein und eine kürzere Zeit gemahlen und die Beimischung der anderen bereits fertig gemahlenen Haderstoffe zuletzt bewerkstelligt werden, um ein sogenanntes Todtmahlen des Cellulosestoffes zu verhindern. Dicke Holländer Walzenschienen, Grundwerke aus Bronze oder Messing, sind für gute Cellulosemahlung sehr zu empfehlen, scharfe Messer in der Walze und im Grundwerk aber auf alle Fälle als absolut schädlich zu vermeiden. Der auf diese Weise zubereitete Ganzstoff kann mit mechanischem Holzstoff, feingemahlenem Lumpenstoff, gebleichtem Strohstoff vermischt werden und zeichnet sich durch eine sehr starke Verfilzung aus. Bei der Verarbeitung der fertigen Masse ist es nothwendig, der Metalltuchfläche der Papiermaschine von der Brustwalze bis zur Horizontalwalze eine Steigung von 30 bis 45 Millimeter zu geben; es ist außerdem zu berücksichtigen, daß die Cellulose-Papiermasse viel schneller ihren Wassergehalt verliert als der Lumpenstoff. Sollte sich beim Naßpressen ein zu starkes Kleben der Cellulose-Papiermasse zeigen, so kann man sich durch Zusatz von etwas Alaun helfen. Eine größere Härte erlangen die Papiere von Cellulosestoff, als die von Lumpenstoff. Der Cellulosestoff bleicht sich bei richtiger Handhabung ganz vorzüglich, nur ist mehr Zeit und Bleichmaterial erforderlich.

Die Nadelhölzer, besonders die Kiefer, enthalten viel Eisen, welches durch die Behandlung des Holzes nicht vollständig entfernt werden kann und bei der weiteren Verarbeitung der Masse Folgendes beobachtet werden muß. Die Cellulose wird mit dem Bleichwasser gut gemischt und giebt man dann der Mischung gut verdünnte Säure zu, mischt gut in dem Holländer und behandelt wie bei Lumpenstoff. Bei ordinären Druckpapieren ist ein einmaliges Bleichen mit 25 Procent Chlorkalk vollkommen genügend, bei minderen Sorten kann man mit 16 Procent auskommen.

Die Cellulose muß nach vier- bis fünfstündigem Bleichen im Holländer noch 24 bis 36 Stunden im Bleichgewölbe mit dem Chlorwasser in Berührung gelassen werden, da die Cellulose eine viel größere Absorptionsfähigkeit für Chlor als die Lumpenmasse hat. Den Stoff im Holländer mittelst Dampf zu erwärmen, ist nicht zu empfehlen, weil die Farbe dadurch leidet.

Ueber die Chlorgasbleiche liegen bis jetzt wenig praktische Erfahrungen bei der Verarbeitung der Cellulose vor. Die lufttrockene Cellulose wird bei der Papiererzeugung von den meisten Papierfabrikanten der nassen vorgezogen, da die Bestimmung des Wassergehaltes oft Streitigkeiten hervorruft. In Oesterreich und Deutschland wurden im Jahre 1877 bei sieben Millionen Papiererzeugung 2,000.000 Centner geschliffener Holzstoff, 100.000 Centner Holzcellulose, 600.000 Centner Strohcellulose und 5,500.000 Centner Hadern verwendet. Man ersieht daraus, daß die Fabrikation der Holzcellulose noch sehr gering ist und noch viele Holzcellulosefabriken errichtet werden können, um einen Ersatz für die vielen, bis jetzt noch zu verwendenden Hadern zu erhalten. Sehr viel liegt daran, daß die Cellulose bis jetzt noch nicht in der gewünschten Reinheit den Papierfabriken geliefert worden ist.

13. Die Verwendung der Cellulose zur Herstellung von künstlichem Elfenbein.

Die Verzierungen aller Arten für Möbeltischlereien, photographischer Albumdeckel, wird nach einem Patente von B. Harraß aus einer Masse erzeugt, die im Wesentlichen aus Cellulose, Leim, Alabaster und Alaun besteht, und wird in nachfolgender Weise hergestellt: Es werden dabei Metallformen verwendet, da diese schärfere und festere Abdrücke liefern als solche aus Kautschuk. Die Leimlösung stellt man sich durch Auflösung von 100 Gramm feinblondem Leim in 1 Kilogramm reinem Brunnenwasser und Filtriren durch Leinwand her, den Cellulosebrei durch Uebergießen von 50 Gramm möglichst gut gebleichter Holzcellulose mit $3^1/_2$ Kilogramm frischem Wasser und Durchrühren, bis sich ein ganz gleichmäßiger, dicker, faseriger Brei gebildet hat, die Alaunlösung durch Lösen von 50 Gramm Alaun in 1 Kilogramm heißem Wasser und Abkühlen bis auf eine laue Wärme. Ließe man die Alaunlösung zu weit erkalten, so würde der Alaun auskrystallisiren.

Die Metallform wird zunächst mit einem Gemische von gleichen Theilen Gänse- und Schweinefett oder einem feinen weißen Oele sorgfältig ausgepinselt. Dann mischt man in einem größeren irdenen Gefäße 75 Gramm Leimlösung, 200 Gramm Cellulosebrei, gießt 200 Gramm Brunnenwasser und 250 Gramm möglichst feinen Alabastergyps zu, welcher vorher durch ein Haarsieb abgeschlagen worden ist. Das Ganze wird so lange durcheinander gerührt, bis sich der Gyps vollständig gelöst hat und eine gleichmäßige Mischung entstanden ist. Hierauf gießt man noch 200 Gramm Alaunlösung zu und mischt auch dies gut durcheinander. Die so erhaltene Masse gießt man dann löffelweise, immer von derselben Stelle ausgehend, in die Metallform. Diese wird mit einem hölzernen oder eisernen Rahmen versehen, welcher das Bild oder die Verzierung einschließt, damit die flüssige Masse nicht ablaufen kann. Ist die nöthige Masse eingegossen, so rüttelt man die Form einige Zeit, damit sich die Masse gleichmäßig vertheilt und etwaige Luftblasen entweichen, dann läßt man die Form ruhig stehen, bis sich die Masse zu verdicken anfängt. In diesem Momente überlegt man dieselbe mit einem angefeuchteten Leinwandstück, bringt darauf eine in den aufgesetzten Rahmen passende Holz- oder Eisenplatte, die ziemlich doppelt so hoch sein muß als der aufgesetzte Rahmen selbst, und preßt nun das Ganze unter einer Presse recht langsam zusammen, so daß das durch den Druck sich ausscheidende Wasser ganz hell abläuft.

Der beigemischte Alaun macht die Masse schnell erstarren und hält den beigesetzten Leim in der Masse zurück, so daß bei langsamem, rechtzeitigem Zupressen nur das reine Wasser abläuft. Hat man genügend gepreßt, so läßt man die Form mindestens 15 Minuten stehen und klopft dann den Abdruck mittelst eines hölzernen Hammers heraus. Der aus der Form entnommene Abdruck wird sogleich in ein sauberes Wasserbad gebracht, um ihn von den Fetttheilen zu reinigen, die er durch die geölte und gefettete Form aufgenommen hat. Hierauf wird der Abdruck im Trockenofen getrocknet und dann in ein siedend heißes Bad von Wachs und Stearin gebracht, bis er sich durch und durch vollgesaugt hat. In diesem Zustande läßt man den Abdruck vollständig erkalten und bürstet ihn dann mit einer weichen, geschliffenen Borstenbürste und aufgestreutem Federweiß so lange, bis der Elfenbeinglanz genügend hervortritt.

14. Verwendung der Cellulose zur Fabrikation von Sprengmitteln.

Die Cellulose, sowie der Holzstoff, auch feingemahlenes Sägemehl wird vielfach zur Erzeugung von Sprengmitteln benützt, nachdem man daraus die Nitroverbindung hergestellt hat. Ein derartiges Sprengmittel ist der Dualin von Dittmar in Charlottenburg und das Volkmann'sche Collodin, während bei anderen Sprengmitteln lediglich die Aufsaugfähigkeit der Kieselguhr für Nitroglycerin benützt wird; so ist in den Franzel'schen Nitroglycerinpulvern und der von Baron Tintschler-Falkenstein in Müggelheim bei Kögerich erfundenen Ligrose (welche eigentlich Dynamite sind) die Kieselguhr durch Cellulose ersetzt. Auch in der Form von reinem pulverisirten Sägemehl bildet die Holzfaser einen Bestandtheil zahlreicher Sprengstoffe. Ein Verfahren zur Zerkleinerung der Cellulose durch Behandlung mit Schwefelsäure oder Chlorzinklösung, behufs Umwandlung in Nitrocellulose wurde der Dynamit-Actiengesellschaft in Hamburg durch ein Reichspatent 1878 patentirt. Die Pflanzenfaser wird entweder mit verdünnter Schwefelsäure von 40 bis 45 Grad B. einige Zeit getränkt, deren Beschaffenheit mit der Art der Pflanzenfaser sich ändert, dann in Wasser vollkommen ausgewaschen und getrocknet, oder mit einer schwachsauren Flüssigkeit, Wasser mit 5 Procent Schwefelsäure, getränkt, bis auf 100 Grad erhitzt und während einiger Zeit in einer Temperatur erhalten oder in einem Gemisch von Schwefelsäure und Wasser gelöst und durch Zumischen von Wasser gefällt und dann getrocknet. Diese so behandelte Cellulose zerfällt nach dem Trocknen in ein mehlfeines Pulver. Statt Schwefelsäure kann auch eine Chlorzinklösung angewendet werden. Das gewonnene Pulver wird in gleicher Weise zu Schießwolle oder Nitrocellulose verarbeitet, wie dies bisher mit dem nur zerrissenen Rohmaterial geschah.

15. Verwendung der Cellulose zu Polsterungen.

Die Erzeugung der Holzfaser aus Linden-, Fichten- und auch Buchenholz für Polsterungen als Ersatz für Roßhaar und Seegras hat sich neuerdings sehr eingebürgert, indem die große Elasticität des Holzfaserstoffes die Roßhaare vollständig ersetzt. Durch den Gehalt des Holzfaserstoffes an Harz wird jedes Ungeziefer, sowie auch die Feuchtigkeit abgehalten, daher dessen Anwendung zu allen Arten Polsterungen von Matratzen, Eisenbahnwagen sehr zu empfehlen ist. Durch das Fernhalten der Feuchtigkeit wirkt die Holzfaser auf die Gesundheit zuträglich und trägt auch zur Reinlichkeit bei, indem dadurch das so lästige und sehr schädliche Durchdringen der Feuchtigkeit vermieden und nur der Umschlag äußerlich angegriffen wird, der wieder mit Leichtigkeit an der Luft getrocknet werden kann. Matratzen, Polster und Kopfkissen werden bei gewöhnlichem Gebrauche gerade so wie jene Gegenstände behandelt, die mit Roßhaar gepolstert sind; wenn solche Gegenstände zusammengedrückt werden, so können sie wie sonst üblich geschüttelt und gewendet werden. Sind aber solche Gegenstände schon sehr abgelegen, was jedoch erst nach langem Gebrauche vorkommt, so wird die Elasticität ganz einfach wieder dadurch hergestellt, daß man dieselben der Sonne oder einer gelinden Wärme aussetzt, worauf der Faserstoff wieder aufschwillt, ein Vortheil, welchen selbst das Roßhaar nicht besitzt.

In derselben einfachen Weise kann dieser Holzfaserstoff nach dessen Gebrauch bei Krankenlagern dadurch desinficirt werden, daß man denselben in irgend einen Behälter schüttet und Dampf oder auch andere Mittel darauf einwirken läßt und wieder trocknet. Dieser Holzfaserstoff fällt auch beim Hobeln der Zündhölzchen ab und darf nur sortirt, d. h. die feineren Theile ausgelesen werden; um die dabei abfallenden gröberen Theile zu einem derartigen Gebrauche wie oben geschickt zu machen, kocht man dieselben in schwacher Aetznatronlauge einige Zeit, dann wird die Lauge abgegossen und der Rückstand mit Wasser wieder ausgesotten. Dies wird einigemale wiederholt und zuletzt dem Wasser etwas verdünnte Schwefelsäure zugefügt, um alles Alkali zu entfernen. Der rückständige Holzstoff, der wie Halbcellulosestoff aussieht, wird alsdann gut ausgetrocknet und erhält nach dem Trocknen eine größere Elasticität wieder, ähnelt dann den Roßhaaren sehr und kann namentlich zu Polsterungen für kleinere Gegenstände, Kissen, sehr gut verwendet werden. Dieser Stoff kann wie die Roßhaare aufgekrempelt und noch länger als die Roßhaare benützt werden. Die erste abgegossene Aetzlauge benützt man zur Aufkochung neuer Quantitäten Holzfaserstoff, und kann man die zweite und dritte Lauge ebenfalls wieder dazu verwenden, da das Alkali der Holzfaser sehr hartnäckig anhängt und nur durch wiederholtes Kochen mit frischem Wasser entfernt werden kann. Die Procedur ist deshalb mit keinen großen Kosten verknüpft.

16. Die Cellulose zur Darstellung von Oxalsäure.

Die Verwendung von Cellulose oder Sägespänen zur Darstellung von Oxalsäure datirt bereits vom Jahre 1829, wo Gay-Lussac die Entdeckung machte, daß bei Einwirkung von Aetzkali auf Sägespäne und andere organische Substanzen sich Oxalsäure bildet; aber erst im Jahre 1859 gelangte diese Entdeckung zur fabriksmäßigen Ausführung durch die amerikanische Firma Roleits Dale & Comp. in Washington. Bei der fabriksmäßigen Darstellung werden die Sägespäne in flachen eisernen Gefäßen mit concentrirter Aetzkalilauge geschmolzen und die Schmelze aufgelöst, filtrirt und durch Kalk in oxalsauren Kalk verwandelt. Der oxalsaure Kalk wird mittelst Schwefelsäure zerlegt, wobei sich schwefelsaurer Kalk und Oxalsäure bildet. Durch wiederholtes Umkrystallisiren wird die erhaltene Oxalsäure gereinigt und ist in ihren Eigenschaften der Oxalsäure, die man aus Zucker mittelst Oxydation mit Salpetersäure erhält, ganz ähnlich.

Bei der speciellen Darstellung erfolgt folgender Vorgang: In eisernen Schalen wird eine Mischung von Aetzkali und Aetznatronlauge, specifisches Gewicht 1·35, im Verhältnisse $1^1/_2$ Theile Aetzkali auf 1 Theil Aetznatron mit portionenweise eingetragenem Sägemehl (100 Theile Alkali, 10 bis 40 Theile Sägemehl) unter Umrühren bis zur Erzielung eines feuchten, pulverigen Rückstandes eingedampft. Man erhitzt schließlich bei einer Temperatur von 140 bis 180 Grad. Man kann mit dem Erhitzen aufhören, wenn keine Sägespäne mehr in der Masse wahrzunehmen sind. Das Aetznatron geht hierbei in schwer lösliches oxalsaures Natron, das Aetzkali in kohlensaures Kali mit geringer Menge oxalsauren Kali über. Die Masse ist von gleichzeitig vorhandener Humusverbindung braun gefärbt. Sie wird in eisernen Filtrirkästen mit doppeltem Boden und Drahtgeflecht in der Weise ausgelaugt, daß eine in dem unteren Raume des Kastens vorhandene Luftpumpe das Wasser durch die Salzmasse hindurch saugt. Das, was unlöslich bleibt, ist oxalsaures Natron. Man kann dies zersetzen in einer eisernen Pfanne mit horizontaler Flügelwelle mit Kalkmilch in der Hitze. Es entsteht Aetznatron und oxalsaurer Kalk. Die Natronlauge wird eingedampft (die Lösung von der rohen Schmelze enthält kohlensaures Kali und oxalsaures Kali) und mit Kalkmilch gekocht. Man erhält Aetzkali und unlöslich oxalsauren Kalk. Aus diesem scheidet man in einer Bleipfanne die Oxalsäure mit Schwefelsäure ab und krystallisirt um.

17. Das Coniferin und Vanillin.

Das Coniferin, das Rohproduct des Vanillins, welches in dem Cambialsaft der Coniferen vorkommt, verdient hier miterwähnt zu werden. Dasselbe wird an Orten, an denen in der Saftzeit Holz geschlagen wird, gewonnen. Man entrindet die Coniferen (Roth- und Weißtannen), schabt mit Messern den unter der Rinde befindlichen Saft mit einem Theile des Bastes ab und sammelt in Gefäßen. Der Saft wird, da er leicht in Gährung geht und sich dann vollständig zersetzt, von dem Baste möglichst bald abfiltrirt und gekocht, darauf von dem gewonnenen Eiweiß getrennt, auf ein Fünftel

Volumen eingedampft und zur Krystallisation gebracht. Nach kurzer Zeit preßt man die dann entstandenen Krystalle von der Mutterlauge ab. 100 Liter des sehr schwer zu gewinnenden Saftes geben 0·5 bis 1 Kilogramm Coniferin. Das Coniferin wird bei der Weiterverarbeitung mit oxydirenden Substanzen behandelt, und zwar mit Schwefelsäure und Kaliumbichromat, und das entstandene Vanillin entweder mit Wasserdämpfen destillirt oder der Lösung mit Aether entzogen. Zur Trennung der mitentstandenen Vanillinsäure unterzieht man das Product noch einer Reinigung mit Natriumbisulfitlösung und krystallisirt dann um. Nach dieser Operation stellt das Vanillin ein beinahe weißes, krystallinisches Pulver dar, was seinen Schmelzpunkt bei 80 bis 81 Grad C. hat. Es wird in dieser Form zur Anwendung statt Vanille in den Handel gebracht. 20 Gramm entsprechen davon 1 Kilogramm bester Vanille, da die letztere durchschnittlich 2 Procent dieses Stoffes enthält. Das Coniferin wurde zuerst von Hartich dargestellt, welcher durch Kochen mit verdünnter Schwefelsäure dasselbe in Traubenzucker und eine harzige Substanz zerlegte. Die harzige Substanz liefert bei der Behandlung mit oxydirenden Mitteln das riechende Princip der Vanille.

18. Die Conservirung des Holzes.

Die Zellen und Gefäße der Hölzer enthalten eiweißartige Stoffe, durch deren Umänderung zu einem Ferment dieselben leichter oder schwerer der Zersetzung unterworfen sind; diese Zersetzung und Umänderung wird durch Luft und Feuchtigkeit, Insectenstiche und durch die Entwickelung gewisser Pilze außerordentlich befördert. Zur Conservirung der Hölzer sind die wichtigsten Mittel diejenigen, welche mit den in den Holzzellen enthaltenen Proteïnkörpern unveränderliche Verbindungen eingehen, da dieser Stoff allermeist das Ferment für die Verwesung der Cellulose ausmacht; zu diesen Mitteln gehören verschiedene Metallsalze, wie Eisenvitriol, Kupfervitriol, holzessigsaures Eisen, Kreosot, Gerbstoff und noch verschiedene andere Mittel; Chlorzink oder auch Theeröl und Carbolsäure, welche fäulnißwidrig wirken. Zum

Tränken des Holzes mit den Lösungen dieser Substanzen bedient man sich des Verfahrens von Boucheri oder des starken Druckes auf Flüssigkeiten, in welche man die Hölzer getaucht hat. Boucheri hat gezeigt, daß die Tränkung des Holzes in allen seinen Theilen viel vollständiger erzielt wird, wenn man die conservirende Flüssigkeit durch die lebendige Thätigkeit des Stammes selbst in diesem in folgender Weise sich ausbreiten läßt. Man befreit im Sommer einen Baum von seinen meisten Aesten, so daß nur die Zweige des Gipfels noch übrig sind; dann wird durch den Stamm nahe über dem Boden ein Loch gebohrt, und von diesem nach links und rechts gesägt, bis auf beiden Seiten nur ein etwa zolldickes Stück undurchsägt bleibt; hierauf umgiebt man den ganzen Schnitt, mit Ausnahme des Bohrloches, mit getheertem Tuche und verbindet das Bohrloch selbst mit dem Behälter, welcher die conservirende Flüssigkeit enthält. Diese wird, wenn sie eine vollständige Auflösung ist, schnell absorbirt, steigt rasch empor und verdrängt zugleich den natürlich im Stamme vorhandenen Saft; nach zehn Tagen ist der Stamm fast überall mit der conservirenden Flüssigkeit erfüllt. Ferner ist ein Verfahren von Payne zu erwähnen, das sogenannte Metallisiren des Holzes, wonach in die Poren des Holzes mittelst künstlichen Luftdruckes eine Lösung von Eisenvitriol oder anderen Salzen und dann eine weitere Flüssigkeit, welche auf erstere zerlegend wirkt, eingepreßt wird. Die Einführung der Lösungen in die Poren des Holzes wird dadurch bewerkstelligt, daß man die Luft aus demselben mittelst Dampf, dann vermittelst der Luftpumpe austreibt, und nachher die Lösungen mittelst eines Druckes von 110 bis 140 Pfund auf den Quadratzoll einpreßt. Es lassen sich auf diese Weise auch mehrere physikalische Eigenschaften der Hölzer, namentlich deren Färbung willkürlich und dauerhaft abändern. Nach Hatzfeld wird eine Tanninlösung, z. B. Kastanienextract, bereitet und in die Saftgefäße des Holzes eingelassen, dann das Holz mit einer Lösung eines Eisenoxydulsalzes oder holzessigsaurem Eisen behandelt; es entsteht lösliches gerbsaures Eisenoxydul, welches begierig Sauerstoff aus der Luft aufnimmt und sich in Oxydsalz verwandelt. Die Imprägnirung geschieht in geschlossenen Gefäßen unter sehr großem Luftdruck. Die Imprägnirung mit Zinksalzen gründet sich auf die Fähigkeit, unlösliche Verbindungen mit den Proteïnstoffen einzugehen, und haben eine hervorragende Bedeutung. Von den Zinksalzen besitzt nur allein das Chlorzink oder Zinkchlorid eine ausgedehntere Bedeutung als Conservationsmittel des Holzes. Man hat wohl mit dem schwefelsauren Zinkoxyd auch verschiedene Versuche bezüglich der conservirenden Eigenschaften gemacht, allein der höhere Preis desselben, sowie die mindere Geschmeidigkeit des Holzes bei diesem Verfahren konnten die Einführung nicht befürworten. Das Zinkchlorid hat vorzügliche fäulnißwidrige Eigenschaften, so daß es auch vielfach zur Erhaltung anatomischer Präparate verwendet wird; allein die Conservirung des Holzes hat bisher nicht den gewünschten Erfolg gehabt, weder mit kalten noch mit heißen Lösungen.

Büttner und Möhring haben ein Verfahren angewandt, wonach die Hölzer in kalte Zinklösung eingetragen werden, welche dann durch Einleiten von Dampf zur Siedhitze gebracht wird. Nachdem diese eingetreten ist, wird die Flüssigkeit durch fortgesetztes Einleiten von Dampf eine Stunde oder länger in der Siedhitze erhalten und die coagulirten Safttheile als Schaum oben abgeschöpft. Nachdem die Flüssigkeit bis 50 Grad C. abgekühlt ist, wird sie vom Holze abgelassen und das Holz getrocknet. Die Aufnahme von Zinkchlorid bei dieser Methode ist unbedeutend, weshalb sich dieselbe nicht bewährt und nicht empfohlen werden kann. Das Burnett'sche Imprägnirungssystem dagegen wendet Zinkchloridlösungen unter gleichzeitiger Anwendung von Hochdruck an; es ist dieses viel erfolgreicher und hat sich auch mehr verbreitet. Das Princip des pneumatischen Systems wurde von einem Franzosen namens Briant erfunden und Pagen führte es praktisch aus, indem er in verschlossene metallene Gefäße Hölzer brachte und mittelst einer Luftpumpe die Gefäße und die Hohlräume der darin aufgeschichteten Hölzer von der Luft möglichst befreite und dann unter hohem Drucke die Imprägnirungsflüssigkeit einströmen ließ, die alle Hohlräume des Holzes vollständig ausfüllt und auf diese

Weise eine möglichst vollständige Imprägnirung stattfindet. Die Imprägnirungsflüssigkeit bereitet man sich folgendermaßen: Man stellt sich eine 25procentige Auflösung von Zinkchlorid dar und nimmt dann auf 59 Theile Wasser 1 Theil dieser 25procentigen Zinkchloridlösung; concentrirtere Lösungen dringen nicht so gut in das Holz ein, auch leidet das Holz in seiner Substanz dadurch.

Der Imprägnirungsapparat nach System Burnett (Fig. 23) ist ein liegender Cylinder von Eisenblech von 1 Centi-

Fig. 23.

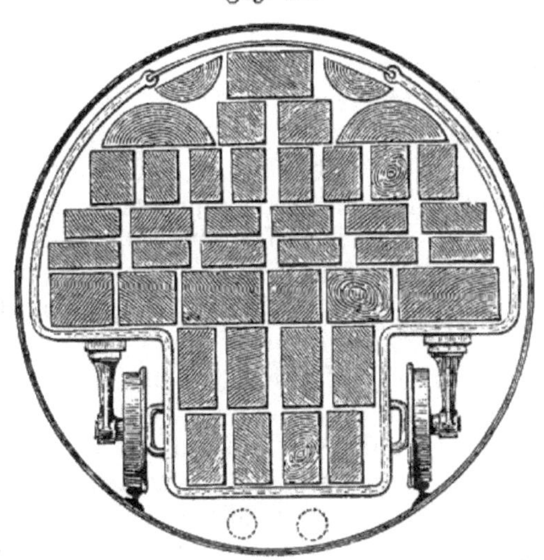

meter Stärke und beträgt die Länge 10 Meter, der Durchmesser circa 2 Meter. Die halbkugelige vordere ausgebauchte Wandung kann abgenommen werden und öffnet man auf diese Weise den Kessel. Die zu imprägnirenden Hölzer schichtet man auf einen auf Schienengeleisen laufenden Wagen, der in den Eisencylinder genau paßt, und bringt denselben in den Cylinder, worauf der vordere abgenommene Theil wieder an den Cylinder angeschoben und verschlossen wird. Das letztere wird durch einen zwischen die starken Flanschen des Verschlusses gelegten Ring aus gefettetem Hanf bewirkt, der durch starke Stahlschrauben fest und dicht angezogen wird.

Der Kessel besitzt einen Lufthahn, ein Sicherheitsventil, Wasserstandglas und Manometer und ist durch Röhren mit Dampfkessel, Luftpumpe, Druckpumpe und den Präparirgefäßen der Imprägnirungsflüssigkeit in Verbindung. Die vollständig hergerichteten und zugeschnittenen Hölzer kommen alsdann mitsammt dem Wagen in den Kessel und wird der Verschluß auf obige Weise bewirkt; hierauf nimmt man durch periodisches Oeffnen des Lufthahnes ein Dämpfen der Hölzer vor, was circa 3 Stunden dauert. Sobald die Hölzer die Siedhitze erreicht haben, fließt der Holzsaft bei einer Temperatur von 80 bis 90 Grad C. ab, entledigt den Imprägnirungskessel durch Oeffnen des Ablaßhahnes seines Ueberdruckes und beginnt alsdann mit der Luftpumpe so lange zu arbeiten, bis nach längerem Abstellen des Hahnes das Manometer des Kessels nicht unbedeutend steigt. Das Holz kann nicht plötzlich von Luft und Dampf befreit werden, sondern das Auspumpen muß bei Erreichung eines niederen Barometerdruckes einige Zeit fortgesetzt werden, da die Zwischenwandungen des Holzgewebes schwer durchdringbar sind. Die Zeitdauer ist verschieden, jedoch kann man durchschnittlich 1 Stunde annehmen. So lange noch die Luftpumpe in Thätigkeit sich befindet, öffnet man dann nach obigem Zeitraume 1 Stunde den Hahn der Röhre, die zu dem Reservoir der Imprägnirungsflüssigkeit führt, worauf die Flüssigkeit schnell eingezogen und der Kessel gefüllt wird; während dieser Zeit muß die Luftpumpe noch fortarbeiten. Die Druckpumpe arbeitet fort, bis der Druck im Kessel acht Atmosphären erreicht und die Flüssigkeit langsam das ganze Holz durchdrungen hat. Die Zeit der Imprägnirung dauert 2 bis 5 Stunden, auch oft noch länger, und kommt dabei wohl sehr viel auf die Qualität des Holzes selbst an; manches Holz, das poröser ist, wird schneller, ein dichteres viel längere Zeit zur Imprägnirung brauchen. Nach Abstellen des Druckes wird der Kessel von der Flüssigkeit entleert und der Wagen herausgefahren, das Holz getrocknet. Das Zinksalz geht bis in das Innerste des Holzes, und nimmt man an, daß Kiefernholz pro Schwelle durchschnittlich $1^1/_2$ Kilogramm nach dem Brunett'schen Verfahren aufnimmt. Im Allgemeinen können die praktischen Resultate des Burnett'schen Verfahrens als sehr gute bezeichnet werden, und beträgt der Preis pro Kubikmeter circa 2 bis 3 fl.

Außer den Zinksalzen hat auch noch der Kupfervitriol zur Imprägnirung Anwendung gefunden, da die Kupfersalze mit Proteïnstoffen leicht unlösliche Verbindungen eingehen. Die Anwendung des Kupfervitriols zur Imprägnirung von Holz wurde zuerst von Boucheri in Frankreich gemacht, welcher in den Jahren 1841 bis 1846 ein Patent darauf erhielt; derselbe erfand eine gute und brauchbare Methode, die Kupfersalze bis tief in das Innere des Holzes zu schaffen. Bei dem Boucheri'schen Systeme wird das Holz im frischen Zustande der Imprägnirung unterworfen, und ist es das Princip dieser Methode, den hydrostatischen Druck der Imprägnirungsflüssigkeit zu benützen, um den Holzsaft aus dem zu imprägnirenden Holze zu verdrängen und das Imprägnirungsmittel an dessen Stelle zu versetzen. Die zu imprägnirenden, noch mit der Rinde versehenen Stämme, die nur an den beiden Hirnenden gerade abgeschnitten sind, werden etwas schräge gelegt, an dem höheren Ende auf einfache Weise mit einer luftdichten Kappe versehen, in welche eine mit dem Reservoir der Imprägnirungsflüssigkeit in Verbindung stehende Röhrenleitung mündet. Die Reservoirs mit der Imprägnirungsflüssigkeit befinden sich auf einem Gerüste, circa 10 bis 12 Meter über den zu präparirenden Bäumen, wodurch ein Druck von wenigstens einer Atmosphäre ausgeübt werden kann. Durch den Druck beginnt sehr bald das Abfließen des Zellsaftes und dauert so lange fort, bis eine bläuliche Farbe des Saftes die durchdringende Imprägnirungsflüssigkeit anzeigt. Man läßt so lange abtropfen, bis die ganz concentrirte Flüssigkeit des Kupfervitriols erscheint; dann stellt man den weiteren Zufluß ab und die Imprägnirung ist vollendet. Was die Concentrirtheit der Lösung des Kupfervitriols anbelangt, so verwendet man am vortheilhaftesten eine 1procentige Lösung, die man sich dadurch herstellt, daß man den Kupfervitriol in geflochtenen Körben in das Wasser hängt. Zur Imprägnirung eignen sich vorzugsweise solche Hölzer, die im Winter gefällt worden sind, die weniger schleimige Substanz als die Sommerhölzer besitzen und in Folge dessen der Durchpressung der Imprägnirungsflüssigkeit weniger Widerstand entgegensetzen. Durch die Einwirkung der Luft wird das den Hirnflächen zunächst liegende Gewebe meist verändert, so daß es nothwendig ist, neue Sägeschnitte vor der Imprägnirung auszuführen. Bei der Imprägnirung werden die vorgerichteten Stämme in Reihen gelagert, mit der Kappe versehen und an den unteren Enden, wo der Saft ausfließen soll, Rinnen aufgestellt, die denselben in eigene Gefäße leiten. Man kann auf diese Weise die kupfervitriolhaltige Lauge sammeln und von neuem benützen. Die Boucheri'sche Methode leidet an einigen Uebelständen, worunter hauptsächlich die unvollkommene Durchdringung des ganzen Zellgewebes des Holzes hervorzuheben ist, da die Imprägnirungsflüssigkeit sich nur in den Gängen, wo der Holzsaft sich bewegt, Eingang verschafft und die übrigen Theile nicht so vollkommen durchdringt wie bei der Burnett'schen Methode. Die Boucheri'sche Methode eignet sich sehr gut für Telegraphenstangen und halbrunde Eisenbahnschwellen. Der Saftverlust des Holzes bis zum Eintritte der vollkommenen Sättigung mit der Imprägnirungsflüssigkeit ist ein nicht unbedeutender, aber auch bei den einzelnen Hölzern sehr verschieden. Beim Buchenholze kann man annehmen, daß das dreifache Volumen des Holzes von einer Flüssigkeit, die aus Holzsaft und Imprägnirungsflüssigkeit besteht, austritt, aber auch eine noch größere Menge eintritt. Die Gewichtszunahme pro Kubikmeter am Holze der

Tanne	beträgt	24	Kilogramm
Eiche	„	25	„
Kiefer	„	57	„
Buche	„	95	„

Schließlich werden hier noch kurz die übrigen Methoden der Imprägnirung des Holzes besprochen:

Die Imprägnirung mit Quecksilbersalzen, Quecksilbersublimat. Diese Methode ist eine der vorzüglichsten, wegen der fäulnißwidrigen Wirkung der Quecksilbersalze, kommt aber jedenfalls höher als die vorher besprochenen und ist auch wegen der giftigen Einwirkung der Quecksilbersalze auf die Gesundheit weniger zu empfehlen, obgleich bei vorsichtiger Handhabung dieser Methode dies umgangen werden kann.

Die Imprägnirung mit arseniger Säure ist wegen der außerordentlichen Giftigkeit des Stoffes unbedingt zu verwerfen, obgleich dieselbe billiger und sehr conservirend für das Holz ist.

Die Imprägnirung mit empyreumatischen Stoffen, worunter Holzessig, Carbolsäure, Kresol, Guajacol und Kreosol, ist bis jetzt wenig zur praktischen Ausführung gelangt bis auf das Bethell'sche Imprägnirungssystem, welches sich der Engländer Bethell im Jahre 1838 patentiren ließ und die Imprägnirung mit den schweren Theerölen ausgeführt wird.

1. Die Conservirung des Holzes bei der Erzeugung von wasserdichten Röhren und anderen Gegenständen.

Diese A. Algoever in Breslau patentirten wasserdichten Holzröhren unterscheiden sich dadurch von allen anderen Röhren, daß ihre Wandung nicht aus einem soliden Stücke besteht, sondern daß diese nach Art der Faßconstruction aus einzelnen Theilen daubenartig zusammengesetzt ist, die durch Umwickelung mit Eisendraht festgehalten werden.

Zur weiteren Beförderung der Wasserdichtheit ist jeder einzelne Theil durchwegs an einer Kante mit einer Nuth, an der anderen Kante dagegen mit einer der ersteren genau entsprechenden Feder versehen.

Zur Conservirung gegen Fäulniß werden die einzelnen Stäbe oder Theile verschiedener Imprägnirung unterworfen. Vor allem ist es Kieselsäure, die mittelst starken Druckes in die Poren des Holzes hineingetrieben wird; dieser Operation folgt in gleicher Weise eine eben solche Sättigung mit einer schwachen Lösung von Chlorcalcium und nachheriges Auswässern. Die unlöslich gewordene Kieselsäure bleibt im Holze und verhindert allen Beginn von dem Holze schädlichen

Vegetationen. Zu erwähnen ist noch, daß mit einer Auslaugung der Holztheile im abgehenden Dampfe der Dampfmaschine begonnen und so die Poren des Holzes zur Aufnahme der genannten Substanzen geeignet gemacht werden. Nachdem das Rohr ordentlich zusammengesetzt ist, erhält es noch einen inneren Ueberzug von Colophonium, dem etwas Leinöl oder Firniß beigemischt ist. Die äußere Seite des Rohres mit ihrer Drahtumhüllung wird zuletzt mit heißem Asphalt oder einer ähnlichen, demselben Zwecke entsprechenden Masse überzogen, über offenem Feuer geröstet und mit heißem reinen, ausgewaschenen Sand bestreut. Zu bemerken ist hier noch, daß ein sehr wasserdichter Ueberzug der Röhren auch mit einer Masse von Colophonium, Steinkohlenasphalt und feingesiebter Holzasche bewerkstelligt werden kann. Ein sehr guter Ueberzug für wasserdichte Holzröhren ist auch folgender:

Man schmilzt

10 Theile Colophonium, amerikanisches,
2 „ braunen Schellack,
1 Theil Leinölfirniß,
3 Theile ausgewaschenen Vogelleim

zusammen, rührt gut durcheinander und bestreicht die einzelnen Theile sehr sorgfältig damit. Dieser Kitt oder Masse trocknet schnell und hält sehr fest.

2. Ueber die Conservirung des Holzes gegen Einfluß der Witterung überhaupt.

Die Conservirung des Holzes gegen Einfluß der Witterung läßt sich nach Max Regensburg auch folgendermaßen ausführen:

Man bestreicht zunächst das möglichst entrindete Holz zweimal mit einer kochend heißen Lösung von 12 Neuloth verwitterter Soda in 1 Liter destillirtem oder Regenwasser, und zwar mit einer Pause von etwa 5 Minuten zwischen beiden Anstrichen. Hierauf nimmt man eine kochend heiße Lösung von 8 Neuloth möglichst feingepulvertem doppeltchromsauren Kali, 17 Neuloth gebranntem feingepulverten Alaun in 1 Liter destillirtem oder Regenwasser und streicht es zweimal mit Pausen von 7 Minuten an. Zuletzt bestreicht man mit einer kochend heißen Lösung von $^1/_{10}$ Liter Natronwasserglas in 1 Liter Regenwasser zweimal, indem man den zweiten Anstrich noch nach 3 bis 4 Minuten macht. Das Holz ist nach erfolgter Trocknung gegen die Wirkung der Witterung vollständig geschützt. Der Zweck des Verfahrens ist folgender: Die angewendete Sodalösung wirkt einerseits auf die im Holze befindlichen Stoffe, wie Gerbstoff, Harz u. s. w. lösend, andererseits auch erwärmend, so daß sich die Poren des Holzes erweitern und somit die nachfolgenden Salzlösungen besser in das Innere des Holzes eindringen können. Das doppeltchromsaure Kali ist für etwa eindringenwollende Insecten und Pilze giftig und hält sie zurück. Doppeltchromsaures Kali und Kalialaun bilden einen Niederschlag von chromsaurer Thonerde, der die Poren des Holzes verdichtet. Natronwasserglas wirkt ebenfalls zusammenziehend auf die Poren des Holzes und bildet mit den anderen Salzen ein Silicat, welches die Poren des Holzes noch mehr verdichtet. Das doppeltchromsaure Kali und Wasserglas wirken gleichsam versteinernd auf die Fasern des Holzes. Das Verfahren eignet sich hauptsächlich zur Imprägnirung von Eisenbahnschwellen, Telegraphenstangen, Einfriedungen und Ueberdachungen. Zu bemerken ist noch zu diesem Verfahren, daß man schon früher zum Anstriche von Holzwandungen und Holzschindeldächern u. s. w. mit Vortheil sich des Natronwasserglases bedient hat, und zwar als erster Anstrich an und für sich zur Erweichung der Holzporen und als zweiter Anstrich mit allerhand Farben, wie Zinkweiß, Bleiweiß, Ocker und Satinober, fein gerieben. Wird dies gut und namentlich bei trockener Witterung ausgeführt, so erhält das Holz einen sowohl vor Nässe, als auch Feuer schützenden Ueberzug. Hierbei verdienen noch zum Anstriche des Holzes mehrere Firnisse, die aus Harzöl erzeugt werden, erwähnt zu werden, welche für die Conservirung des Holzes auch wesentliche Dienste leisten. Man grundirt vorher mit einem Firniß ohne Farbenzusatz, damit nicht so viel Farbe gebraucht wird.

a) Ordinärer Firniß für Holz.

Man schmilzt bei gelindem Feuer in einem gußeisernen Kessel

100 Theile lichtes, amerikanisches Harz

und setzt der erkalteten Masse, die aber noch etwas flüssig sein muß,

200 Theile Terpentinöl oder Pinolin

zu und filtrirt den farbigen Firniß durch ein Tuch. Dieser Firniß trocknet sehr schnell und giebt einen schönen Glanz.

b) Feinerer Firniß für Holz.

Man schmilzt in einem gußeisernen Kessel

20 Theile lichtes, amerikanisches Colophonium,
2 „ Sandarak,
2 „ Copal,
2 „ Terpentin, dicken, und löst in
20 Theilen Pinolin und
20 „ Alkohol

(40 Procent) auf und filtrirt durch ein Tuch oder gezupfte Baumwolle. Dieser Firniß wird sehr fest und besitzt einen schönen Glanz.

c) Guter Firniß gegen Fäulniß des Holzes.

In einem gußeisernen Kessel schmilzt man 30 Theile lichtes amerikanisches Colophonium, giebt 2 Theile Kalkhydrat und 1 Theil gemahlene Curcumawurzel dazu, gießt die Masse auf eine Steinplatte und pulverisirt nach dem Erkalten, dann löst man das Pulver in

10 Theilen Pinolin
5 „ Codöl,
5 „ Terpentinöl,
5 „ Kautschuklösung

und giebt noch

10 Theile Aetznatronlauge,

8 Grad B. starke, dazu, mischt recht gut ab und filtrirt durch ein Metallsieb. Beim Anstriche muß diese Masse vorher immer recht gut umgeschüttelt werden. Die Lauge vermittelt

das bessere Eindringen des Firnisses überhaupt in die Poren des Holzes und setzt sich der Kalk in denselben fest und macht das Holz dichter. Schließlich sind noch die Anstriche mit rohem Kreosotöl und eingedampftem Steinkohlentheer zu erwähnen. Man verfährt dabei folgendermaßen: Das rohe Kreosotöl wird, etwas erwärmt, auf das trockene Holz einmal aufgetragen und wartet man so lange, bis das Holz wieder trocken ist, dann trägt man einen Firniß von 5 Theilen geschmolzenem amerikanischen Colophonium und 10 Theilen rohem Kreosotöl warm auf, der, wenn er erhärtet ist, dem Holze eine Art Politur ertheilt. Der Anstrich mit eingedampftem Steinkohlentheer geschieht ebenfalls zuerst warm, um das Holz zu imprägniren; ist dies vollendet, so giebt man dann einen Firniß von

10 Theilen amerikanischem Colophonium,
20 „ abgedampftem Steinkohlentheer,
10 „ Pinolin

dazu und überstreicht zweimal damit.

19. Ueber das Unverbrennlichmachen des Holzes.

Die Versuche, dem Holze seine Bauzwecken gefahrdrohendste Eigenschaft, die seiner Verbrennlichkeit oder wenigstens seiner Leichtentzündbarkeit, zu nehmen, stehen in so engem Zusammenhange mit den Imprägnirungsmethoden zu Zwecken der Fäulnißverhinderung, daß wir schon bei Behandlung dieser letzteren zuweilen auf jenes andere Bestreben hinzudeuten Gelegenheit hatten. Selbstverständlich suchte man, wenn irgend möglich, beide Zwecke auf einmal zu erreichen, und mit der erhöhten Dauer auch eine erhöhte Widerstandskraft gegen Feuer zu bewirken. Vor allem waren es dem Payne'schen Verfahren ähnliche Methoden, bei denen zugleich dieser Nebenzweck erreicht werden sollte, nur schade, daß dies Verfahren mehr eine schöne Theorie geblieben und niemals zu einer erfolgreichen praktischen Ausführung gelangt ist. Das Princip dieser Methode bestand, wie früher erörtert, darin, nacheinander zwei Mineralsubstanzen dem Holze einzuverleiben, die im Holze einen unlöslichen Niederschlag bilden und so gleichsam das Holz vererzen oder versteinern sollten. Wir haben am angeführten Orte schon vom Scheitern derartiger Hoffnungen berichtet und auch die Gründe angeführt, warum die Versuche von keinem Erfolge gekrönt werden konnten.

Andere Methoden, welche die Unverbrennlichkeit vorzugsweise oder ausschließlich im Auge haben, bestehen im Versehen des Holzes mit Anstrichen, die das Feuerfangen verhüten sollen. So werden namentlich Anstriche von Wasserglas empfohlen, die dem Holze eine mineralische Oberfläche geben und die Entzündbarkeit bis zu einem gewissen Grade herabmindern. Wird natürlich die Erhitzung des betreffenden Holzstückes so weit getrieben, daß die brennbaren Gase der trockenen Destillation die oberflächliche Kruste durchbrechen, so hat dieser Schutz ein Ende.

Andere zum gleichen Zwecke empfohlene Anstriche enthalten Chlorcalcium, so eine Tünche, die aus Chlorcalcium und Kalkbrei besteht. Die Wirkung des Chlorcalcium ist theilweise die, daß dieses Salz durch seine hygroskopische Beschaffenheit das Holz feucht erhält (ohne deshalb zur Fäulniß zu disponiren), und so dessen Entzündlichkeit herabmindert. Allein die Wirkung des Chlorcalcium ist eine noch weitergehende, wie am besten aus dem Verhalten von mit diesem Salze imprägnirtem Papiere hervorgeht. Das schon bei verhältnißmäßig niedrigen Temperaturen schmelzende Salz umhüllt die hocherhitzten organischen Theilchen so wirksam, daß die brennbaren Gase wenigstens eine Zeit lang nicht hindurchzudringen vermögen. So ungefähr wird man sich wenigstens die Wirkungsweise zu denken haben. In der That ist der Schutz, den ein solcher Anstrich zu gewähren vermag, ein recht auffälliger; natürlich hat aber auch er seine Grenze und die Entzündlichkeit kann nur für den ersten Anfang vermindert, nicht aber die Verbrennlichkeit ganz aufgehoben werden.

Auch das Imprägniren von Boraxlösung, von dem wir früher gesprochen haben, soll die Entzündlichkeit des Holzes sehr herabmindern. Die Wirkungsweise ist auch hier eine umhüllende.

20. Die Beizen für Holz.

1. Chemische Beizen für Holz.

Die Mängel der Holzbeizen beruhen nach G. F. Reisenbichler auf ihrem Gehalte an vegetabilischen Bestandtheilen, die leicht bleich- und veränderbar sind. Dies sei nur durch chemische Beizen zu vermeiden, welche durch Zersetzen der Holzoberfläche den Kohlenstoff bloßlegen. Als bestes Mittel schlägt Reisenbichler die Schwefelsäure, das Jod und Salpetersäure vor. Die Schwefelsäurebeize wird mittelst Pinsels auf das vorher mit Wasser benetzte und gut abgetrocknete Holz aufgetragen. Je nach dem Concentrationsgrade der Säure entsteht eine hellere und dunklere Beize; hat die Säure genügend gewirkt oder ist die Beizfarbe so wie man sie wünscht, so hebt man durch Anstreichen der gebeizten Stellen mit Ammoniak die Wirkungen der überschüssigen Schwefelsäure auf. Durch Jodtinctur ist ebenfalls eine chemische Beize von schöner brauner Färbung möglich, doch ist dieselbe nur dann dauerhaft, wenn sie durch eine dicke Politur von der Luft abgeschlossen wird. Bei Anwendung von Salpetersäure erzielt man eine echte gelbe Beize, welche durch darauf folgende Jodbeize in das schönste Tiefbraun übergeführt werden kann.

2. Schwarzbeize für Holz.

Man kocht 250 Gramm Blauholz mit 1 bis 1·25 Liter Wasser aus, setzt der Abkochung 30 bis 35 Gramm Kupfervitriol hinzu, läßt, nachdem diese gelöst, absetzen und gießt die klare Flüssigkeit in ein Gefäß von entsprechender Form. In dieses noch heiße oder neuerdings erhitzte Bad bringt man das zu färbende Holz, läßt es 24 Stunden lang darin verweilen und setzt es dann in ein zweites heißes Bad von salpetersaurem Eisen von 4 Grad B. Sollte nach dem Herausnehmen aus dem letzteren ein schönes Schwarz noch nicht entstanden sein, so hat man das Holz nur noch einige Stunden in das Blauholzbad zurückzubringen, worauf ein schönes Schwarz in gewünschter Tiefe erscheinen wird.

3. Schwarzbeize für Fourniere.

Man kocht die rohen Fourniere in einer ungefähr 8 bis 10procentigen Aetznatronlauge $^1/_2$ Stunde lang und läßt sie dann noch 24 Stunden hindurch in dieser Lauge liegen, worauf man sie durch wiederholtes gründliches Auswaschen erst mit heißem, dann mit lauwarmem Wasser von anhängendem Natron befreit und nun in eine heiße, concentrirte Blauholzabkochung 1 Theil Holz auf 3 Theile Wasser bringt, in welcher sie 24 Stunden bleiben. Hierauf läßt man sie etwas abtrocknen und taucht sie nun in eine etwa 40 bis 45 Grad C. warme Lösung von 1 Theil Eisenvitriol in 30 Theilen Wasser, in welcher man sie wiederum 24 Stunden verweilen läßt. Durch diese Behandlung werden die Fourniere durch und durch in ihrer ganzen Dicke sehr schön ebenholzschwarz gefärbt. Man wäscht sie nochmals tüchtig ab und legt sie, da sie in Folge der Einwirkung des Natrons auf den Holzstoff biegsam wie Leder geworden sind, zum Trocknen zwischen Blätter von starker Pappe, worauf man sie mit dieser unter eine Presse bringt. Die auf diese Weise gefärbten Fourniere übertreffen an Tiefe ihres Schwarzes die besten Pariser Producte.

4. Schwarzbeize für Eichenholz.

Man läßt die zugerichteten Eichenstücke 48 Stunden lang in einer in der Wärme gesättigten Lösung von Alaun liegen, nimmt sie dann aus diesem Bade heraus und bestreicht sie wiederholt mit einer Blauholzabkochung, welche auf nachstehende Weise bereitet wird: Man kocht 1 Theil bestes Blauholz mit 10 Theilen Wasser tüchtig aus, filtrirt die Flüssigkeit durch Leinwand oder Colirtuch, dampft sie über langsamem Feuer auf die Hälfte ihres ursprünglichen Volumens ein und versetzt je 1 Liter dieses Bades mit 10 bis 15 Tropfen einer gesättigten Auflösung von Indigocarmin. Nach wiederholtem Bestreichen der im Alaunbade vorgebeizten Stücke mit dieser Flüssigkeit reibt man das Holz mit einer gesättigten und filtrirten Auflösung von Grünspan in heißem, starkem Essig ein und wiederholt dies, bis das hervorgerufene

Schwarz die gewünschte Tiefe erreicht hat. Die auf diese Weise erzeugte Farbe steht der des echten Ebenholzes nicht nach.

5. Farbige Verzierungen auf Holz.

Man behandelt Holzplatten mit Salzsäure und macht dadurch die Oberfläche des Holzes pastös. Hierauf werden mit einer gravirten Platte und mit starker Pressung die Figuren eingepreßt und dann mittelst Bimsstein die ganze Platte abgeschliffen. Wird die Holzfläche darauf mit einer Farblösung überzogen, so entsteht eine sehr schöne Zeichnung, weil die gepreßten Stellen dichter geworden sind, daher weniger von der Farbe aufzunehmen im Stande sind, und in Folge dessen einen lichteren Ton zeigen als die gepreßten Stellen.

6. Hölzer zu färben und mit Geruch anderer Hölzer zu versehen.

Zwei Kessel stehen durch ein Rohr in Verbindung miteinander, ersteres enthält Alkohol, der durch Wasserdampf erhitzt wird, der zweite die färbenden oder riechend zu machenden Holzgegenstände. Durch Einlassen von Alkoholdämpfen in den zweiten Kessel werden dieselben durch Druck in das Holz getrieben und wirken so 1 Stunde, worauf durch Wasser die Dämpfe condensirt und in den ersten Kessel zurückgeführt werden. Flüssigkeit und Luft werden aus dem Kessel möglichst ausgepumpt und durch ätherische Oele oder Stoffe, deren Geruch dem Holze ertheilt werden soll, ersetzt. Auch diese dringen durch Druck in das Holz, bleiben 12 Stunden in der Wirkung, worauf durch Aussaugen der Luft das Holz getrocknet wird.

Dem eigentlichen Färben des Holzes geht zweckmäßig ein Bleichen desselben voran. Man legt zu diesem Zwecke das Holz in eine Lauge von 30 Gramm Chlorkalk und 5 Gramm krystallisirte Soda, welche in 50 Dekagramm Wasser aufgelöst werden. Die filtrirte Lauge läßt man circa 50 Minuten mit dem Holze in Berührung, nimmt dann das Holz heraus und wäscht mit warmem Wasser aus. Das Auswaschen muß sehr gut ausgeführt werden, damit nicht Reste von Chlorsalzen in dem Holze verbleiben und bei der Färbung nachtheilig auf die Farbe selbst einwirken. Das Färben des Holzes geschieht ganz einfach durch Einlegen des Holzes in die Farbstofflösung selbst. Die Dauer der Einwirkung der Farbstofflösung auf das Holz selbst richtet sich nach der Art des Holzes, manches Holz braucht eine kurze, anderes eine längere Einwirkung.

Braune Farbe des Holzes.

Das Holz wird früher in eine 1½procentige Auflösung von Marseillerseife gelegt und bleibt darin einige Stunden, dann spült man mit warmem Wasser ab, bringt es in eine Beize von chromsaurem Kali, worin es ebenfalls 2 bis 3 Stunden bleibt, und legt es schließlich in eine Abkochung von Roth-, Blau- und Gelbholz, je nach der Nuance, die man geben will.

Die Abkochung der Hölzer besteht aus:

Rothholz	5 Theile,	
Blauholz	3 "	
Gelbholz	4 "	in
Wasser	20 "	

und wird 1 Stunde lang gekocht.

Rothe Farbe. Hochroth.

Das Holz wird zuerst wie oben in eine 1½procentige Seifenlösung gebracht, bleibt einige Stunden darin, dann wird es mit heißem Wasser gewaschen und in folgende Abkochung gelegt:

Cochenille, fein gemahlen . .	1 Theil
Wasser	25 Theile.

Nach dreistündigem Verweilen des Holzes in dieser Abkochung wird es herausgenommen und getrocknet, schließlich mit verdünnter Chlorzinklösung, der 1 Procent Weinstein zugesetzt wurde, überstrichen.

Violettroth.

Das Holz kommt zuerst in die 1½procentige Seifenlösung, bleibt 2 Stunden darin, wird dann mit Wasser gewaschen und getrocknet, dann mit einer Auflösung von Anilinroth (1 Theil Anilinroth, 2 Theile Spiritus und 60 Theile heißes Wasser) bestrichen, getrocknet und hierauf in einer heißen Auflösung von 1 Theil Alaun und 70 Theilen Wasser aufgekocht und dann getrocknet.

Violette Farbe des Holzes.

Man stellt sich eine Mischung von 250 Gramm Baumöl und 200 Gramm calcinirter Soda in 5 Liter Wasser her, legt das Holz einige Stunden hinein, spült mit heißem Wasser gut ab, trocknet das Holz und färbt es dann mit Anilinviolett (1 Theil Anilinviolett, 2 Theile Spiritus und 60 Theile heißes Wasser). Schließlich kommt das Holz in eine schwache Lauge von 1 Theil Zinnsalz und 100 Theilen heißem Wasser und wird dann getrocknet.

Grüne Farbe des Holzes.

Das Holz wird zuerst mit einer Beize behandelt, die aus einer Lösung von 4 Theilen Bleizucker, 16 Theilen eisenfreiem Alaun und $^1/_4$ Theil Soda besteht. Die vom schwefelsauren Bleioxyd abfiltrirte Lauge, welche essigsaure Thonerde enthält, wird auf 1 Grad B. verdünnt und das Holz einige Stunden darin gelassen, dann herausgenommen, abgewaschen und in eine $1^1/_2$procentige Seifenlösung gebracht, ebenfalls 2 Stunden darin gelassen und hierauf gewaschen und getrocknet. Die Färbung kann dann auf zweierlei Weise vorgenommen werden:

1. Man bringt das Holz in eine Auflösungvon 1 Theil Pikrinsäure in 60 Theilen Wasser, läßt es eine halbe Stunde darin, dann giebt man es in eine Auflösung von 1 Theil Indigocarmin in 50 Theilen Wasser und läßt es $^1/_4$ Stunde darin, wäscht gut mit heißem Wasser aus und trocknet.

2. Das Holz wird mit einer Abkochung von Quercitron und Kreuzbeeren behandelt, dann in eine dünne Auflösung von Indigocarmin gebracht.

Graue Farbe des Holzes.

Man bereitet sich eine Auflösung von 250 Gramm Oelseife in 3 bis 4 Liter Wasser, bringt das Holz vorher einige Stunden hinein, nimmt es dann heraus, wäscht und trocknet dasselbe; hierauf kommt es in ein Bad von salpetersaurem Eisenoxyd von 1 Grad B. Stärke, wodurch es gelblich gefärbt wird, nach dem Auswaschen in eine verdünnte Lauge von Potasche (1 Theil Potasche und 80 Theile Wasser) und schließlich in eine schwache Lösung von Indigocarmin (1 Theil Indigocarmin, 90 Theile Wasser), wodurch es einen blaugrünen Ton erhält. Durch Zusatz von einer Abkochung von Gallus kann man ein mehr dunkleres Grau erhalten. Die Lösung muß aber sehr verdünnt sein.

Blaue Farbe des Holzes.

Das Holz wird zuerst in ein Bad von essigsaurer Thonerde, 1 Grad B. stark, gebracht, bleibt einige Stunden darin, wird dann gewaschen und kommt in ein Seifenbad und schließlich in ein Bad von

Anilinblau	2	Theile
Spiritus	4	"
Wasser	80	"

oder

Indigocarmin	4	"
Wasser	50	"

Schwarze Farbe für Holz.

Man kocht 250 Gramm Blauholz und 50 Gramm grobgestoßene aleppische Galläpfel mit 4 Liter Wasser, seiht die Lösung durch und setzt 70 Gramm Kupfervitriol zu, giebt das Holz in diese Mischung hinein und läßt es 24 Stunden darin, dann nimmt man es heraus, trocknet es und legt es alsdann in eine Lösung von salpetersaurem Eisen von 4 Grad B. Durch wiederholtes Einlegen des Holzes in die Blauholzabkochung und in die Lösung von salpetersaurem Eisen kann die Schwärze der Farbe noch erhöht werden.

Farbe für Mahagoniholz.

Diese Farbe wird ohne eigentliche Beize des Holzes aufgetragen und bereitet man sich die Farbe dadurch, daß man zu einem aus Bleiglätte dargestellten Leinölfirniß

Engelroth und Drachenblut fein gerieben giebt. Mit der so hergestellten rothen Färbemasse wird während des Abschleifens einer Holzfläche diese letztere fortwährend feucht erhalten. Beim zuletzt erfolgenden Feinschliff wird die Färbemasse noch mit feinem Ziegelmehle und weiß präparirtem Hirschhorne versetzt. Die so erzielte Farbe soll gleichzeitig vor dem Wurmfraß schützen.

21. Hölzer plastisch zu machen.

Durch Behandlung mit Salzsäure kann das Holz in seinen Eigenschaften wesentlich verändert werden und verliert dasselbe dadurch seine Elasticität. Dasselbe kann dann auch auf einen kleinen Bruchtheil seines ursprünglichen Volumens zusammengepreßt werden und ist man im Stande, demselben beliebige Formen zu geben. Das so behandelte Holz verliert fast seine ursprünglichen Structurverhältnisse und auch die leichtere Spaltungsfähigkeit.

In diesem Zustande nimmt das Holz auch viel leichter Farbstoffe auf und läßt sich für verschiedene technische Zwecke verwenden. Das Verfahren besteht darin, daß man rohe, unbehauene Stämme mit der einen Hirnfläche mittelst einer Platte, welche gegen einen elastischen Ring angedrückt wird, mit einem Röhrensystem luftdicht in Verbindung setzt. Diese Röhren stehen wieder ihrerseits mit einem Gefäße, welches die salzsäurehältige Imprägnirungsflüssigkeit enthält, in Communication. Die Flüssigkeit wird mit einem Drucke von 1 bis 2 Atmosphären, durch eine Compressionspumpe erzeugt und in das Holz eingepreßt. Die Dauer einer solchen Imprägnirung mit einer verdünnten Salzsäure dauert 8 bis 10 Tage, ist aber verschieden, je nach dem Grade der Verdünnung. Nachdem die Salzsäure abgestellt ist, beginnt das Auswaschen derselben aus dem Holze durch Wasser, was in einer ganz ähnlichen Manipulation besteht. Diese Auswaschung wird 3 bis 4 Tage lang fortgesetzt. Durch diese Behandlung läßt sich das Holz leicht schneiden und ist namentlich für Bildhauerarbeiten sehr geeignet.

Dritter Abschnitt.

I.

Die trockene Destillation des Holzes.

Die trockene Destillation des Holzes beginnt bei einer Temperatur von 100 bis 130 Grad C., wo im Anfange nur Wasser überdestillirt, setzt sich bei einer Temperatur über 145 bis 150 Grad fort und steigert sich bis auf 500 Grad. Die Destillationsproducte sind Wasser, Holzessig, Holzgeist und Theer, sowie verschiedene gasförmige Producte, während Holzkohle zurückbleibt. Je schneller die Temperatur gesteigert wird, desto mehr essigsaure Producte bilden sich, und müssen dieselben schnell aus der Retorte entfernt werden, damit sie keiner weiteren Zersetzung unterliegen; es hängt jedoch sehr viel von der Holzgattung ab, da Laubhölzer mehr essigsaure Producte und Nadelhölzer weniger, aber mehr Theer geben. Das Holz kann entweder in gußeisernen, schmiedeeisernen, Chamotte- oder gemauerten Retorten der trockenen Destillation unterworfen werden; auch geschieht die Verkohlung in Meilern bei unvollständigem Luftzutritte. Bei der trockenen Destillation des Holzes in Retorten bilden sich mehr gasförmige, flüssige und auch feste Producte, während bei der Meilerverkohlung ein großer Theil der gasförmigen und flüssigen Producte verloren geht und man selbst eine geringere Ausbeute an festen Producten erhält. Die Zersetzungsproducte der Verkohlung des Holzes sind wie die aller anderen Körper, je nach der angewendeten Temperatur, quantitativ und qualitativ sehr verschieden. Es entwickeln sich außer Wasser, Holzgeist, Holzessig, Theer, Brandöle, noch gasförmige Producte, wie Kohlenoxydgas, Kohlensäure, Wasserstoffgas, Methylwasserstoff, Elayl, Acetylen, dann flüssige und feste Producte, wie Benzol, Phenol, Naphtalin und Paraffin, sowie verschiedene andere Körper, während die reine Holzkohle zurückbleibt. Je höher die Temperatur gesteigert wird, desto mehr gasförmige Producte bilden sich, und ist die Destillation bei eintretender Rothglühhitze meist beendet. Bei einer langsamen Zersetzung des Holzes wird mehr Kohle, Kohlenwasserstoff und Kohlensäure erzeugt, aber es bilden sich weniger essigsaure Producte als bei einer schnell gesteigerten Temperatur. Nach der Art des Holzes sind die Producte auch sehr verschieden, obgleich die Holzfaser in allen Holzarten ziemlich gleich ist, so müssen die Nebenbestandtheile, wie Harze und Gummi, verschiedene Destillationsproducte erzeugen. Man bedient sich zur trockenen Destillation des Holzes hauptsächlich geschlossener Destillationsgefäße mit Heizung von außen. Es wird die französische Trommel, ein Cylinder von starkem Eisenblech, 3 bis 4 Fuß im Durchmesser und 6 bis 8 Fuß oder 2·5 Meter Höhe angewandt, welcher mittelst eines Krahnes in einen dazu passenden Ofen derart stehend eingesetzt wird, daß die in einem besonderen Feuerraume erzeugte Flamme durch Zuglöcher in der Wölbung zuerst unter den Cylinder tritt und ihn dann bis oben mittelst eines gewundenen Zuges umspült. Für je einen Ofen sind mindestens 2 Trommeln nothwendig, damit man die eine abkühlen lassen und wieder von neuem beschicken kann, während die andere im Abtreiben ist.

Das Einsetzen des gut getrockneten Holzes muß mit möglichster Vermeidung aller Zwischenräume geschehen, worauf der als Deckel eingerichtete obere Boden aufgesetzt und mittelst Schließen befestigt und gut verstrichen wird. Ein kurzer, wenige Zoll unter diesem Deckel angebrachter Hals leitet die während der Operation sich entwickelnden Producte durch einen daran gepaßten Vorstoß in den Kühlapparat, der gewöhnlich aus eisernen, durch fließendes Wasser kalt erhaltenen Röhren besteht.

Die Producte der trockenen Destillation des Holzes werden in folgende Gruppen eingetheilt:

1. Leuchtgas.

Elayl . . . . $C_2 H_4$,
Benzol . . . . $C_6 H_6$,
Kohlenoxydgas . . . . . CO,
Kohlensäure . . . . CO_2,
Methylwasserstoff . . . . $C H_4$,
Wasserstoffgas . . . . . H_2.

2. Holzessig.

Essigsäure . . . . $C_2 H_4 O_2$,
Aceton . . . . $C_3 H_6 O$,
Holzgeist . . . . $C H_4 O$,
Phenole,
Guajacolle,
Brandharze.

3. Theer.

Benzol . . . . $C_6 H_6$,
Naphtalin . . . . . $C_{10} H_8$,
Paraffin . . . . $C_{20} H_{42}$,
Phenole . . . . $C_6 H_6 O$.
Carbolsäure,
Guajacolle } . . . Oxyphensäure
Brandharze } . . . Kreosote.

4. Holzkohle.

Kohlenstoff,
hygroskopisches Wasser,
Asche.

Nach Wagner liefert das Holz bei der trockenen Destillation folgende Producte.

1. Leuchtgas.

Acetylen . . . . $C_2 H_2$,
Elayl . . . . $C_2 H_4$,

Benzol . . . . $C_6 H_6$,
Naphtalin . . . . $C_{10} H_8$,
Kohlenoxyd . . . . CO,
Kohlensäure . . . . CO_2,
Methylwasserstoff . . . . . $C H_4$,
Wasserstoffgas . . . . H_2.

2. Holzessig.

Essigsäure . . . . $C_2 H_4 O_2$,
Propionsäure . . . . $C_3 H_6 O_2$,
Aceton . . . . $C_3 H_6 O$,
Holzgeist . . . . $C H_4 O$.

3. Theer.

Benzol . . . . $C_6 H_6$,
Naphtalin . . . . $C_{10} H_8$,
Paraffin . . . . $C_{20} H_{42}$,
Reten,
Carbolsäure . . . . $C_6 H_6 O$,
Oxyphensäure,
Kressylsäure . . . . $C_7 H_8 O$,
Phlorylsäure . . . . $C_8 H_{10} O$,
Brandharze,
Kreosot.

4. Kohle.

Holzkohle,
Kohlenstoff,
Asche.

Nach anderen Anschauungen enthält das Holztheer folgende Producte:

Flüssige Producte im Holztheer.

1. Iridol, noch nicht näher analysirt,
2. Citriol ″ ″ ″ ″
3. Rubidol ″ ″ ″ ″
4. Coridol ″ ″ ″ ″
5. Benzidol ″ ″ ″ ″

6. Benzol $C_6 H_6$,
7. Toluol $C_7 H_8$,
8. Xylol $C_8 H_{10}$,
9. Cumol $C_9 H_{12}$,
10. Eupion nach Reichenbach $C_5 H_{12}$,
11. Kapnamor } nach Reichenbach,
12. Picamar }
13. Kreosot }
14. Xylit }
15. Mesit nach Schweitzer.

Feste Producte im Holztheer.

1. Paraffin $C_{20} H_{42}$,
2. Naphtalin $C_{10} H_8$,
3. Paranaphtalin,
4. Pyren $C_{16} H_{10}$,
5. Chrysen $C_{18} H_{12}$,
6. Reten,
7. Pittakall,
8. Cedriret,
9. Pyroxantogen,
10. Brandharze,
11. Colophonium,
12. Kohlenstoff.

1. Ueber die Verkohlung des Holzes in Meilern.

a) Die gewöhnlichen Meiler.

Die Verkohlung des Holzes in Meilern läßt sich als die theilweise Verbrennung desselben unter einer nachgebenden, beweglichen Decke bezeichnen, durch welche dem Arbeiter ein Mittel geboten ist, den Zutritt der atmosphärischen Luft zu hindern, wenn der Proceß zu weit vorgeschritten ist, da bei einer Fortsetzung desselben der Kohlenstoff gänzlich verbrannt werden würde. Der zu verkohlende Holzstoß (der Meiler) bietet in seiner Aufstellung je nach hergebrachten Regeln und örtlichen Verhältnissen verschiedene Formen der Schichtungsweisen; die Anlage geschieht aber immer um eine Art Achse oder Quandel, welche meist durch einen starken, in der Mitte stehenden Pfahl repräsentirt wird. Um die Achse herum schichtet man leicht entzündliches Holz, am besten solches, welches bei einer früheren Operation nicht vollständig verkohlt worden war, und umgiebt dieses nun mit größeren Holzscheiten in der Weise, daß alle Zwischenräume möglichst vermieden werden. Obenauf wird der Meiler mit Stockholz und Holzabfällen aller Art bedeckt und dadurch flach abgerundet. Die Bedeckung nennt man die Haube, auf welche, nachdem sowohl sie, als die Seitenwände mit Rasen, Moos und Laubwerk ausgefüllt und bekleidet worden sind, eine 5 Centimeter dicke Lage von feuchter Lösche, d. h. pulveriger Knochenabfall, Sand oder Erde aufgebracht wird. Die erste Decke von Rasen endigt man in einem Abstande von 10 bis 12 Centimeter von der Basis des Meilers, wo man sie auf Zweigen, die mit Gabeln gegen das Holz gespreizt werden, der sogenannten Rüstung, ruhen läßt, um hier die nach dem Entzünden des Meilers sich entwickelnden Dämpfe im Anfange der Operation entweichen zu lassen, weil eine Ableitung derselben in der Richtung der Achse einen zu starken Zug und eine zu heftige Verbrennung verursachen würde. Zum Beginne der Operation führt man an der Achse oder in der Feuergasse glühende Kohlen ein und beginnt mit der Entzündung des Holzes, das Abbähen oder das Austreiben der in dem Holze befindlichen Feuchtigkeit, die bei unvorsichtiger Leitung eine jähe Dampfentwickelung und sogar Explosionen herbeiführen kann. Der anfangs gelbliche, graue, dicke Qualm, der sich zum Theile in der Decke concentrirt, sie schwitzen macht, theils sich träge fortwälzt, wird nach und nach flüchtiger, durchsichtiger und rein grau; um diesen Zeitpunkt umgiebt man die Rüstung mit einer Decke und füllt den Meiler, d. h. die durch Verbrennen des Holzes entstandenen kleinen Höhlungen. Zu diesem Zwecke wird in jener Gegend die Haube von der Decke entfernt, das Holz im Inneren mit eisernen Stangen zusammengestoßen und die Vertiefung mit frischem Holz oder Kohlenbränden ausgefüllt und die Decke wieder geschlossen. Hierauf beginnt das Treiben, die eigentliche Verkohlung des Holzes, indem durch Verbrennen eines kleinen Theiles desselben das Uebrige der trockenen Destillation unterworfen wird. Dieser Proceß hält mehrere Tage an und hat der Kohlenbrenner dabei auf guten Abzug der Theerdämpfe durch die am Boden eingestoßenen Löcher, die Fußräume zu achten, sowie darauf, daß die nach und nach einsinkende Decke nicht Risse oder Oeffnungen bekommt, welche einen stärkeren Zug und ein Verbrennen der Kohlen zur Folge haben würde. Um aber die Verkohlung auch auf die dicht unter der Decke liegenden Holzschichten auszudehnen, die wegen der größeren Abkühlung durch die Oberfläche nicht vollständig verkohlen würden, ist es gegen das Ende der Operation nöthig, rings um den Meiler, etwas unterhalb der Haube, Zuglöcher einzustoßen; nimmt der hier entweichende, anfangs dicke Qualm eine durchsichtige graue Färbung an, so müssen diese Löcher sofort wieder zugeworfen werden, worauf dasselbe Verfahren, das Zubrennen genannt, einige Fuß tiefer, und wenn es die Größe des Meilers nothwendig macht, auch ein drittesmal abermals einige Fuß tiefer wiederholt wird, bis endlich an den Fußräumen statt des Rauches die helle Flamme hervorbricht, worauf auch die letzteren zugedeckt werden. Der nun unter geschlossener Decke stehende Meiler wird bald darauf gezogen oder seiner Kohlen entleert, da ein völliges Abkühlenlassen zu viel Zeit erfordert. Um hierbei durch den Luftzutritt den möglichst geringen Verlust zu haben, werden die Kohlen in kleineren Partien herausgezogen und die Decke sofort wieder hergestellt, bis die gezogenen Kohlen gelöscht sind, was entweder durch Bespritzen mit Wasser oder durch Bedecken mit feuchtem Sand oder Kohlenlösche geschieht. Was die Größe der Meiler betrifft, so ist dieselbe sehr verschieden und haben solche von größeren Dimensionen bis zu einem gewissen Grade den unbestrittenen Vortheil wegen geringer Abkühlung, regelrechten Ganges und Ersparung an Arbeitslohn. Die Zeit des Abtreibens wechselt je nach der Größe des Meilers 1 bis 4 Wochen.

b) Die Verkohlung in Haufen.

Die Verkohlung in Haufen findet in ähnlicher Weise wie bei dem gewöhnlichen Meiler statt. Der Meiler ist hierbei durch einen 10 bis 12 Meter langen Haufen ersetzt, dessen hinteres Ende 2 bis 3 Meter Höhe, das vordere nur $^3/_4$ Meter hat. Die Verkohlung schreitet von vorn nach hinten fort, was durch Aufstoßen und Zuwerfen der seitlich angebrachten Zuglöcher erreicht wird, je nachdem die Verkohlung weiter vorrückt. Ein Hauptvortheil liegt darin, daß die Kohlen im anderen Theile des Haufens bereits abkühlen, während der hintere Theil noch treibt. Bei der Verkohlung in gewöhnlichen Meilern und Haufen gehen alle flüchtigen Producte, wie Theer und Holzessig, gänzlich verloren, außer man errichtet den Meiler über eine gemauerte Grube und bedeckt diese mit durchlöcherten Eisenblechen, um den Theer und auch einen Theil des Holzessigs mitzugewinnen.

c) Die Meilerverkohlung in Mähren.

Die Meilerverkohlung in Mähren wird nach zuletzt besprochener Weise ausgeführt. Es kommen nämlich in dem östlichen Theile von Mähren größere Kiefernwaldungen vor, die man nach und nach abtreibt und die Kieferwurzelstöcke durch Ausrodung gewinnt; dieselben werden einfach über das Kreuz gespalten, um das Kien- und Splintholz zu gewinnen, während der erhaltene Boden in Ackerland umgewandelt wird. Für das Spalten der Stöcke zahlt man 50 bis 75, für das Kienausspalten 75 kr. pro Meter, für das abfallende Splintholz 20 kr. pro Meter; das Sortiren der Kien- und Splintspäne wird dagegen im Taglohn gezahlt. Das gewonnene Splintholz wird meist für Ziegelbrennereien zu dem Selbstkostenpreis per 1 fl. 25 kr. pro Meter verwendet, während das Kienholz in Meilern verkohlt wird. Die Anlage der Meiler geschieht auf gemauertem Untergrunde mit Canälen, um die flüssigen Producte in besonderen Gruben auffangen zu können. Bei einem Brande werden meist 14 bis 16 Meter Kienholz, exclusive Kienspäne und circa 2 Meter Splintholz consumirt, ungerechnet das kleine Astholz und die Kiefernadeln, die man in die angelegten Feuercanäle zur schnelleren Entzündung bringt, und stellen sich die erhaltenen Mengen an Kohle und Theer wie folgt:

			Meter Kienholz		Kilogr. Kohle		Kilogr. Theer
1. Ofen	1.	Brand mit	16	lieferte	840	und	744
	2.	„ „	16	„	827	„	727
2. Ofen	1.	„ „	14	„	780	„	903
	2.	„ „	14	„	800	„	800
Summarisch	4	Brände mit	60	lieferten	3247	und	3174

1 Meter Kienholz wiegt 370 Kilogramm, folglich obige 60 Meter 22.200 Kilogramm.

100 Kilogr. Kienholz ergeben demnach 14·67 Proc. Kohle,
100 „ „ „ „ 14·29 „ Theer.

	Kilogr.	
Bei 40 Bränden wurden im Durchschnitt	37·683	Kohle
„ 40 „ „ „ „	34·897	Theer

gewonnen und 610 Meter = 225·700 Kilogr. Kienholz consumirt.

	Procent	
Diese Zahlen entsprechen pro 100 Meter Kienholz	16·6	Kohle,
	15·4	Theer.

Die erhaltenen Mengen von Holzkohlen stimmen annähernd mit den bei der gewöhnlichen Meilerverkohlung erhaltenen Zahlen, die 13 bis 26 Procent vom lufttrockenen Holze beträgt. Die erhaltenen sehr guten Holzkohlen werden in den dortigen Zuckerfabriken zum Entfärben des Zuckersaftes anstatt Spodium mit verwendet.

d) Die gemauerten Meileröfen.

In den gemauerten Meileröfen gelingt die Aufsammlung der flüchtigen Destillationsproducte viel vollständiger als in den gewöhnlichen Meilern, auch mit gemauertem Untergrunde. Diese gemauerten Meileröfen haben aber den Nachtheil, daß die Verkohlung immer an ein und demselben Punkte vorgenommen und das Holz oft weit transportirt werden muß, wodurch größere Kosten entstehen, während ein gewöhnlicher Meiler an jedem Orte errichtet werden kann. Die gemauerten Meileröfen besitzen einen trichterförmig ausgemauerten Canal, der mit einer abseits liegenden Grube in Verbindung steht, worin sich die Destillationsproducte ansammeln. Ueber diesem Canal befindet sich eine gemauerte, durchlöcherte Decke oder auch durchlöcherte Eisenplatten, um die Destillationsproducte durchzulassen. Die Wände sind ringsum aufgemauert und paßt dann eine Haube von starkem Eisenbleche mit eingelassenem eisernen Rohre zum Abzuge der Gase und Dämpfe, obenauf die Decke. Das Einsetzen des Holzes erfolgt zuerst und werden dann alle Oeffnungen zugemauert und die Haube von Eisenblech aufgesetzt und gut verstrichen. Die Entzündung des Holzes geschieht durch besondere Oeffnungen, d. h. Thüren, welche wieder fest verschlossen werden können, und die Regulirung des Feuers oder der Verkohlung durch mehrere Reihen Löcher, die übereinander in den Wänden des Ofens angebracht sind. Die untersten dieser Löcher befinden sich in gleicher Höhe mit der Ofensohle, die nächsten und folgenden $^1/_3$ bis $^1/_2$ Meter höher und die obersten in 1 Meter Zwischenraum. Diese Oefen können rund und auch viereckig construirt werden, haben eine flache Wölbung und eine innere Fläche von 30 bis 40 Quadratmeter und 4 bis 5 Meter Höhe. Die Abkühlung der Dämpfe erfolgt in den gemauerten Canälen, welche die flüssigen Producte in die größeren Gruben führen, während die unverdichtbaren Gase durch das oben angebrachte Rohr entweichen. Sobald die Verkohlung beendet ist, müssen sämmtliche Oeffnungen sehr gut geschlossen und verstrichen werden, ebenso das oben befindliche Rohr, wo die Gase entweichen. Der Ofen muß hierauf einige Tage ruhig auskühlen, dann giebt man durch oben angebrachte Oeffnungen nach und nach Wasser in den Ofen, um die glühenden Kohlen abzulöschen, und beobachtet durch die seitlich angebrachten Oeffnungen, ob noch Glut im Ofen sich befindet; ist dieselbe noch vorhanden, so werden alle Oeffnungen wieder sorgfältig verschlossen und wiederholt man das Aufgießen von Wasser insolange, bis sämmtliche Kohlen gut abgelöscht worden sind. Der Ofen kann dann entleert werden, aber mit Vorsicht.

1. Der Reichenbach'sche Holzverkohlungsofen.

Der Reichenbach'sche Holzverkohlungsofen besteht aus einem viereckigen, mit einer doppelten Mauer umgebenen Raum; die innere Mauer besteht aus feuerfesten Steinen und ist der Zwischenraum zwischen beiden mit Sand ausgefüllt. Durch diesen Raum gehen eiserne Röhren, welche einen Durchmesser von 2 Fuß oder $^2/_3$ Meter und den Zweck haben, die Verbrennungsproducte der von den Seiten angebrachten Feuerungen durch den Verkohlungsraum zu leiten. Dadurch werden die Röhren roth glühend und die sich hierbei entwickelnde Hitze genügt, um das darum lagernde Holz zu verkohlen. Die sich bildenden, flüchtigen Producte werden durch einen Abzugscanal in Condensationsapparate geleitet und dort verdichtet. Dieser Ofen verlangt nicht nur sehr viel Arbeit, sondern auch ein bedeutendes Brennmaterial und wird deshalb jetzt nicht mehr angewendet.

2. Der Schwarz'sche Holzverkohlungsofen.

Der Schwarz'sche Holzverkohlungsofen besteht aus doppelten Ofenwandungen, und zwar aus zwei Reihen feuerfester Steine, deren Zwischenräume mit Sand ausgefüllt sind. (Fig. 24.) Bei dem Verkohlungsraume a a sind Oeffnungen angebracht, durch welche das Holz in den Ofen gebracht wird und durch welche die Holzkohlen auch wieder entfernt werden. Die Oeffnungen B B sind die Feuerstellen, von welchen aus der Ofen geheizt wird, und c c sind Canäle, durch welche der Rauch, die Kohlensäure, Essigsäure und Theerdämpfe in die Condensationsapparate geführt werden. Die Knieröhren d d leiten den Theer in die Kübel e e. Das Knie d verhindert die Luft in den Apparat zu treten, da dasselbe durch die Flüssigkeit abgesperrt ist. Die Canäle f f condensiren den Holzgeist, Holzessig, Holzöle und Holztheer. Der Schornstein G hat eine kleine Oeffnung h, in welcher ein Feuer brennt, um den Zug in gehöriger Thätigkeit zu erhalten. Bei der Füllung des Ofens wird folgendermaßen verfahren:

Man bringt zuerst in den Ofen große Holzblöcke, zwischen und über diese kleinere Scheiter, damit die Hitze leichter in die inneren Theile eindringen kann, und wird der ganze innere Raum mit Holz ausgefüllt; alsdann werden die Füllöffnungen ganz geschlossen und bei den Oeffnungen B B Feuer angezündet.

Die Verbrennungsproducte des Feuers bei B B gehen durch den Ofen, verkohlen das Holz und die sich bildenden flüchtigen Destillationsproducte werden in den Condensatoren f f aufgefangen und verdichtet. Die permanenten Gase entweichen durch die Esse G.

Fig. 24.

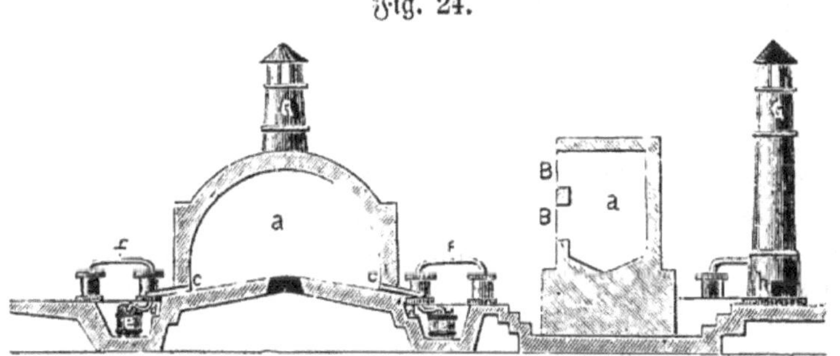

Wenn der durch die Esse entweichende Rauch bläulich und hell wird, ist meist die Verkohlung beendet. Zu diesem Zeitpunkte wird der Schornstein durch einen Schieber geschlossen und die Feueröffnungen B B ganz zugemauert, damit keine atmosphärische Luft mehr eintreten kann, worauf man den Ofen einige Tage auskühlen läßt. Nach zwei Tagen öffnet man die in den oberen Theil des Ofens angebrachten Oeffnungen und läßt durch dieselben eine bestimmte Menge Wasser einfließen, um die glühenden Kohlen abzulöschen, hierauf schließt man wieder diese Oeffnungen. Diese Operation wird noch einigemale wiederholt, bis die Kohlen vollständig abgelöscht worden sind. Man verschließt dann sorgfaltig sammtliche Oeffnungen und läßt erkalten. Bei diesen Oefen muß man Sorge tragen, daß auf dem Feuerherde B B immer genügend Brennmaterial vorhanden ist, damit keine Luft in den Ofen gelangt und das Holz verbrennt. Die bei diesen Oefen erhaltenen Destillationsproducte geben meist wenig Holzgeist und flüchtige Oele, die mit verbrennen, dagegen aber mehr theerartige Producte. Der erhaltene Holzessig ist auch nicht so hochgrädig wie der bei geschlossenen Retorten erzeugte.

3. Der Hahnemann'sche Verkohlungsofen.

Der Hahnemann'sche Verkohlungsofen besteht aus einem runden, oben offenen Thurme von Mauerwerk, 5 Meter hoch und $2^1/_2$ Meter weit, die Mauerdicke beträgt unten $^2/_3$ und oben $^1/_3$ Meter. Derselbe muß auf solidem Mauerwerke errichtet werden. Auf demselben ist der Boden etwas gewölbt (Fig. 25) und mit einer Oeffnung k zum Ausbringen der Holzkohlen versehen. Der Herd E schließt sich ringsum an die Mauer an und ist an einer dieser Stellen m eine rinnenförmige Vertiefung, die mit glasirten Thonziegeln ausgelegt ist und auf einer Seite d durch eine ebenfalls glasirte Thonröhre in geneigter Richtung mit einer außerhalb angebrachten Grube in Verbindung steht. In der Mitte des Bodens G steht eine schmiedeeiserne Röhre von der ganzen inneren Höhe des Ofens, die $^1/_3$ bis $^1/_2$ Meter weit ist und ringsum verschiedene Oeffnungen besitzt und die als Schornstein dient. Bei der Verkohlung wird zuerst die Oeffnung k zugemauert und der ganze Ofen mit zerkleinertem Holze angefüllt, wobei Zwischenräume möglichst vermieden werden müssen, und obenauf glühende Holzkohlen gebracht, der Ofen oben A B mittelst eines schmiedeeisernen Deckels verschlossen und alle Oeffnungen gut mit Lehm verstrichen. Die sich bildenden Dämpfe sind genöthigt, durch das Holz abwärts zu gehen und dann durch den Schornstein G abzuziehen. Die sich unten verdichtenden Destillationsproducte fließen in die Rinne m und von da in die Thonröhre d in die gemauerte und cementirte Grube außerhalb des Ofens. Sobald die Glut bis auf den Boden gelangt ist, werden sämmtliche Oeffnungen geschlossen und der Ofen der Abkühlung überlassen. Nach einigen Tagen öffnet man unten bei d, sieht nach, ob die Kohlen noch glühend sind, und verschließt in diesem Falle die Oeffnung sorgfältig wieder.

In einigen Tagen wird der Versuch wiederholt und zieht man die Kohlen partienweise heraus, löscht entweder mit Wasser ab oder bedeckt dieselben mit feuchtem Sande, um alle Glut zu ersticken. Die mit Wasser abgelöschten Kohlen sind immer etwas mürber und nicht so fest wie die mit Sand abgekühlten. Die Ausbente an Holzkohlen ist bei diesem Ofen nicht nur größer als bei den gewöhnlichen Meilern, sondern erhält man auch namentlich mehr Holzessig und Holztheer. Man muß aber gegen Ende der Verkohlung, wenn die Glut am Boden angelangt ist, oben den Deckel öffnen, die Kohlen mittelst eisernen Krücken zusammenstoßen, den entstandenen leeren Raum mit frischem Holze ausfüllen und den Deckel wieder sorgfältig schließen; durch die im Ofen herrschende Glut wird auch dieses Holz noch mitverkohlt und sperrt man nach Entweichen der letzten Dämpfe durch den Schornstein diesen mittelst einer Klappe gut ab, damit keine Luft in den Ofen eintreten kann.

Fig. 25. Verticalschnitt.

k Oeffnung zum Ausbringen der Kohlen. E Der Herd. m Rinnenförmige Vertiefung. D Röhre zum Abfluß der Theerdämpfe. G Schmiedeeiserne Röhre für den Rauch, als Schornstein dienend. A B Oeffnung zum Füllen des Holzes.

Fig. 26. Grundriß.

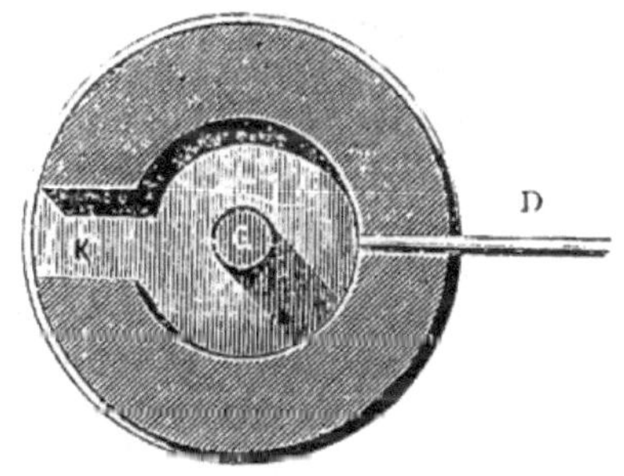

Ein Hauptübelstand bei diesem Ofen ist die lange Zeit des Auskühlens, da die Wärme in dem Mauerwerke sich sehr lange erhält und beim früheren Oeffnen des Ofens und Herausnehmen der Kohlen sich dieselben wieder entzünden und zu viel Kohlenstoff verloren geht.

Fig. 27.

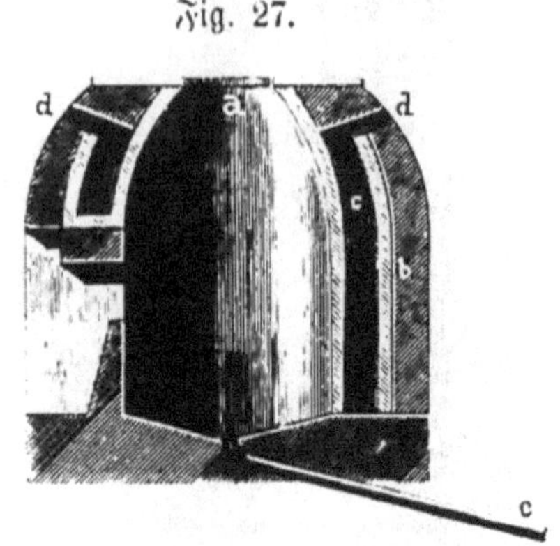

Querschnitt.

Fig. 28.

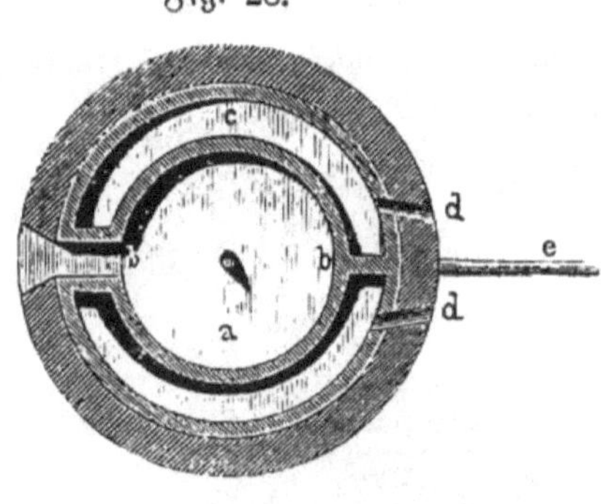

Grundriß.

Eine Abkühlung der Kohlen und des Ofens mittelst Wasser wirkt immer nachtheilig auf die Qualität der Kohlen und auf das Mauerwerk ein.

4. Der schwedische Verkohlungsofen.

Der schwedische Verkohlungsofen (Fig. 27, 28) ist von dem vorangehenden Hahnemann'schen Ofen insofern verschieden, als kein Schornstein in der Mitte vorhanden ist und sämmtliche Destillationsproducte, Gase, Holzessig und Theerdämpfe, durch einen am Boden befindlichen Canal e abgeleitet und die Ofenwände von außen geheizt werden. Der glockenförmige Ofen wird auf einem starken Fundament, 5 Meter hoch und $3^1/_2$ Meter breit, aufgebaut, und zwar aus feuerfesten Steinen. Oben ist der Ofen bis auf eine Oeffnung a von 1 Meter Weite zugewölbt und dient diese Oeffnung zum Füllen des Ofens. Um diesen wird ein Mantel b auch von guten Steinen ausgeführt, welcher unten etwas weiter und oben enger ist und von dem inneren Ofen circa $1/2$ Meter absteht. Dieser äußere Mantel erhält eine Mauerstärke von 1 Meter. Der leere Raum c zwischen Mantel und Ofen bildet den Feuerraum, der an zwei entgegengesetzten Seiten durch eine Zunge in zwei Theile getheilt wird. Oben befinden sich im Mauerwerke Luftzüge d, die als Camin dienen und mit Schiebern versehen sind. In dem Mantel am Boden befinden sich gemauerte Roste, auf denen das Feuer angezündet wird und den ganzen Ofen umspült, bis der innere Ofen glüht, und wird so lange fortgefeuert, bis aus dem Canale a keine Dämpfe mehr entweichen, dann werden die Schieber in den Caminen geschlossen und bleibt der Ofen einige Tage stehen. Zur schnelleren Abkühlung des inneren Ofens werden dann später diese Schieber wieder geöffnet. Dieser Ofen benöthigt sehr viel Brennmaterial und kann deshalb nicht angewendet werden.

e) Die transportablen Meileröfen.

Erfindung des Verfassers.

Der transportable Meilerofen A (Fig. 29), besteht aus einem Cylinder von Eisenblech, 3 Meter im Durchmesser und von gleicher Höhe mit einem Camine B, der 5 Meter hoch ist, und zwar wenigstens 2 Meter über den Ofen hinausragt. Der ganze Ofen ist zum Zerlegen, und zwar zuerst in zwei Hauptheile, einen oberen und unteren, bei dem Zusammenstoß C, wo besondere Rinnen zum Wasserverschluß und die Haken d an den Seitentheilen zum Abheben des oberen Theiles angebracht sind. Der Camin ist auch zum Zerlegen und wird der obere über den Ofen hinausragende Theil besonders aufgesetzt. Der Deckel E ist ebenfalls zum Abheben und besitzt einen inneren Rand, der inwendig in den Cylinder genau paßt. Die Oeffnungen F im Deckel dienen zum Nachfüllen des zerkleinerten Holzes und zum Einwerfen der brennenden Kohlen.

Am Boden des Ofens befindet sich eine durchlöcherte Einlage i von starkem Eisenbleche, durch welche die sich bildenden flüssigen Producte, wie Holzessig und Theer, abfließen und von dort durch ein besonderes Rohr in die Condensationsapparate geführt werden. Bei der Füllung wird der obere Theil G sammt Camin zuerst abgenommen und der untere Theil des Cylinders H in folgender Weise mit Holz angefüllt:

Man setzt das zerkleinerte Holz derart auf den durchlöcherten Boden, daß die Löcher möglichst frei bleiben, um den flüssigen Producten den Durchzug zu gestatten, legt dann eine Lage Holz über dieselben, so daß sich eine Art Brücke bildet, und stellt das Holz dann wieder senkrecht auf, bis der untere Cylinder ganz angefüllt ist, hierauf wird der obere Cylinder aufgesetzt und zusammengeschraubt. Der obere Theil des Cylinders wird nun ebenso wie der untere bis an den Rand oben mit Holz ausgesetzt und dann der Deckel aufgesetzt und aufgeschraubt; zuletzt setzt man den Schornstein auf das $^1/_3$ Meter hervorragende Rohr auf und verstreicht etwaige Zwischenräume mit Lehm. Durch die Oeffnungen F F trägt man hierauf glühende Holzkohlen ein und vertheilt sie mit eisernen Krücken gleichmäßig über das ganze Holz, bis aller Raum vollkommen ausgefüllt ist, und schließt dann diese Oeffnungen hermetisch. Die sich entwickelten Gase und Dämpfe sind jetzt gezwungen, nach unten zu gehen und entweichen durch die Siebeinlage i, verdichten sich dort zum großen Theil, theils zu Holzessig, theils zu Theer, und die unverdichtbaren Gase entweichen dann durch den Camin B. Die Verkohlung schreitet nach abwärts und öffnet man, wenn dieselbe den Boden des Cylinders beinahe erreicht hat, die oberen Oeffnungen im Deckel F F, füllt den entstandenen leeren Raum nochmals mit frischem Holz aus, stößt mit Krücken die entstandenen Kohlen etwas zusammen und schließt diese Oeffnungen wieder, damit das zuletzt hineingeworfene Holz noch verkohlt werden kann. Sobald alles Holz verkohlt ist und kein Rauch mehr aus dem Camine entweicht, schließt man die Klappe n im Camin und läßt den Ofen ruhig auskühlen. Die Zeitdauer des Auskühlens richtet sich nach der äußeren Temperatur, im Winter wird dieselbe schneller vollendet sein als im Sommer; auch kann man die Abkühlung dadurch beschleunigen, wenn man den Ofen von oben mit Wasser begießt, wenn solches an dem Orte der Verkohlung vorhanden ist.

Ein Hauptvortheil dieses Ofens liegt in der schnellen Verkohlung, die in 24 Stunden vollendet sein kann, und auch in der schnelleren Auskühlung, ferner in der großen Ausbeute an Holzkohle, die 37 bis 40 Procent beträgt. Bei der Einleitung der Verkohlung ist es gut, in dem Schornsteine die Klappen nur halb zu stellen, um einen größeren Zug zu bewirken und daß die Verkohlung möglichst schnell, wenigstens bis zur Hälfte des Ofens vorwärts schreitet, dann kann die Klappe wieder ganz geöffnet werden.

Fig. 29.

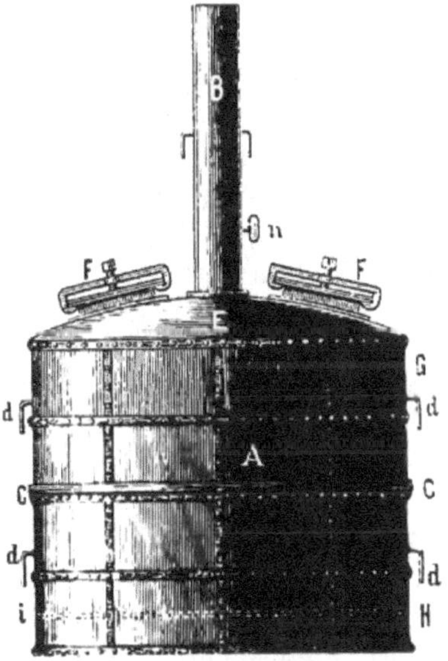

A Der Ofen. B Der Schornstein. C Zusammenstoß zum Zerlegen. d Haken. E Der Deckel. F Oeffnungen im Deckel zum Nachfüllen. G Oberer Theil des Ofens. H Unterer Theil des Ofens. i Siebförmige Einlage. n Klappe.

Je schneller diese Verkohlung eingeleitet wird, desto mehr holzessigsaure Producte erhält man; dieser Holzessig ist auch ziemlich stark in den Graden und erreicht oft ein Gewicht von 10 Grad B.

Natürlich hängt von der Holzgattung sehr viel ab, hartes Holz giebt einen stärkeren Holzessig als weiches und giebt ersteres auch eine festere Kohle als weiches Holz. Die Theerproducte sind reich an Brandölen und Pech. Der Verfasser hat mit diesem Ofen verschiedene Versuche angestellt und ist es ihm gelungen, noch durch einige innere Abänderungen ein sehr gutes Resultat zu erzielen, jedenfalls ist dieser Ofen unter allen anderen am meisten zu empfehlen, und eignet sich derselbe hauptsächlich zur Verkohlung des Holzes in Gebirgsgegenden, weil derselbe vollständig auseinandergenommen und schnell an einem anderen Orte wieder aufgestellt werden kann. Die einzelnen Theile werden alle zusammengeschraubt und etwaige Undichtheiten mittelst Kitt ausgefüllt, wodurch ein Entweichen der Destillationsproducte unmöglich ist. Sämmtliche Eisentheile werden vor dem Gebrauche mit einem guten, schnell trocknenden Eisen- oder Asphaltlack bestrichen, wodurch die sich entwickelnden essigsauren Dämpfe nicht schädlich auf die Eisenbestandtheile einwirken können; außerdem überziehen sich die inneren Wände bei mehrfachem Betriebe durch die Theerproducte von selbst mit einem dichten, lackartigen Ueberzug, der sehr fest haftet. Bei dem Betriebe hat man auf die siebförmige Einlage am Boden des Ofens am meisten Acht zu geben, daß sich die Löcher nicht verstopfen und die flüssigen und gasförmigen Producte sich schnell entfernen können, damit keine Explosion erfolgt. Beim Einsetzen des Holzes muß daher der Arbeiter sich sehr in Acht nehmen, diese Löcher nicht mit dem Holze zuzusetzen, und muß man Lücken lassen für die Dämpfe von Theer und Holzessig. Der Boden des Ofens unterhalb der Siebeinlage kann auch trichterförmig gemacht werden, damit die flüssigen Producte sich schnell entfernen können und nicht durch die Wärme von neuem verdampfen. Dieser trichterförmige Ansatz des Bodens wird in die Erde eingegraben und die Flüssigkeit in eine Grube abgeleitet.

2. Die Verkohlung des Holzes in Retorten.

a) Die Verkohlung in stehenden Retorten.

Die gebräuchlichste Art der Verkohlung des Holzes ist in stehenden Retorten. Diese sind Cylinder von starkem Eisenblech, $2^{1}/_{2}$ Meter hoch und $1^{1}/_{3}$ Meter stark, werden mittelst eines Krahnes in einen passenden Ofen derart stehend eingesetzt, daß die in einem besonderen Feuerraum erzeugte Flamme durch Zuglöcher in der Wölbung zuerst unter den

Cylinder tritt und ihn dann bis oben mittelst eines gewundenen Zuges umspült.

Für je einen Ofen sind zwei Cylinder nothwendig, damit man den einen abkühlen lassen und wieder von neuem beschicken kann, während der andere sich im Abtreiben befindet. Das Einsetzen des gut getrockneten Holzes muß mit möglicher Vermeidung aller Zwischenräume geschehen, worauf

Fig. 30.

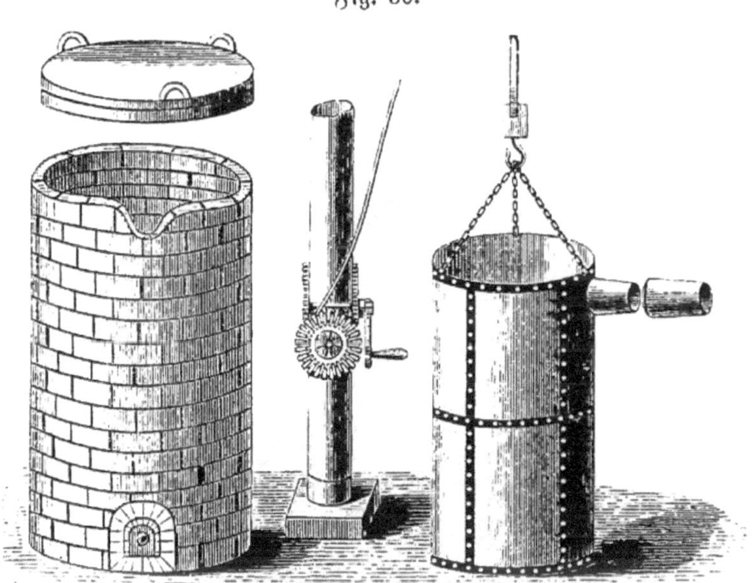

Retortenofen mit stehender Retorte.

der als Deckel eingerichtete obere Boden aufgesetzt und mittelst Schließen befestigt und gut verstrichen wird. Ein kurzer, wenige Zoll unter diesem Deckel angebrachter Hals leitet die während der Operation sich entwickelnden Producte durch einen daran gepaßten Vorstoß in die Kühlröhren (Fig. 31), die gewöhnlich eiserne sind und durch fließendes Wasser kalt erhalten werden. Die Mündung des Ausflußrohres am Kühlapparat läßt man so tief in den Sammelbottich hinabreichen, daß sie stets durch die verdichteten Producte gesperrt bleibt und die sich mit entwickelnden Gase gezwungen sind, in ein seitlich sich abzweigendes, aufsteigendes Rohr einzutreten. Diese Bottiche können auch durch gemauerte Behälter ersetzt werden, und wo es an Wasser fehlt, geschieht die Abkühlung ganz passend in einer Reihe von Fässern, die durch Bleiröhren nach Art der Wulf'schen Flaschen unter sich verbunden sind. Das Abtreiben eines Cylinders dauert 6 bis

Fig. 31.

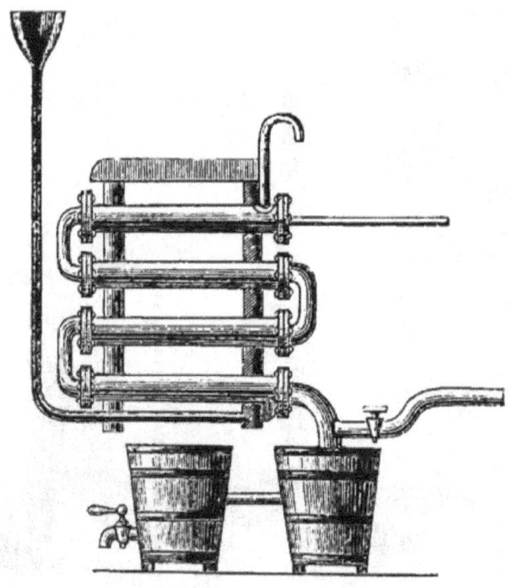

Condensationsapparat.

8 Stunden. Die Ausbeuten an Kohle, Holzessig und Theer sind nicht gleich und kommt sehr viel auf die Holzgattung und die Trockenheit des Holzes an, ebenso ob im Anfange ein starkes Feuer oder ein schwaches unterhalten worden ist. Bei raschem Feuer erhält man mehr essigsaure Producte und weniger Holzkohle, bei schwächerem oder langsamerem Feuer wenig Essigsäure und mehr Kohle. Im Allgemeinen kann man annehmen, daß bei fabriksmäßigem Betriebe die Ausbeute an rohem Holzessig 33 Procent des angewendeten

lufttrockenen Holzes und die der Holzkohle zwischen 21 bis 26 Procent, Holztheer 8 bis 13 Procent beträgt, jedoch hängt diese Ausbeute von der Gattung des Holzes selbst ab. Harte Hölzer, Laubhölzer, geben mehr Holzkohle als die Nadelhölzer und erstere einen stärkeren Holzessig als die letzteren, dagegen erhält man von den Nadelhölzern, namentlich den harzreicheren, mehr Holztheer und besitzt derselbe auch einen höheren Handelswerth als der Holztheer von Laubhölzern. In den meisten Fabriken werden nur Laubhölzer, Eichen und Buchen wegen der größeren Ausbeute an Holzessig verarbeitet und enthält dieser Holzessig 9 bis 10 Procent Essigsäurehydrat.

Die vorher besprochene Einrichtung mit einzelnen Cylindern für die Holzverkohlung eignet sich nur für einen kleineren Betrieb; für größere Fabriksetablissements ist dieselbe nicht anwendbar, indem einestheils mehr Feuerungsmaterial, anderentheils auch mehr Arbeitskraft nothwendig ist, und sind daher nur größere Oefen mit entweder sechs stehenden eingemauerten Cylindern mit gemeinsamer Heizung oder zwölf stehende eingemauerte Cylinder zu empfehlen. Diese Cylinder sind unten und oben mit verschließbaren Deckeln versehen und bringt man das zerkleinerte Holz in eigenen eisernen Einsatzkörben in dieselben und es wird der obere und untere Deckel dann gut verschraubt und verdichtet. Die Destillationsproducte entweichen durch seitwärts angebrachte Röhren und gehen in ein gemeinsames Sammelrohr, das mit den Condensationsapparaten in Verbindung steht, ähnlich wie bei den Gasanstalten. Die seitwärts abgehenden Röhren für die Destillationsproducte sind mit Schiebern zum Absperren vor der Entladung der Retorten versehen, und öffnet man zuerst den unteren Deckel, worauf der Einsatzkorb auf einen darunter gestellten eisernen Wagen fällt und sofort die Kohlen in eine gemauerte Grube zur Abkühlung und Ablöschung gebracht werden. Der untere Deckel wird dann sofort wieder angeschraubt und der obere Deckel geöffnet und ein neuer Einsatzkorb mit Holz eingesetzt. Der Schieber muß dann sofort in dem Abgangsrohre geöffnet werden, damit die sich gleichzeitig entwickelnden Destillationsproducte entweichen können, nachdem auch der obere Deckel wieder befestigt worden ist. Die Ladung der Retorten geschieht in Zwischenräumen von je 1 Stunde, so daß alle Stunden eine Retorte entladen und wieder frisch geladen werden muß und die gleiche Anzahl Arbeiter beschäftigt ist wie bei nur zwei Retorten; bei einem Ofen mit zwölf Retorten werden in jeder Stunde zwei Retorten entleert und wieder frisch geladen. Bei diesen Oefen ist eine außerordentliche Ersparung von Brennmaterial zu constatiren und sehr zu empfehlen, da diese Oefen Tag und Nacht fortbetrieben werden und eine Auskühlung der Retorten und Mauerwerk nicht stattfinden kann, außerdem die Destillationszeit eine kürzere ist. Die Anlagekosten dieser Oefen sind wohl größer, werden aber durch die längere Dauer wieder vollständig aufgewogen, da die gleichmäßige Temperatur, in der die Retorten sich immer befinden, eine geringere Abnützung des Eisens constatirt und auch das Mauerwerk, wenn es solid mit feuerfesten Steinen hergestellt worden ist, nicht so leidet als bei kleineren Oefen. Durch die Ersparung der Brennmaterialkosten zahlen sich die größeren Anlagekosten auch vollständig ab, ebenso durch die geringeren Arbeitskräfte.

Wenn eine solche Fabriksanlage in der Nähe einer größeren Stadt zur Ausführung gelangt, so könnte recht gut das abgehende, in einem Gasometer aufgefangene Holzgas zu Beleuchtungszwecken verwendet und hierdurch der größte Theil der Productionskosten gedeckt werden.

b) Die Verkohlung in liegenden Retorten.

Die Verkohlung in liegenden Retorten geschieht hauptsächlich in englischen Fabriken, und zwar in wagrecht eingemauerten Retorten von 2 bis $2^1/_2$ Meter Länge und $^1/_2$ bis $^3/_4$ Meter Durchmesser, von denen drei bis fünf in einem Ofen liegen. Bei der Beschickung ist die vordere Endplatte abzunehmen, während die Dämpfe an der hinteren Seite durch ein 16 Centimeter weites, rechtwinkelig abwärts gebogenes Rohr in ein gemeinschaftliches Sammelrohr, das als Vorlage dient, entweichen, aus welchem die nur theilweise concentrirten Producte in andere, in Wasser liegende

Röhren treten, um hier fertig gekühlt, nach einem großen Behälter geleitet zu werden, worin sich der Theer von dem Holzessig scheidet. Die Retorten werden während der Tageszeit abgetrieben und bleiben während der Nachtzeit über zum Abkühlen stehen; am Morgen entleert man sie und ladet von neuem. Um beim Entleeren der Retorte die Holzkohlen weniger zu beschädigen und zu zerbrechen, wie dies bei Anwendung von Stangen und Schaufeln gewöhnlich der Fall ist, bringt man am hinteren Ende des Cylinders eine be-

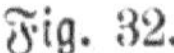
Fig. 32.

Retortenofen mit liegenden Retorten.

wegliche eiserne Scheibe an, die beinahe den Durchmesser der Retorten besitzt. In der Mitte wird die Scheibe von einer eisernen Kette gefaßt, die bis an das vordere Retortenende reicht. Beim Entleeren zieht ein Arbeiter mittelst eines Hakens und der Kette die Scheibe nach vorn und entleert auf diese Weise die Retorte in der kürzesten Zeit. Es liegt hier auf der Hand, daß diese Oefen durch die unterbrochene Destillation, d. h. der Feuerung, mehr Brennmaterial erfordern als diejenigen, welche Tag und Nacht in Betrieb sich befinden; außerdem sind die Kohlen in dem kurzen Zeitraum der Nacht noch nicht vollständig ausgekühlt, müssen jedenfalls noch besonders abgelöscht werden.

Ein eigenthümlicher Apparat zur trockenen Destillation des Holzes ist zu Loughes bei Swansea in Betrieb gesetzt worden. Derselbe besteht aus einem großen Verkohlungsraume von Eisenblech, der inwendig in sechs Abtheilungen getheilt ist, in welche ebenso viele Gefäße aus Eisenblech von 2 Meter Höhe und $^2/_3$ Meter Breite passen. In dem Verkohlungsraume ist außer der zum Entweichen der Dämpfe bestimmten Oeffnung noch eine andere, durch welche die das Holz enthaltenden Cylinder eingesetzt werden. Um den Apparat füllen zu können, ist am Boden des Verkohlungsraumes ein verschiebbares Rahmenwerk angebracht, wodurch jede der sechs Abtheilungen einzeln unter die Oeffnung gebracht werden kann; hier werden dann mittelst eines Krahnes die gefüllten Cylinder nacheinander in ihre Abtheilungen gebracht. Nach dem Füllen wird die Thür verschlossen, lutirt und dann das Feuer angezündet. Der ganze Apparat ist mit einem steinernen Ofen umgeben, dessen Feuerraum gerade unter dem Verkohlungsraume liegt; der Zug des Feuers geht spiralförmig um den ganzen Apparat, um die einzelnen Theile gleichmäßig zu erhitzen.

c) Die Verkohlung des Holzes in Chamotteretorten.

Die Chamotteretorten können von derselben Länge und Weite angewendet werden, wie sie in den Gasanstalten gebräuchlich sind, nur ist es anzurathen, die Abgangsröhren für die Destillationsproducte nicht nach oben, wie bei den Gasretorten, sondern nach unten gehen zu lassen, damit die Dämpfe möglichst schnell aus den Retorten entfernt werden und sich nicht weiter zersetzen, wie es bei den Retorten für Gaserzeugung der Fall ist. Bei diesen Retorten ist aber eine Siebeinlage am hinteren Ende der Retorte, vor dem Abgangsrohre für die Dämpfe, unbedingt nothwendig, damit sich dieses Rohr nicht durch hereinfallende Stücke verstopft und leicht dadurch Explosionen hervorgerufen werden können; außerdem müssen diese Chamotteretorten einige Zeit früher ausgeheizt, die entstehenden Risse sorgfältig ausgekittet und die ganze Retorte inwendig wiederholt mit Theer ausgestrichen werden, damit sich alle Poren mit Graphit ausfüllen, der durch das Verbrennen des Theeres entsteht. Erst nachdem sich alle Poren der Retorte vollkommen damit angefüllt haben, kann dieselbe zur Destillation des Holzes verwendet werden. Es ist selbstverständlich, daß keine so große Hitze bei der Verkohlung des Holzes angewendet werden darf wie bei der Gaserzeugung im Allgemeinen, damit sich nicht zu viel gasförmige Producte bilden. Das Laden der Retorten geschieht am besten mit schmiedeeisernen Einsatzkörben, und laufen am Boden der Retorten zwei eiserne Schienen, die das Einschieben und das Entleeren erleichtern. Die Ladung und das Entleeren erfordert deshalb nur geringe Zeit, was um so nothwendiger ist, als die Zersetzung des Holzes viel schneller vor sich geht wie bei der Steinkohle. Die Destillationszeit ist auch eine geringere und ist in 2 bis 3 Stunden vollendet. Man erhält guten und starken Holzessig, jedoch ist der Holztheer in der Regel dünnflüssiger und reicher an flüchtigen Oelen, da überhaupt die liegenden Retorten noch mehr Berührungsflächen bieten als die stehenden, ferner kann man eine liegende Retorte nicht so vollständig laden als eine stehende, und bleibt oben immer ein leerer Raum, in dem sich die Dämpfe fortbewegen können. Bis jetzt hat man die Chamotteretorten zur Verkohlung des Holzes wenig angewendet, weil man einen größeren Verlust der werthvolleren Destillationsproducte durch die leicht entstehenden Risse fürchtet, es ist dies jedoch bei guter Beobachtung der Retorten leicht zu vermeiden, wenn sofort diese Risse wieder gut ausgekittet und öfters mit Steinkohlentheer inwendig bestrichen und ausgebrannt werden. Jedenfalls hat die Chamotteretorte eine viel größere Dauer als guß- und schmiedeeiserne und dürfen dieselben auch keine so große Hitze aushalten wie bei der Gaserzeugung.

3. Die liegende viereckige Retorte von Schmiedeeisen zur Verkohlung des Holzes mit überhitztem Wasserdampf, vom Verfasser construirt.

Die liegende viereckige Retorte zur Verkohlung des Holzes mit überhitztem Wasserdampfe (Fig. 33 und 34) hat eine Länge von 2·21 Meter, eine Breite von 0·948 Meter und eine Höhe von 368 Millimeter und ist aus starkem Eisenbleche angefertigt. Inwendig befindet sich an dem hinteren Ende vor dem Abgangsrohre c eine Siebplatte, welche Löcher in der Größe von 40 Millimeter besitzt und

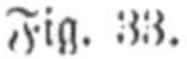
Fig. 33.

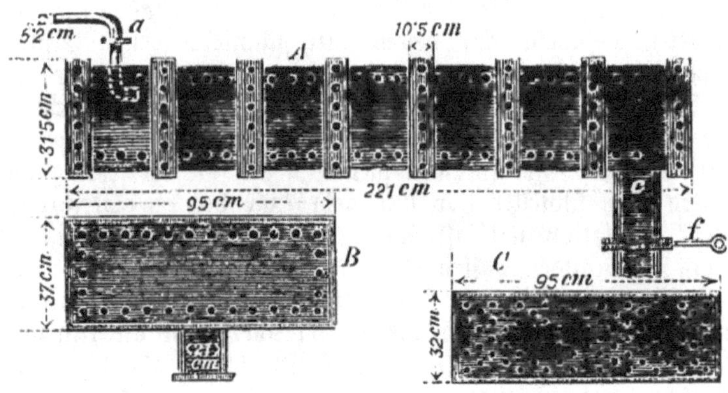

Fig. 34.

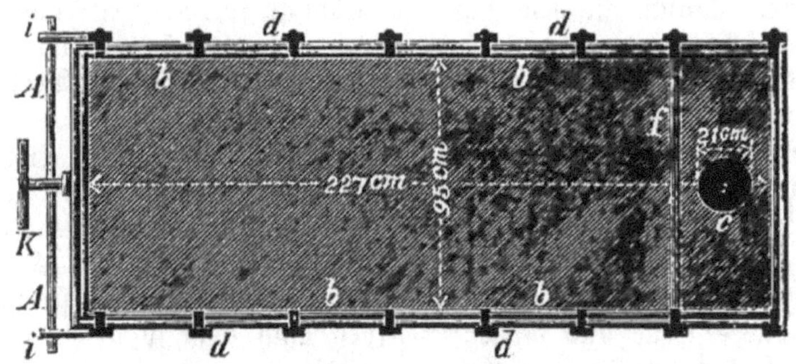

Die liegende viereckige Retorte, vom Verfasser construirt.

die aufrecht befestigt wird. Diese Siebplatte dient dazu, daß das eingelegte Holz oder die abdestillirte Kohle nicht in das Abgangsrohr c fallen kann, während die Holzessig- und Theerdämpfe durch die Löcher der Platte entweichen können. Am Abgangsrohre c befindet sich ein Schieber f, der zum

Absperren dient und man dies jedesmal beim Laden der Retorte sowohl als auch beim Entladen soll.

Die innere Weite des Abgangrohres c beträgt 210 Millimeter und wird dieses auf das Hauptsammelrohr mittelst Schrauben befestigt. An der vorderen Seite der Retorte befindet sich das Rohr g g, welches 52 Millimeter Durchmesser hat und zur Einführung des überhitzten Wasserdampfes bestimmt ist und das einen Hahn zum Absperren besitzt. Man kann daher in dieser Retorte auch ohne überhitzten Wasserdampf destilliren. Die Retorte ist an acht Stellen mit starken schmiedeeisernen, 105 Millimeter breiten Bändern eingesetzt, um ihr mehr Festigkeit zu geben, damit sich das Blech in der Hitze nicht werfen kann. Diese Bänder sind mittelst starker Nieten befestigt. Inwendig in der Retorte befinden sich in den Ecken starke eingelegte Schienen, die ebenfalls mittelst starker Nieten befestigt werden. Die Nietenköpfe müssen alle früher, ehe die Retorte in Gebrauch kommt, mit gutem Miniumkitt sorgfältig angestrichen werden und wird die Retorte vor dem Gebrauche auch ausgeheizt, damit sich dieser Kitt festbrennt. An der vorderen Seite A der Retorte befindet sich ein schmiedeeiserner, starker Deckel, der mittelst eines Bügels i i und der Schraube k festgehalten wird. Wenn die Retorte mit Holz geladen ist, so wird dieser Deckel an dem Rande ringsum mit feinem Lehm bestrichen und dann auf die Retortenmündung gebracht und in die Bügel eingesetzt und angeschraubt.

Schließlich verstreicht man den Deckel auch noch von außen mit eingeweichtem Lehm, dem man etwas Chamottemehl zusetzt. Die Retorte wird bei der Einmauerung mit dünnen Chamotteplatten umgeben, die wieder in nasse Chamottemasse, mit etwas Lehm gemischt, eingesetzt werden, und kommt, auf diese Weise die schmiedeeiserne Retorte mit dem Feuer nicht direct in Berührung und kann das Blech sehr lange halten, ohne defect zu werden.

Der Dampfüberhitzungsapparat.

Der überhitzte Wasserdampf wird auf folgende Weise dargestellt: Man läßt Wasserdämpfe von geringer Spannung

($1^1/_2$ bis 2 Atmosphären) durch eine Anzahl glühender eiserner Röhren gehen, die in einem Ofen liegen; hierbei wird der Wasserdampf auf sehr hohe Temperatur gebracht, ohne daß hierdurch die Spannkraft sich vermehrt. Man hat es in seiner Hand, den Wasserdampf mehr oder weniger zu erhitzen, je nachdem man denselben durch eine größere Anzahl glühender Röhren gehen läßt.

Zur Darstellung des überhitzten Wasserdampfes bedient man sich des in nachstehender Figur abgebildeten Apparates und kann derselbe leicht hergestellt werden. Der Dampfüberhitzungsapparat (Fig. 35) besteht aus einem Dampfkessel von ge-

Fig. 35.

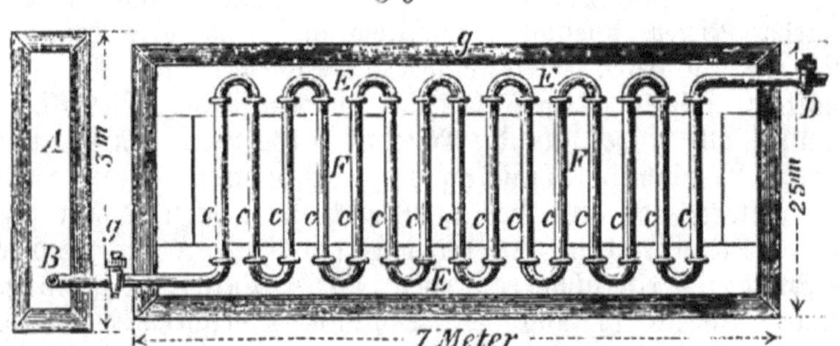

Der Dampfüberhitzungsapparat.

wöhnlicher Construction, der Dampf von $1^1/_2$ bis 2 Atmosphären Druck liefert, und aus einem Ofen, in welchem die eisernen Rohre liegen, die man zum Glühen erhitzt und dann den Dampf von 2 Atmosphären Druck durchstreichen läßt.

Die gußeisernen Erhitzungsröhren sind durch Muffen miteinander verbunden und ruhen auf Mauerbänken; auch die halbkreisförmigen Verbindungsstücke liegen auf den Mauerbänken E und sind nicht dem Feuer ausgesetzt. Die Verbindungsstücke kann man aus Kupfer oder auch aus Gußeisen anfertigen und werden die ersteren ganz einfach in die gußeisernen Röhren eingetrieben und mit Miniumkitt gedichtet; die letzteren können durch Schrauben und Pappdichtungsringe, die man zwischen die Verbindungsstücke legt, befestigt werden.

Um die gußeisernen Röhren vor Verbrennung möglichst zu schützen, überstreicht man die Röhren mit einer Mischung von Wasserglas und Kreide, welche zusammengetrieben werden und die Consistenz eines dünnen Syrup besitzen. Die innere Röhrenwandung überzieht sich mit einem sehr fest anliegenden Ueberzug von krystallisirtem Eisenoxyd, welcher das Eisen vor weiterer Zerstörung schützt.

Die gußeisernen Röhren werden nach und nach bis zur anfangenden Rothglut erhitzt, und öffnet man dann den Hahn des Dampfrohres g und läßt den Dampf durch die glühenden

Fig. 36.

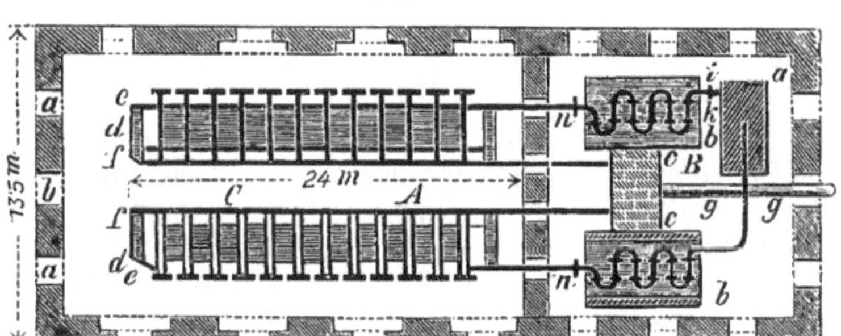

Holzverkohlungs-Fabriksanlage im Großen mit überhitzten Wasserdämpfen, nach dem Verfasser.

Röhren cccc strömen; der überhitzte Dampf tritt dann durch das Abgangsrohr D in die Retorten; es befindet sich auch an diesem Rohre ein Hahn zum Auf- und Zusperren.

Holzverkohlungs-Fabriksanlage im Großen mit überhitzten Wasserdämpfen, nach dem Verfasser.

Die Anlage einer Holzverkohlungs-Fabriksanlage im Großen mit überhitzten Wasserdämpfen nach einem eigenen vom Verfasser erfundenen System ersieht man aus Fig. 36. Diese Anlage mit 24 Retorten befindet sich in einem Hauptfabriksgebäude von 38 Meter Länge, 13·2 Meter Breite und

7·58 Meter Höhe. Das Dach über dem darin befindlichen Retortenlocal ist mit Lücken, ähnlich wie bei den Gasanstalten versehen, damit sowohl die überflüssige Hitze, als auch die bei der Entleerung der Retorten entweichenden Gase schnell fortziehen können. Die Höhe dieses Locales ist derart, daß über den Retortenöfen noch das nasse Holz getrocknet werden kann, wenn der Fußboden ähnlich wie bei den Darren der Brauhäuser von durchlöchertem Eisenblech hergestellt wird. Die von den Retortenöfen entweichende Wärme trocknet das oberhalb aufgeschichtete Holz vollkommen aus und braucht dann nur heruntergeworfen und zur Ladung der Retorten verwendet werden.

Das Retortenlocal A ist so groß, daß 12 Oefen mit je 2 Retorten, zusammen 24 Retorten, darin Platz haben und darin aufgestellt werden können.

In dem zweiten Local B befinden sich der Dampfkessel a und die eisernen Ueberhitzungsapparate bb, sowie das Holzessigreservoir c. Von dem Dampfkessel gehen auf zwei Seiten Röhren ii nach dem eisernen Ueberhitzungsapparat bb, und kann der Dampf durch verschiedene Hähne k auch abgesperrt werden; dies ist nothwendig, wenn die Retorten entleert werden. Die Hähne nn müssen dann aber auch abgesperrt werden, damit die Destillationsproducte nicht nach rückwärts gehen können. Der überhitzte Wasserdampf geht aus dem Röhrensystem bb in die beiden Hauptröhren ee und tritt dann in die Retorten von der anderen Seite ein und treibt die Destillationsproducte schnell aus den Retorten in die hinteren Abgangsröhren ff, von wo aus die Dämpfe sich theilweise condensiren und die Flüssigkeit, Holzessig und Holztheer, in das Reservoir cc fließt, während die Gase durch das Abgangsrohr gg nach den Condensatoren, die außerhalb der Fabriksgebäude liegen, gehen.

Die permanenten Gase werden dann entweder in einem besonderen Gasometer aufgefangen, oder man leitet dieselben in einen hohen Schornstein. Obwohl die Anlage durch Aufstellung eines besonderen Gasometers nicht unwesentlich vertheuert wird, so kann doch durch die Verwerthung der permanenten Gase zur Feuerung ein bedeutender Gewinn geschaffen werden, da sehr viel Brennmaterial erspart wird.

Die Retorten construirt man aus Schmiedeeisen und besitzen dieselben eine Länge von 3 Meter und eine Breite von 0·94 Meter, Höhe 0·50 Meter, am hinteren Ende befindet sich ein Abgangsrohr für die Theer- und Essigdämpfe, welches mit einem Schieber zum beliebigen Absperren der Dämpfe versehen ist. Bei der Ladung muß dieser Schieber ganz hineingesteckt werden, damit nicht zu viel Luft in die Retorten gelangt.

Im Inneren der Retorten, am hinteren Ende vor dem nach unten abgehenden Ablaßrohre ist eine siebförmige Einlage von starkem Eisenblech, welches 52 Millimeter große Löcher besitzt, angebracht, um das Herabfallen von Holz- und Kohlenstücken zu verhüten und doch den Theer- und Essigdämpfen freien Ablauf zu gestatten. Diese siebförmige Einlage muß öfters mit spitzen Eisenstangen untersucht werden, ob die Löcher sich nicht verstopft haben. Dies ist höchst nothwendig, da sonst die Dämpfe nicht abziehen könnten und leicht eine Explosion herbeigeführt werden kann. Die viereckige Form der Retorten ist einestheils des größeren Raumes wegen, anderentheils der leichteren Verarbeitung des starken Eisenbleches und der Vernietung wegen vorzuziehen. Das Holz hat in diesen Retorten mehr Berührungsflächen mit dem glühenden Eisen, als in den runden oder ovalen Retorten. Was die Einmauerung dieser Retorten betrifft, so bietet dieselbe wohl etwas größere Schwierigkeiten als die runden, jedoch läßt sich dies, der übrigen Vortheile wegen, leicht übersehen.

Die schmiedeeisernen Retorten haben vor den gußeisernen dadurch den Vorzug, daß sie nicht springen können und weniger kosten; außerdem ist ihre Dauer bei einer guten Chamottemasseumhüllung eine bedeutend längere als bei den gußeisernen. Es kommt jedoch bei der Herstellung der schmiedeeisernen Retorten auf die richtige Vernietung und die Umlegung von starken schmiedeeisernen Bändern an mehreren Stellen der Retorten und inwendig Einlegung von starken Eisenschienen in die Ecken sehr viel an, damit die Form der

Retorten beim Erhitzen nicht leidet. Die Destillationszeit ist bei schmiedeeisernen, mit Chamottemasse umgebenen Retorten wohl länger als bei gußeisernen oder in Retorten ohne Chamottemasseumhüllung, da man in erstere nur zweimal in 24 Stunden, in letztere aber wenigstens viermal laden kann, jedoch wird diese längere Destillationszeit reichlich durch gute, feste Holzkohle und durch die längere Dauer der schmiedeeisernen Retorten mit Chamottemasse ersetzt.

Bekanntlich ist die Dauer der gußeisernen Retorten in Gasanstalten höchstens 10 bis 14 Monate, während die schmiedeeisernen Retorten mit Chamottemasseumhüllung 3 bis 4 Jahre aushalten können. Voraussetzen muß man aber, daß die letzteren Retorten zweckmäßig eingemauert werden und die Feuerungsanlage die richtige ist. Berücksichtigt man die großen Kosten der Anschaffung von neuen gußeisernen Retorten und die Kosten der Wiederherstellung des Retortenofens, so ist wohl leicht der große Vortheil der Anwendung von schmiedeeisernen Retorten mit Chamottemasseumhüllung einzusehen. Die Destillationszeit in diesen Retorten wird nun aber mittelst der überhitzten Wasserdämpfe nicht unbedeutend abgekürzt und kann man in 24 Stunden leicht dreimal laden, da die Essig- und Theerdämpfe schnell aus den Retorten entfernt werden und sich auch nicht so viel gasartige Producte bilden, ferner erhält man auch eine schöne, dichte Kohle, da die überhitzten Wasserdämpfe das Holz gleichmäßig durchdringen und das Holz nicht auseinander fällt. Die Einströmung der überhitzten Wasserdämpfe darf aber nur in den ersten 6 Stunden stattfinden, wenn man Schwarzkohle erzeugen will, und muß der überhitzte Wasserdampf dann abgesperrt und in den letzten 2 Stunden muß die Hitze vergrößert werden. Entleert man die Retorten in 6 Stunden während der Einwirkung von überhitztem Wasserdampf, so erhält man nur Rothkohle, die zu manchen metallurgischen Arbeiten nicht zu verwenden ist. Die Ausbeute an Holzkohlen ist bei Rothkohle natürlich größer als bei Schwarzkohle und erreicht bei ersterer oft 50 bis 60 Procent, während man sonst bei letzterer 25, höchstens 30 Procent bei Buchenholzverkohlung erhält. Bei der Destillation des Holzes (namentlich Buchenholz) mit überhitzten Wasserdämpfen erhält man bei den wässerigen Destillationsproducten, d. h. den Holzessig, mehr Holzgeist und auch einen viel besseren Holztheer, der fast gar kein Kreosot, aber mehr leichte Oele und Paraffin enthält. Die Untersuchungen der flüssigen Producte, d. h. des Holzessigs und Holztheeres, werden von dem Verfasser gegenwärtig genau studirt und seinerzeit die erhaltenen Resultate veröffentlicht werden.

Aus obigen Gründen ist die Anlage der Verkohlung des Holzes mit überhitzten Wasserdämpfen wohl zu empfehlen, und kann jede Maschinenfabrik Pläne für solche Anlagen leicht anfertigen.

Bei der Entladung der Retorten müssen folgende Vorsichtsmaßregeln beobachtet werden: Bevor der Deckel der Retorte geöffnet wird, schiebt man den am Abgangsrohre angebrachten Schieber zu, damit die Dämpfe der übrigen Retorten nicht beim Entladen in die zu entladene Retorte eintreten können und atmosphärische Luft in dieselbe gelangen kann, wodurch sehr leicht Explosionen herbeigeführt werden. Diese Knallluft bildet sich durch Mischung der gasförmigen Kohlenwasserstoffe mit der atmosphärischen Luft und ist im höchsten Grade gefährlich. Nachdem der Schieber am Abgangsrohre zugeschoben worden ist, öffnet man den Deckel der Retorte unter gleichzeitiger Entzündung der entweichenden Gase mit einem brennenden Holzspan und zieht die glühenden Kohlen in darunter gestellte, schmiedeeiserne Kühlapparate mittelst langer, eiserner Krücken. Sobald die Retorte entleert ist, werden die Kühlapparate, die oberhalb mit einem vertieften Rande versehen sind, welcher am besten mit etwas feuchtem Sande angefüllt wird und in welchen der Deckel gut paßt, mittelst desselben geschlossen, um den Zutritt der Luft vollständig zu verhindern. Hierauf wird die Retorte schnell mit frischem Holz geladen und der mit Lehm bestrichene Deckel aufgeschraubt und alsdann sogleich der Schieber wieder geöffnet.

Die Kühlapparate bleiben in der Regel 10 bis 12 Stunden stehen, bis die darin enthaltenen Kohlen vollständig abgekühlt sind. Hierauf werden die Kohlen, am besten in eingemauerte

Gruben entleert, welche mittelst eines schmiedeeisernen Deckels geschlossen werden können, da die Holzkohlen die Eigenschaft besitzen, die Gasarten sehr rasch aufzusaugen und dadurch die nicht vollständig abgekühlten Kohlen sich wieder entzünden. Das Ablöschen mit Wasser nützt nicht viel, da das Wasser von den immer etwas fettigen Kohlen rasch abläuft. Die Ladung der Retorten kann auch mittelst kleiner eiserner Wagen erfolgen, auf welche das vorbereitete Holz gelegt wird und nach Oeffnung der Retorten auf einer Schiene, die sich in den Retorten befindet, schnell eingeschoben werden muß. Es ist hierbei noch zu bemerken, daß das zu verkohlende Holz alles entrindet werden muß, da die Verkohlung sonst viel langsamer vor sich geht und auch das Holz viel dichter sich einschichten läßt. Man richtet die Entladung und Ladung der Retorten derart ein, daß immer nur zwei Retorten auf einmal geladen und wieder entladen werden, um nicht zu viel Arbeitskräfte anstellen zu müssen. Bei 24 Retorten kommen daher alle 2 Stunden zwei Retorten zur Entladung.

Was die Condensation der Essig- und Theerdämpfe anbetrifft, so muß dieselbe bei einer solchen Fabriksanlage gut ins Auge gefaßt werden; obwohl ein Theil der Holzessig- und Holztheerdämpfe sich leicht condensirt, so wird doch ein großer Theil selbst nach vollständiger Abkühlung, insbesondere die leichteren Destillationsproducte noch längere Zeit in den permanenten Gasen schwebend erhalten, schließlich fortgeführt. Man muß deshalb durch eine starke Wasserkühlung eine raschere und vollkommenere Condensation zu erreichen suchen. Die Wasserkühlung darf jedoch niemals unmittelbar hinter den Retorten, bei dem Hauptsammelrohre angewendet werden, da durch das abfließende Wasser die Ofenfundamente Wasser anziehen und eine Senkung herbeigeführt werden kann. Die Wasserkühlung ist deshalb immer außerhalb des Gebäudes anzuwenden und legt man die eisernen Kühlungsröhren in ein cementirtes Bassin, welches mit Wasser angefüllt wird. Bei dem Hauptsammelrohre, welches unmittelbar hinter den Retorten liegt, ist es sehr gut, wenn man in angemessenen Entfernungen voneinander Mannlöcher anbringen läßt, um von Zeit zu Zeit eine Reinigung dieses

Rohres von Kohlenstaub und dickem Theer vornehmen zu können. Außer dem Hauptsammelrohre unmittelbar hinter den Retorten muß ein längeres Hauptrohr von etwa 20 Meter Länge für 24 Retorten angeschlossen werden, durch welches allein schon eine bedeutende Kühlung der Destillationsproducte erzielt wird. Zwischen dem Hauptsammelrohre und diesem Hauptrohre von 20 Meter Länge ist ein Reservoir für den Holzessig und Holztheer einzuschalten, an dem sich ein Manometer befinden muß, um den jeweiligen Stand der Flüssigkeiten ersehen zu können; außerdem müssen zwei Ablaßhähne an diesem Reservoir angebracht sein, um den Holzessig und Holztheer von Zeit zu Zeit abzulassen. Hinter dem Hauptsammelrohre kommen außerhalb des Gebäudes zunächst noch ein Reservoir und dann die Condensationsröhren, die in einem mit Wasser gefüllten Reservoir liegen, und müssen die Gase noch ein System von stehenden Condensationsröhren passiren, wie solche in Gasanstalten angewendet werden. Dieses System besteht aus einer Anzahl vertical aufgestellter Röhren, in denen die Gase circuliren. Die permanenten Gase leitet man dann in einen gut ziehenden Schornstein oder fängt sie auch in einem besonderen Gasometer auf, um sie zur Verbrennung zu benützen, wodurch viel Brennmaterial erspart werden kann.

Am Ende des Condensationsrohres befindet sich das zur Aufnahme des condensirten Holzessigs und Holztheers bestimmte Reservoir, welches wenigstens 2 Meter lang, 1½ Meter breit und 120 Centimeter tief sein muß. Das Bassin kann gemauert und cementirt sein und wird durch eine Scheidewand von Blech oder eine gußeiserne Platte in zwei Abtheilungen getrennt, dieselbe behält jedoch einen Abstand von 158 Millimeter vom Boden, so daß der sich in der verschlossenen Abtheilung ansammelnde Holzessig und Holztheer unter demselben nach der kleineren Abtheilung ziehen kann. Die erste größere Abtheilung wird mit einer dicht auflagernden Deckplatte, an welche mittelst eines winkelrechten Bordes die Scheidewand gedichtet wird, gasdicht verschlossen, wogegen die zweite Abtheilung, welche zum Ausschöpfen des Holztheers dient, nur lose bedeckt wird.

Man entleert dieselbe stets nur so weit, daß die in die erste Abtheilung tretenden Gase nicht entweichen können, läßt immer einen Bestand von 237 Millimeter Höhe in derselben, so daß zugleich die in diese Abtheilung aus den Hauptcanälen einmündenden Fallrohre dadurch geschlossen bleiben. Die aus den Hauptcondensationsröhren durch ein zweischenkeliges Leitungsrohr nach der verschlossenen Abtheilung des Bassins geführten Gase treten aus diesen durch einen Schlitz in den ersten Canal, von da in den zweiten, dritten u. s. w. und entweichen durch den am Ende befindlichen Schornstein. Die Höhe der Canäle beträgt im Lichten 474 Millimeter und ihre Weite 210 Centimeter, so daß der Deckstein auf jeder Seite 26 Millimeter Auflage behält, sie sind nach hinten steigend angelegt und giebt man auf laufende 0·3 Meter 13 Millimeter Steigung. Die Umfassungs- und Scheidewände sind 2·13 Millimeter stark im Mauerwerke, das Abdecken derselben geschieht in ihrer ganzen Länge und Breite durch in Rollschichten gesetzte Steine in der Weise, daß die auf den Scheidewänden zu stehen kommenden Schichten durch drei nebeneinander stehende Läufer gebildet werden, welche man in abwechselnden Verband bringt, während die Umfassungs- und Deckschichten aus Strecken bestehen, wodurch es vermieden wird, daß Steine verhauen werden müssen. Um das Reinigen dieser Canäle zu erleichtern, läßt man in der Decke in Zwischenräumen von 3·1 bis 3·2 Meter eine beiläufig 0·50 Meter lange Oeffnung, welche mit einer in einen Pfalz passenden Platte von Gußeisen, die man mit feinem Lehm bestreicht, verdeckt. Die Mauerung der Canäle muß mit den besten Thonklinkern, welche in Cement gelegt werden, erfolgen und verputzt man alle Flächen möglichst gut. Am Ende jeden Canales steht derselbe durch ein Fallrohr mit den Holzessig- und Theerreservoirs in Verbindung, so daß die condensirten Flüssigkeiten leicht ablaufen können.

4. Der Holzessig und seine Darstellung aus verschiedenen Hölzern.

Der Holzessig wird fabriksmäßig durch Destillation des Holzes in eisernen Cylindern gewonnen, und verwendet man hierzu meist aufrechtstehende Cylinder von starkem Kesselblech, die mittelst eines Krahnes in die Oefen eingesetzt werden. Ein jeder Ofen hat mehrere Cylinder, so daß nach erfolgter Destillation des einen sofort ein frischer eingesetzt werden kann, während der erste abkühlt und dann erst entleert wird. Gewöhnlich stehen mehrere Apparate mit einem gemeinschaftlichen Sammelrohre und Condensator in Verbindung, welcher so eingerichtet ist, daß die nicht condensirbaren Gase unter den Feuerherd geleitet und dort zur Heizung des Verkohlungscylinders benützt werden können, wodurch wesentlich an Feuerungsmaterial gespart wird. Zur Aufnahme der Destillationsproducte wendet man ein verschlossenes Reservoir an, aus welchem ein knieförmig gebogenes Rohr nach einem zweiten offenen Bassin geführt wird, indem der Flüssigkeitsstand sich stets so hoch hält, daß die Mündung des Abflußrohres sich einige Zoll unter demselben befindet. Die in dem ersten Bassin auf diese Weise zurückgehaltenen Gase werden durch ein Rohr unmittelbar unter den Feuerherd geleitet und dieses Rohr mit einer fein durchlöcherten Brause versehen, in Folge dessen ein Rückschlag der Flamme nach dem Bassin nicht stattfinden kann und gleichzeitig das Einfallen von Asche in das Rohr vermieden wird. Die Beendigung der Operation beurtheilt man nach der Abkühlung des aus dem Cylinder nach dem Kühlrohr führenden Abzugrohres; sobald dasselbe beim Aufspritzen mit Wasser nicht mehr zischt, sondern dasselbe ruhig verdampft, ist die Entwickelung der Destillationsproducte beendet und die Verkohlung vollständig erfolgt. Man verwendet zum größten Theile Laubhölzer zur Destillation, besonders Buchenholz, welches möglichst lufttrocken sein muß; je größer der Wassergehalt des Holzes noch ist, desto schwächer wird der Holzessig ausfallen, und muß man bei lufttrockenem Holze eine schnelle, intensive Hitze anwenden, wobei man einen stärkeren Essig erhält als bei langsamer Destillation, wo zuerst nur Wasser destillirt und später sich mehr theerartige Producte bilden. Die verschiedenen Hölzer geben auch selbstverständlich verschiedene Destillationsproducte und liefert Tannen- und Fichtenholz den schwächsten, Buchen-,

Birken- und Eichenholz den stärksten Holzessig Was die Destillationsgefäße anbelangt, so haben sich schmiedeeiserne Retorten am vortheilhaftesten bewährt, während alle übrigen Retorten, gußeiserne, Chamotteretorten und gemauerte nie das Resultat der schmiedeeisernen erreicht haben.

Nach Stolze's Untersuchungen geben:

100 Gewichtstheile Holz von	Kohlen	Gasförmige Producte	Theer	Rohen Holzessig	Reine Essigsäure	Procentgehalt d. Essigsäure in der Holzfaser
Birke (Betula alba) . . .	22·4	22·0	8·6	45·0	4·47	10·01
Buche (Fagus sylvatica) .	24·6	21·8	9·5	44·0	4·29	9·83
Eiche (Quercus robur) . .	26·2	21·7	9·1	43·0	3·88	9·10
Wachholder (Juniperus com.)	22·7	20·8	10·7	45·8	2·34	5·28
Tanne (Pinus Abies) . .	21·2	23·9	13·7	41·2	2·16	5·28
Kiefer (Pinus sylvestris) .	21·5	24·3	11·8	42·4	2·14	5·10

Die Ausbeute an Holzessig bei fabriksmäßigem Betriebe kann durchschnittlich mit 33 Procent vom Gewichte des lufttrockenen Holzes angenommen werden, und hängt viel von der Leitung und dem Gange des Processes und der guten Abkühlung der Destillationsproducte ab.

5. Die Erzeugung des rohen Holzessigs aus Sägespänen und geraspelten Farbhölzern.

Zur Benützung und Verwerthung von Sägespänen, gebrauchten, geraspelten Farbhölzern und Lohe wird in England ein patentirter Ofen benützt, der aus der Zeichnung (Fig. 37) ersichtlich ist und sich als sehr zweckmäßig erwiesen hat.

Ueber dem vorderen Ende einer gewöhnlichen Horizontalretorte ist ein Trichter B angebracht, in welchem sich eine verticale Schraube C dreht. Der Trichter dient zur Aufnahme der Sägespäne, Lohe oder Farbhölzer und werden dieselben mittelst der sich bewegenden Schraube in die Retorte geschafft. In der Retorte befindet sich eine zweite Schraube D, welche die in dieselbe gelangenden Sägespäne in fortwährender Bewegung erhält und nach und nach bis an das hintere Ende der Retorte führt. Auf diesem Wege wird das Material allmählich verkohlt. Die Destillationsproducte entweichen durch ein am hinteren Ende der Retorte angebrachtes Rohr E,

Fig. 37.

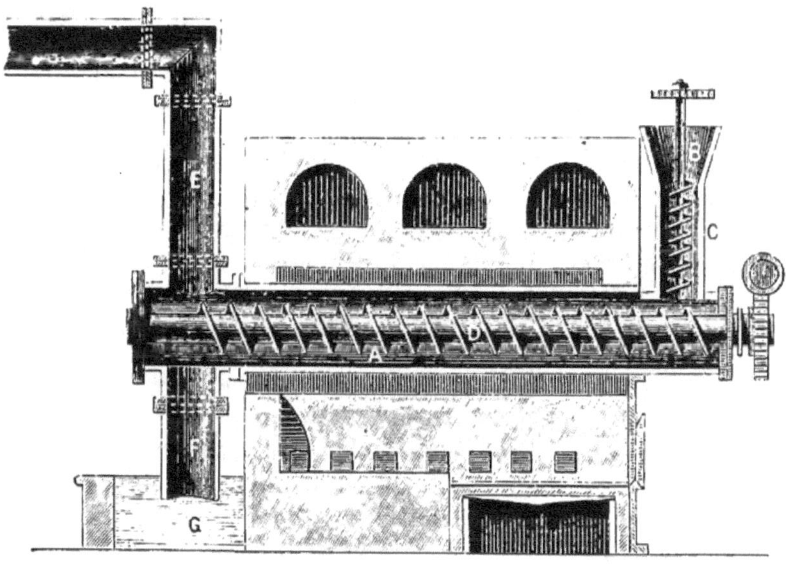

A Retorte zur Destillation. B Trichter zum Füllen. C Verticale Schraube. D Zweite Schraube. E Rohr für die Destillationsproducte. F Rohr für das abdestillirte Material. G Gefäß mit Wasser.

während das abdestillirte Material durch die Röhre F in ein mit Wasser gefülltes Gefäß G fällt. Der durch diesen Ofen erzeugte Holzessig ist in der Quantität fast ebenso groß wie der bei gewöhnlichen Methoden aus gutem Holze erzeugte. 20 Tonnen Sägespäne, die in einer Woche in 8 Retorten obiger Construction destillirt wurden, ergaben an Holzsäure im spec. Gewichte von 1·050 2484 Gallonen,

„ Theer . . . . 240 „

In gewöhnlichen Cylindern verkohltes Holz giebt im Durchschnitte: 1 Tonne Holz = 2240 Pfund

Holzessig	1277 Pfund
Kohle	600 „
Verlust	363 „
	2240 Pfund

Je nach der Trockenheit des Holzes fällt und steigt die Ausbeute, man erhält aber durchschnittlich nicht mehr wie 124 bis 127 Gallonen Holzessig im specifischen Gewichte von 1·030 und 600 Pfund Holzkohle. Aus Sägespänen erhält man mehr Holzessigsäure als aus Holz, deshalb ist die Anlage solcher Etablissements, wo Sägespäne oder Farbhölzerabfall verarbeitet wird, nur anzurathen. Ein anderer Sägespäneofen wurde in Drammen in Norwegen eingerichtet, um die dort in großer Menge in den zahlreichen Sägemühlen abfallenden Sägespäne zu verwerthen. Der Ofen entspricht vollkommen seinem Zwecke und tritt keine Störung bei dem Betriebe ein. Die feinsten Sägespäne verbrennen ohne Zusatz eines gröberen Materiales. Der Ofen wird als Wärmequelle für drei Retortenöfen mit je zwei Retorten benützt. Durch Schieber wird das Feuer regulirt oder auch nach Bedarf ganz von dem einen oder anderen Retortenofen abgesperrt. Man erhält Holzkohle, Theer, rohes Theeröl und essigsauren Kalk. Als Rohmaterial werden die Schalbretter der Sägemühlen und als Brennmaterial die Sägespäne benützt. Die Retorten sind zu zwei eingemauert, und zwar mit einer kleinen Senkung nach hinten. Dieselben haben zwei verschließbare Oeffnungen, die einander gegenüberstehen. Die untere Oeffnung dient sowohl um die Retorten wenden zu können, wenn sie auf der einen Seite ausgebrannt sind, als auch um während des Processes in der ersten Periode Wasser, in der letzten Periode Pech abzuzapfen. Die obere Oeffnung dient für den Abzug der Gase und Dämpfe. Die Leitungsröhren der Destillationsproducte sind am Umfange sehr weit, gehen ungefähr 3 Meter senkrecht in die Höhe und erstrecken sich dann unter einem Winkel von beiläufig 16 Grad bis zu dem 5 bis 6 Meter entfernten Condensationsapparat. Da die Dämpfe in der Leitung einen so langen Weg durchziehen, so verdichten sich in derselben die leichter condensirbaren Producte und sind genöthigt, in das Theer- und Essigreservoir zurückzufließen, daher sich nur die Essigdämpfe und die schwer condensirbaren Brandöle in den eigentlichen Condensationsapparaten als Holzessig und rohes Theeröl ansammeln. Auf diese Weise werden zwei Theersorten erhalten; ein dicker, schwarzer Theer und ein dunkelgefärbtes, leichtflüssiges Theeröl von demselben Ansehen wie finnischer Theer, welcher zum Schiffgebrauche sehr beliebt ist, weil er in das Holz sehr leicht eindringt und dasselbe in hohem Grade conservirt. Das Gas, welches sich während der Destillation in den Retorten gleichzeitig mit Essig- und Theerdämpfen bildet, gelangt aus den Condensationsapparaten zum Ofen zurück und trägt zum Heizen der Retorten wesentlich bei. Dieser Sägespäneofen unterscheidet sich von den bisher bekannten Constructionen hauptsächlich dadurch, daß die Sägespäne, mit Ausnahme der auf dem Roste liegenden kleinen Partien, nur von ihrer natürlichen Oberfläche aus wegbrennen, daher niemals, wie bei anderen Oefen, welche mit denselben ganz gefüllt werden, durch Zusammenstürzen der Sägespänemasse eine Hemmung des Zuges eintreten kann.

6. Die Destillation des rohen Holzessigs zur Gewinnung von Holzgeist und des rohen essigsauren Kalkes.

Der rohe Holzessig, welcher eine gelbe bis dunkel rothbraune Flüssigkeit von brenzlichem Geruche und Geschmacke bildet und ein specifisches Gewicht von 1·01 bis 1·05 besitzt, wird in einem großen gußeisernen Destillationsapparate ganz gelinde erwärmt und nach und nach concentrirte Kalkmilch zugegeben, bis alle Säure neutralisirt ist, wobei man die sich abscheidenden Theertheile mit einem Schaumlöffel entfernt. Hierauf wird der Destillationsapparat geschlossen und nach und nach das Feuer verstärkt. Das übergehende, gut abgekühlte Destillat wird so lange aufgefangen, als sich noch geistige Destillationsproducte zeigen, dann unterbricht man die Destillation und läßt den Apparat etwas abkühlen. Das geistige Destillat ist der rohe Holzgeist und wird derselbe nochmals über Kalkhydrat rectificirt, wobei ein großer Theil der brenzlichen Oele zurückgehalten wird. Um den Holzgeist möglichst wasserfrei zu erhalten, destillirt man ihn langsam über geschmolzenes Chlorcalcium. Der noch etwas warme Rückstand im Destillationsapparate wird durch das im Kessel befindliche Abflußrohr auf ein Filter, auf welchem sich gezupftes Werg befindet, langsam abgelassen, wobei die theeröligen Bestandtheile auf demselben zurückbleiben. Das Filtrat wird alsdann in einem offenen gußeisernen Kessel bis zur Trockene eingedampft und bildet den rohen essigsauren Kalk, der ein dunkelbraunes Aussehen und noch ziemlich viel brenzliche Stoffe besitzt. Man kann diesen rohen essigsauren Kalk entweder durch nochmaliges Auflösen, Filtriren und Wiedereindampfen reinigen oder man verwandelt den essigsauren Kalk in essigsaures Natron. Nach Rondall wird die Trennung der Destillationsproducte des rohen Holzessigs in folgender Weise vorgenommen.

Der rohe Holzessig wird in kupferne Destillationsblasen mittelst Dampf destillirt, wobei zuerst der Holzgeist (Methylalkohol) und später die Holzsäure überdestillirt. In der Destillationsblase bleiben theerartige Producte zurück. Die abdestillirte Holzessigsäure wird in große Kübel gebracht und mit Kreide neutralisirt. Man läßt die trübe Flüssigkeit so lange stehen, bis sie klar geworden ist, dann zieht man sie in die Abdampfpfannen ab. Diese schmiedeeisernen Pfannen enthalten 450 Gallonen Flüssigkeit und sind 3 Meter lang, $1^1/_3$ Meter breit und $^2/_3$ Meter tief. Die Flüssigkeit in diesen Pfannen wird so lange eingedampft, bis die Masse zu einem salzartigen Brei erstarrt, der in Körbe gebracht wird und die Mutterlauge abtropfen kann. Hierauf wird das Salz erst getrocknet. Diese Methode ist übrigens nicht zu empfehlen, da der Holzgeist nicht rein wird und viel Brandöle bei der Destillation mit übergehen, desgleichen bei der Destillation der Holzessigsäure. Die Neutralisation mit Kreide ist auch nicht zu empfehlen, da die Flüssigkeit steigt, in Folge der Entwickelung von Kohlensäure; es ist besser, die abdestillirte Holzessigsäure mit Kalkmilch in Ueberschuß zu neutralisiren.

7. Die Darstellung des essigsauren Natrons aus dem holzessigsauren Kalk.

Die Darstellung des essigsauren Natrons aus dem holzessigsauren Kalk kann entweder dadurch geschehen, daß man den rohen Holzessig zuerst mit gelöschtem Kalk in einem eisernen Kessel neutralisirt, erwärmt und die sich hierbei abscheidenden Theertheile von Zeit zu Zeit mit einem Schaumlöffel entfernt, die Lösung möglichst klärt und filtrirt und zum Sieden erhitzt, dann so viel schwefelsaures Natron, als zur Zersetzung nothwendig ist, zugiebt, vom Gyps abfiltrirt, um alle theerigen Theile zu entfernen, und schließlich zur Trockne verdampft; oder man löst den rohen eingedampften holzessigsauren Kalk in Wasser auf, erhitzt bis zum Kochen, giebt so viel schwefelsaures Natron hinzu, als zur Zersetzung des essigsauren Kalkes erforderlich ist, filtrirt die erhaltene geklärte Auflösung von essigsaurem Natron, um den Gyps abzuscheiden, und verdampft das Filtrat zur Trockne, schmilzt sehr vorsichtig, um alle brenzlichen und theerigen Stoffe zu verkohlen. Es muß diese letztere Operation sehr vorsichtig geschehen, damit sich das essigsaure Natron nicht zersetzt; wenn es zu stark erhitzt wird, entzündet sich die Masse bisweilen oder explodirt auch. Um das essigsaure Natron ganz rein zu erhalten, löst man es nochmals in warmem Wasser auf und filtrirt, um die kohligen Theile zu entfernen; die erhaltene Lösung dampft man ein und läßt krystallisiren. Die Krystalle trennt man von der Mutterlauge, trocknet sie und können dieselben dann zur Darstellung der reinen Essigsäure verwendet werden.

8. Die Darstellung der concentrirten Essigsäure aus dem essigsauren Natron.

Zur Darstellung der concentrirten Essigsäure bringt man in eine gußeiserne Blase mit Helm und Kühlapparat von reinem Zinn

100 Gewichtstheile wasserfreies essigsaures Natron,
60 " concentrirte Schwefelsäure,

die mit der dreifachen Menge Wasser vorher verdünnt worden ist, und giebt außerdem 5 Gewichtstheile guten Braunstein dazu, um die Bildung von schwefliger Säure zu vermeiden. Die gegenseitige Zersetzung erfolgt sehr rasch unter Entwickelung von viel Wärme, man muß deshalb die Säure zuerst eingießen, dann das mit Braunstein gemischte essigsaure Natron dazu geben, möglichst rasch mischen und den Apparat sofort mit dem Helme schließen und gut lutiren, damit keine Essigsäure entweichen kann. Die Destillation beginnt sofort und ist im Anfange nur ein sehr gelindes Feuer nothwendig, was man nach und nach verstärkt, bis der Boden der Destillationsblase schwach zu glühen anfängt. Das erhaltene Destillat wird zur Entfernung von allen brenzlichen Theilen nochmals auf Glasretorten rectificirt, nachdem man früher $1/2$ bis 1 Procent doppeltchromsaures Kali zugesetzt hat, welches dabei zu grünem Chromoxydsalz reducirt wird. Das Rectificat darf weder durch concentrirte Schwefelsäure dunkel gefärbt werden, noch auch salpetersaures Silberoxyd nach Zusatz von überschüssigem Ammoniak beim Erwärmen reduciren. Eine andere Methode ist folgende: Man nimmt 3 Theile vollkommen ausgetrocknetes, fein pulverisirtes, essigsaures Natron, bringt es in eine Retorte von doppeltem Rauminhalte und setzt 9·7 Theile Schwefelsäurehydrat, welches man vorher durch Aufkochen im Wasser von aller salpetrigen Säure gereinigt und bis zu 50 Grad erkalten gelassen hat, hinzu. Durch die heftige Wärmeentwickelung bei der Zersetzung des essigsauren Salzes destillirt $1/8$ der Essigsäure von selbst über, und destillirt bei gelinder Wärme, bis der Rückstand vollkommen flüssig geworden ist. Das zuerst von selbst übergehende Destillat ist schwächer als das später kommende; das ganze Destillat wird zur Befreiung von etwas Schwefelsäure und übergespritztem schwefelsauren Natron einer Rectification unterworfen. Man erhält im Ganzen 2 Theile concentrirte Säure von 20 Procent Wassergehalt. Die letzten zwei Drittel des Rectificates werden besonders aufgefangen und in einem verschließbaren Gefäße einer Temperatur von 4 bis 5 Grad über Null ausgesetzt. Hierbei krystallisirt das Essigsäurehydrat, das mehr wasserhaltige bleibt flüssig und wird von den Krystallen abgegossen. Durch eine neue Schmelzung der Krystalle für sich und eine zweite Krystallisation erhält man das reine Essigsäurehydrat.

9. Die Darstellung des Eisessigs und seine Eigenschaften.

Diese Methode besteht darin, daß man sich saures, essigsaures Kali darstellt und erhitzt, wobei sich dasselbe in neutrales Salz und überdestillirendes reines Essigsäurehydrat spaltet. Die Operation wird folgendermaßen ausgeführt: Man übergießt in einer tubulirten Retorte essigsaures Kali mit überschüssiger, 40 Procent starker, käuflicher Essigsäure, auf jeden Fall mehr als zur Bildung des sauren Salzes nöthig ist, und destillirt mit eingesenktem Thermometer. Zuerst geht eine sehr wässerige Säure über, dann steigt die Temperatur rasch, ohne daß erhebliche Mengen von Flüssigkeit übergehen, bis bei 200 Grad C. die Siede- und Zersetzungstemperatur des sauren essigsauren Kali erreicht ist, worauf man die Vorlage wechselt. Bei einer Temperatur von 300 Grad C. destillirt das Essigsäurehydrat über. Die Hitze darf jedoch 300 Grad C. nicht übersteigen, weil sonst auch das rückständige neutrale Salz eine Zersetzung erfährt und die Säure dann mit Aceton verunreinigt wird. Das Destillat wird dann noch rectificirt, indem man den zuerst und zuletzt übergehenden Antheil besonders auffängt und der mittlere Theil der reine Eisessig ist.

Die Eigenschaften des Essigsäurehydrates sind folgende: Es krystallisirt unter 17 Grad C. in wasserhellen, breiten, glänzenden, durchsichtigen Blättern und Tafeln, schmelzbar über 17 Grad C. zu einer wasserhellen Flüssigkeit von 1·063 specifischem Gewichte und durchdringendem, eigenthümlichem Geruche und höchst beißendem Geschmacke; zieht auf der Haut weiße Blasen, raucht schwach an feuchter Luft und zieht Wasser daraus an, siedet bei 120 Grad C., mischt sich in allen Verhältnissen mit Wasser, Alkohol und Aether, sowie vielen ätherischen Oelen, löst Kampher und verschiedene Harze auf. Der Dampf der erhitzten Essigsäure läßt sich entzünden und verbrennt mit blaßblauer Flamme zu Kohlensäure und Wasser.

Concentrirte Schwefelsäure mischt sich damit, die Mischung bräunt und schwärzt sich beim Erhitzen unter Entwickelung von schwefliger Säure. Salpetersäure ist ohne bemerkbare Einwirkung. Durch Chlor wird das Essigsäurehydrat in der Kälte und im Dunklen nicht zerlegt, bei Einwirkung des Sonnenlichtes wird Wasserstoff in Form von Salzsäure abgeschieden und ersetzt durch ein Aequivalent von Chlor (Chloracetylsäure). In Dampfgestalt durch eine schwach glühende Röhre getrieben, zerlegt sich das Essigsäurehydrat in Kohlensäure und Aceton und bei noch höherer Temperatur zerlegt sich das Aceton in brennbare Gasarten und Bildung von Kohle.

Beim Vermischen des Essigsäurehydrates mit einem gewissen Verhältniß Wasser ist das Volumen der Mischung kleiner als das der Bestandtheile zusammen und das specifische Gewicht größer als wie das des Hydrates der Säure für sich. Ein mit seinem gleichen Gewichte Wasser vermischtes Essigsäurehydrat besitzt dasselbe specifische Gewicht wie die reinste Säure. Eine Mischung von 77·2 Essigsäurehydrat und 22·8 Wasser besitzt das höchste specifische Gewicht = 1·079 und siedet bei 104 Grad. Diese Säure enthält genau 3 Atome Wasser auf 1 Atom wasserfreier Säure. Bei allen anderen Säuren nimmt in Mischungen derselben mit Wasser das specifische Gewicht mit der Menge des zugesetzten Wassers ab; bei der Essigsäure nimmt es bis zu einem gewissen Punkte zu, woher es kommt, daß eine Säure von einem höheren specifischen Gewichte weniger Alkali neutralisirt als die stärkste Essigsäure.

Das reine Essigsäurehydrat löst Quecksilberoxyd ohne Veränderung auf und verbindet sich damit, ebenso löst sich Citronenöl in Essigsäurehydrat.

Bei der Prüfung auf die Reinheit des Essigsäurehydrates muß dasselbe wasserhell, leicht krystallisirbar und entzündlich sein. Es darf nicht brenzlich oder nach schwefliger Säure riechen, mit Wasser verdünnt, weder mit Baryt noch mit Silbersalzen einen Niederschlag geben. Salpetersäure entdeckt man darin, wenn die Säure mit etwas Indigolösung versetzt und gekocht, die blaue Farbe der letzteren in Gelb verwandelt.

10. Aceton.

Das Aceton findet sich auch unter den Producten der trockenen Destillation des Holzes und man erhält dasselbe auch, wenn man Essigsäuredämpfe durch eine schwach rothglühende Röhre gehen läßt; die erhaltene Flüssigkeit wird über gebrannten Kalk im Wasserbade rectificirt, bis der Siedepunkt constant bleibt. Es ist eine wasserhelle, farblose Flüssigkeit von durchdringendem, eigenthümlichem, etwas brenzlichem Geruche von 0·7921 specifischem Gewichte, welche bei 55·6 Grad C. siedet.

Das Aceton besitzt einen beißenden, pfefferminzähnlichen Geschmack und mischt sich mit Wasser, Alkohol und Aether in jedem Verhältnisse; aus der wässerigen Mischung scheidet sich Aceton ab, wenn sie mit Kalkhydrat, Chlorcalcium und anderen Salzen in Berührung gebracht wird, die sich in Aceton nicht lösen.

Aus einer alkoholischen Auflösung von Chlorcalcium scheidet sich das Chlorcalcium krystallisirt ab, wenn sie mit hinreichendem Aceton gemischt wird.

Das Aceton ist leicht entzündlich und brennt mit leuchtender Flamme. Durch Chlor und concentrirte Schwefelsäure erleidet das Aceton eine Zersetzung.

11. Die Bereitung des holzessigsauren Eisens aus dem rohen Holzessig.

Zur Bereitung des holzessigsauren Eisens bringt man den rohen Holzessig auf Fässer, die mit möglichst schwachen Eisentheilen, Abschnitten von Schwarzblech, Dreh- und Rohrspänen gefüllt sind. Die Lösung des Eisens erfolgt unter starker Entbindung von Wasserstoffgas, je nach der Concentrirtheit des rohen Holzessigs und der dabei angewendeten Temperatur in einem kurzen Zeitraume, so daß die Sättigung des Holzessigs in circa 8 bis 14 Tagen bewirkt wird, was man noch dadurch beschleunigt, daß man die Flüssigkeit öfters abzieht, so daß das auf den Fässern befindliche Eisen mit der atmosphärischen Luft in Berührung kommt, wodurch die Oxydation beschleunigt wird, und daß man ferner die auf den Fässern befindliche Holzessigsäure auf eine Temperatur von 20 bis 25 Grad R. erhält, was man am einfachsten durch Einleitung von Dampf bewirkt.

Die Sättigung wird aber auf den Fässern nicht immer erreicht, weshalb man die von denselben abgelassene Lösung nochmals in gußeisernen Kesseln, die ebenfalls mit Eisentheilen angefüllt sind, bis zum Kochen erhitzt, die sich nach oben abscheidenden harzigen Theile und Unreinigkeiten abschöpft und so lange fortfährt, bis die Holzessigsäure vollständig gesättigt und das Product hinreichend concentrirt ist. Man dampft dasselbe auf 10 bis 15 Grad B. ein und läßt es vor dem Gebrauche vollkommen ablagern. Es bildet sich eine dunkelbraune, schwarzgrünliche Flüssigkeit. Das holzessigsaure Eisenoxyd läßt sich bis zum Sieden erhitzen ohne Veränderung, beim Abdampfen entläßt es die Essigsäure und bleibt ein basisches Salz zurück. Das holzessigsaure Eisen findet in der Färberei und Baumwollenmanufactur eine nicht unbedeutende Verwendung.

12. Der Holzgeist. Methylalkohol.

CH_4O.

Der Holzgeist tritt in der wässerigen Flüssigkeit auf, die man bei der trockenen Destillation des Holzes erhält; derselbe ist von Essigsäure, Aceton und brenzlichen Oelen begleitet, und besteht aus Kohlenstoff, Wasserstoff und Sauerstoff. Beim Sättigen mit Kalk scheidet der rohe Holzgeist einen Theil des brenzlichen Oeles ab und wird dabei Essigsäure gebunden. Destillirt man hierauf die Flüssigkeit, so erhält man den rohen Holzgeist des Handels, welcher durch öftere Destillationen über frischen Kalk von den noch anhängenden Brandölen befreit und farblos erhalten werden kann. In dem letzten Rectificat sind verschiedene Flüssigkeiten enthalten, die man nur durch Bindung des Holzgeistes an Chlorcalcium entfernen kann. Das Chlorcalcium bildet mit Holzgeist eine sehr beständige Verbindung, die selbst bei 100 Grad C. noch nicht zerlegt wird, so daß man durch Destillation bei 100 Grad C. die anderen Verbindungen entfernen kann. Die in der Retorte zurückgebliebene Holzgeistchlorcalcium-Verbindung zersetzt man durch Erhitzen mit Wasser und fängt das Uebergehende so lange auf, als es noch Wasser nicht trübt. Wöhler hat eine gute Methode angegeben, um im Kleinen ganz reinen Holzgeist darzustellen, indem man sich kleesauren Methyläther aus unreinem Holzgeist durch Destillation mit concentrirter Schwefelsäure und Sauerkleesalz darstellt. Der kleesaure Methyläther krystallisirt und ist deshalb leicht von Unreinigkeiten zu befreien. Durch Destillation mit Wasser zerfällt der kleesaure Methyläther in Holzgeist und Kleesäure.

Aus welchem Bestandtheile des Holzes der Holzgeist seinen Ursprung nimmt, hat man bis jetzt nicht mit Bestimmtheit ausgemittelt. Völkel leitet den Holzgeist aus zersetzter Essigsäure ab, wie die Acetone. Der Holzgeist ist kein unmittelbares Zersetzungsproduct der Cellulose, denn er beträgt höchstens 1 Procent des angewendeten Holzes und müßte sich dann auch in größerer Menge in Holzessig vorfinden. Der Geruch des Holzgeistes ist dem Weingeiste ähnlich und besitzt einen brennenden Geschmack, ist neutral, dünnflüssig, von 0·79 specifischen Gewichtes und siedet bei 65 Grad, brennt mit blauer Flamme und läßt sich wie Spiritus überall verwenden, wo sein Geschmack nicht in Betracht kommt, namentlich als Brennspiritus. Die physiologische Wirkung des Methylalkohols ist dem gewöhnlichen Alkohol ähnlich, indem er vorübergehend Berauschung und bei größeren Gaben scheintodt ähnlichen Schlaf bewirkt und im Blute schnell zersetzt wird. Er unterscheidet sich vom Weingeist dadurch, daß er bei der Destillation unter heftigem Aufstoßen kocht, wodurch seine Rectification wesentlich erschwert wird, und bringt man, um diesen Uebelstand zu beseitigen, ein Metall als besseren Wärmeleiter in die Flüssigkeit; ferner durch die Eigenschaft, daß die Dämpfe von Methylalkohol mit Platinschwarz in Berührung gebracht, in Ameisensäure umgesetzt werden, während Alkoholdämpfe in Essigsäure übergehen. Der Methylalkohol wird auch mit dem vierten Theile seines Gewichtes rectificirtem Terpentinöl oder Camphin zur Beleuchtung verwendet. Der Holzgeist wird ebenso bei der Darstellung verschiedener Anilinfarben verwendet, wie auch bei der Darstellung von mehreren Aethern in Verbindung mit manchen Säuren, als: Ameisensäure, Essig- und Salycilsäure. Bei der Destillation von Holzgeist mit Braunstein und Schwefelsäure entstehen verschiedene Oxydationsproducte, worunter vorzüglich Ameisensäure. Mit einem Ueberschuß von concentrirter Salpetersäure erhitzt, wird der Holzgeist in Wasser und Oxalsäure zersetzt; setzt man der Mischung salpetersaures Silberoxyd hinzu und entfernt durch Verdampfen die Salpetersäure, so bleibt ein weißer Rückstand von oxalsaurem Silberoxyd. Durch Chlor wird er schnell und leicht und mit starker Wärmeentwickelung unter Bildung von chlorhaltigen Producten zersetzt. Mit Kalium in Berührung entwickelt der Holzgeist reines Wasserstoffgas und entsteht eine Verbindung von Kaliumoxyd mit Methyloxyd, welches gelöst bleibt. Der Holzgeist löst in der Wärme geringe Mengen von Schwefel, Phosphor und viele Harze auf, mischt sich mit den meisten ätherischen Oelen und geht krystallinische Verbindungen mit Baryt, Kalk und Chlorcalcium ein. Man verwendet den Holzgeist in neuerer Zeit zur Denaturirung des Brennspiritus und sind von den Regierungen bestimmte Quantitäten dafür vorgeschrieben.

Reinigung von Methylalkohol.

Methylalkohol von 0·826 specifischem Gewichte und 68 Grad C. Siedepunkt kann man durch Behandlung mit Oxalsäure in Methyloxalat überführen, man versetzt dann dies mit trockenem Kaliumcarbonat in einer Destillirblase und mit gebranntem Kalk in kleinen Stücken und verbindet mit einem Kühler. In wenigen Minuten beginnt die Reaction von selbst und erfordert nur von Zeit zu Zeit ein gelindes Erwärmen. Man unterbricht die Destillation, wenn etwa ein Sechstel überdestillirt ist. Der erhaltene Alkohol ist zuerst geruchlos, nach einiger Zeit nimmt er erst einen eigenthümlichen Geruch an. Der Geruch läßt sich entfernen durch Behandeln mit Kaliumcarbonat, Destilliren und Zusatz von einigen Krystallen, Kaliumpermanganat.

13. Methyloxyd. Holzäther.

$C_2 H_6 O$.

Man erhält den Holzäther, indem man einen Theil reinen, wasserfreien Holzgeist mit 4 Theilen concentrirter Schwefelsäure erhitzt, hierauf das sich entwickelnde Gas zuerst in Kalkmilch leitet und dann durch mehrere dreihalsige Flaschen, die mit reinem Wasser gefüllt sind, gehen läßt.

Die wässerigen Flüssigkeiten enthalten Methyloxyd, was sich bei gelindem Erwärmen mit Gas entbindet und über Quecksilber aufgefangen werden kann. Durch Stehenlassen über Kalkhydrat wird das Methyloxyd von allen Wassertheilen und von Methyloxydhydrat, von denen es begleitet ist, befreit.

Das Methyloxyd ist ein farbloses Gas von angenehmem Aethergeruch, leicht entzündlich, mit blaßblauer Flamme brennend, wird bei —16 Grad nicht flüssig, löst sich in Wasser, was 37 Volumen davon aufnimmt und einen ätherartigen Geruch und beißenden Geschmack annimmt; es wird von Alkohol, von Methyloxydhydrat und concentrirter Schwefelsäure in größerer Quantität als von Wasser aufgenommen und trennt sich von der Schwefelsäure durch Zusatz von Wasser. Leitet man gleichzeitig Methyloxydgas und die Dämpfe von wasserfreier Schwefelsäure in einen abgekühlten Ballon, so vereinigen sich beide zu neutralem schwefelsauren Methyloxyd. Es bildet überhaupt mit Säuren neutrale und saure Salze. Nach dem specifischen Gewichte des Gases 1·6008 enthält es 1 Volumen Kohlenstoff, 3 Volumen Wasserstoff und $^1/_2$ Volumen Sauerstoffgas.

a) Ameisensaures Methyloxyd.

Man erhält das ameisensaure Methyloxyd durch Destillation von schwefelsaurem Methyloxyd und ameisensaurem Kali. Es ist eine farblose, sehr flüchtige Flüssigkeit, welche bei 33 Grad siedet.

b) Benzoesaures Methyloxyd.

c) Buttersaures Methyloxyd.

Die beiden werden zur Darstellung von Fruchtäthern verwendet.

d) Essigsaures Methyloxyd. Mesit nach Reichenbach.

Das essigsaure Methyloxyd wird aus dem rohen, von der Holzessigsäure abdestillirten Holzspiritus durch Behandlung mit fein pulverisirtem Kalkhydrat gewonnen; durch diese Manipulation wird das gelbe Brandharz entfernt, worauf man die durch Alaun entfärbte Flüssigkeit durch Kohle filtrirt und durch Chlorcalcium von Wasser und Methyloxyd befreit. Das essigsaure Methyloxyd kann man auch durch Destillation von 2 Theilen Methyloxydhydrat, 1 Theil Essigsäurehydrat und 1 Theil Schwefelsäurehydrat erhalten, oder man destillirt eine Mischung von einem essigsauren Salz mit einer Mischung von concentrirter Schwefelsäure und Holzgeist. Bei Digestion des erhaltenen Destillats mit groben Stücken Chlorcalcium verbindet sich dieses mit allem beigemischten Methyloxydhydrat, während das essigsaure Methyloxyd als eine leichte, ätherartige Flüssigkeit abgeschieden wird. Es ist ein dünnflüssiges, farbloses, ätherartig riechendes Liquidum von brennendem Geschmack, specifischem Gewicht bei 0 Grad = 0·95620, bleibt bei —34 Grad noch flüssig, siedet bei 50 Grad unter heftigem Stoßen, löst sich in Wasser, Alkohol und Aether in jedem Verhältnisse auf und enthält fast immer etwas freie Säure.

Die Darstellung des Mesits nach Reichenbach.

Reichenbach fand das essigsaure Methyloxyd im rohen Holzgeiste und hielt es für eine eigenthümliche Verbindung, derselbe legte daher ihr den Namen Mesit bei.

Man erhält es nach Reichenbach aus dem rohen Holzgeiste, wenn die ersten Destillationsproducte desselben so lange mit feinem Pulver von Kalkhydrat gemischt werden, als dieselben noch gelb werden; es entsteht eine Verbindung von Kalk mit den brenzlichen Oelen, welche unlöslich wird und niederfällt. Die abfiltrirte gelbe Flüssigkeit vermischt man mit einer kochend heißen Auflösung von Alaun bis zur Neutralisation, wodurch der Kalk und das vorhandene Ammoniak an Schwefelsäure gebunden werden, während das Harz und der Farbstoff mit Thonerde verbunden niederfällt. Hierauf wird die Flüssigkeit der Destillation unterworfen und erhält man ein farbloses Destillat, welches man von dem brenzlichen Geruche durch Schütteln mit einem fetten Oele und Filtriren durch Thierkohle befreit. Nach wiederholter fractionirter Destillation bringt man die Flüssigkeit mit Chlorcalcium in Berührung, wodurch zwei Flüssigkeiten entstehen und in der oberen das essigsaure Methyloxyd oder Mesit nach Reichenbach enthalten ist.

e) Salicylsaures Methyloxyd.

Das salicylsaure Methyloxyd wird künstlich aus Holzgeist, Salicylsäure und Schwefelsäure dargestellt und bildet eine farblose Flüssigkeit von angenehmem Geruche, welche bei 222 Grad siedet und in Wasser wenig, leicht löslich aber in Alkohol ist. Das specifische Gewicht beträgt bei + 10 Grad = 1·18. Die wässerige Lösung färbt sich mit Eisenoxydsalzen, besonders bei Zusatz von Aether violett. Das salicylsaure Methyloxyd findet sich in der Natur in dem Oele von Gaultheria procumbens (Ol of Wintergreen) neben einem flüchtigeren Oele, von dem es durch fractionirte Destillation getrennt wird. Auch bildet sich dasselbe Oel durch Destillation der Betula lenta mit Wasser.

f) Salpetersaures Methyloxyd.

Zur Darstellung des salpetersauren Methyloxyds bringt man in eine Glasretorte 1 Theil feingeriebenen Salpeter und ein Gemisch von 2 Theilen Schwefelsäure und 1 Theil Holzgeist; sobald sich das Gemisch erhitzt, destillirt das salpetersaure Methyloxyd ohne Anwendung von Wärme in die Vorlage über. Das Destillat wird durch Rectification noch besonders und dann schließlich noch über Chlorcalcium und Bleiglätte im Wasserbade gereinigt.

Das salpetersaure Methyloxyd bildet eine farblose, schwach ätherisch riechende Flüssigkeit, welche bei 66 Grad C.

siedet und ein specifisches Gewicht von 1·182 bei 2 Grad besitzt. In Wasser ist das salpetersaure Methyloxyd wenig löslich, leicht aber in Weingeist und Aether. Lackmuspapier wird dadurch verändert und verhält es sich ganz neutral. Durch Ammoniak und Kalilauge wird es langsam, durch eine Auflösung von Kalihydrat in Alkohol schnell in salpetersaures Kali, was sich in Krystallen abscheidet und in Methyloxydhydrat zerlegt.

g) Schwefelsaures Methyloxyd. Neutrales.

Um das neutrale schwefelsaure Methyloxyd darzustellen, unterwirft man eine Mischung von 1 Theil Methyloxydhydrat mit 8 Theilen Schwefelsäurehydrat der Destillation, wobei unreines schwefelsaures Methyloxyd in Gestalt eines ölähnlichen Liquidums übergeht, was man durch Waschen mit kaltem Wasser von Schwefelsäure, durch Stehenlassen über Chlorcalcium von Wasser und durch Rectification über gebrannten Kalk von schwefliger Säure befreit und rein erhält. Es ist eine farblose, schwere Flüssigkeit von knoblauchartigem Geruche und 1·324 specifischem Gewichte bei 22 Grad, welche bei 188 Grad C. siedet und ohne Veränderung sich überdestilliren läßt. Beim Erhitzen mit Wasser wird es augenblicklich zersetzt und entsteht dann Methyloxydhydrat und saures schwefelsaures Methyloxyd.

Noch zu erwähnen sind folgende Verbindungen des Methyloxyds: Baldriansaures Methyloxyd, caprylsaures Methyloxyd, citronensaures Methyloxyd und ölsaures Methyloxyd.

14. Der Holztheer und dessen technische Verarbeitung.

a) Ueber den Holztheer im Allgemeinen.

Der größte Theil des im Handel vorkommenden Holztheeres wird durch Meilerverkohlung gewonnen und dazu meist Fichtenholz, seltener Buchenholz verwendet. Den in Niederösterreich vorkommenden Holztheer gewinnt man zum großen Theile aus dem Holze der Schwarzföhre, die bekanntlich Terpentin und Scherrpech liefert. Es werden zur

Meilerverkohlung nur solche Bäume benützt, die wenig oder gar keinen Terpentin mehr geben. Das Holz ist daher auch harzarm und liefert ein Theerproduct, welches sich von den übrigen Theeren, namentlich den böhmischen Holztheeren, in Farbe und Geruch wesentlich unterscheidet. Der Holztheer stellt eine dicke, schwarze, syrupähnliche Masse dar, welche ein specifisches Gewicht von 1·075 besitzt und noch einen nicht unbedeutenden Gehalt an essigsaurem Wasser oder rohem Holzessig hat. Diese Menge des rohen Holzessigs beträgt durchschnittlich 20 bis 25 Procent und ist dieselbe im Winter, wo sich das Wasser schwerer trennen läßt, immer größer als im Sommer. Um diesen rohen Holzessig von dem Theer am besten zu trennen, giebt man etwas Kalkmilch dazu, rührt in großen offenen Bottichen gut um und läßt absetzen; der gelöste essigsaure Kalk wird dann abgezogen und für sich auf essigsauren Kalk verarbeitet, während der von der wässerigen Flüssigkeit möglichst befreite Theer dann weiter verarbeitet werden kann. Die Holztheere sind hinsichtlich ihrer physikalischen Beschaffenheit sehr verschieden, der niederösterreichische Holztheer von der Schwarzföhre bildet eine dicke, schwarze, syrupähnliche Masse, während der böhmische meist von Fichten gewonnen, eine hell gelbbraune Farbe hat und durchscheinend, dicker und von grieslicher Beschaffenheit ist. Zu den böhmischen Holztheeren werden meist harzreiche Hölzer, namentlich Wurzelstöcke verwendet, die sehr viele Harztheile enthalten. Bei der Meilerverkohlung der Fichtenwurzelstöcke erhält man gewöhnlich drei Sorten Theer, erstens einen dünnflüssigen, lichtgelben, der viel ätherisches Oel und Harz enthält und Theerwasser genannt wird, zweitens einen gelben, dickflüssigen Theer von 1·05 specifisches Gewicht und drittens einen dicken, braunschwärzlichen Theer von mehr grieslicher Beschaffenheit und einem specifischen Gewichte von 1·15. Die Gewinnung des Fichtenwurzelstocktheeres in Böhmen und Mähren geschieht in Meilern auf gemauertem Untergrunde, wobei sich die theerigen Producte und Holzessig in Gruben ansammeln, die mittelst Canälen in Verbindung stehen, und geht auf diese Weise der Theer und Holzessig nicht verloren, wie bei der gewöhnlichen

Meilerverkohlung. Die quantitative Ausbeute an Theer ist bei dieser Manipulation noch bedeutend höher, als bei der Retortenverkohlung und schwankt zwischen 14 und 16 Procent.

Das Kiefernholz liefert sonst bei der Retortenverkohlung von 100 Theilen im lufttrockenen Zustande:

Theer	11·8	Kilogramm
Rohen Holzessig .	42·4	"
Holzkohle . . .	21·5	"
Gase	24·3	"

100 Kilogramm Kienholz liefern bei der Meilerverkohlung in Mähren:

Theer	15·4	Kilogramm
Holzessig . . .	22·0	"
Holzkohle . . .	16·4	"
Gase	46·2	"

Der Holztheer der Gasanstalten ist meist sehr dünn flüssig, dunkelschwarz und besitzt einen sehr starken, dem Steinkohlentheer ähnlichen Geruch und ein specifisches Gewicht von 1·60; es ist mehr ausgeschiedener Kohlenstoff und Naphthalin darin enthalten, was sich bei der großen Hitze in den Retorten gebildet hat, während der Theer der Meilerverkohlung mehr Paraffin und Brandharze enthält.

b) Die Untersuchung verschiedener Holztheere.

1. Meilertheer von der niederösterreichischen Schwarzföhre.

Specifisches Gewicht 1·075.

100 Theile Meilertheer geben bei der trockenen Destillation:

Essigsaures Wasser . .	20	Theile	
Leichtes Holztheeröl .	10	"	specifisches Gewicht 0·966
Schweres " . .	15	"	" " 1·014
Schusterpech	50	"	
Destillationsverlust . .	5	"	
	100	Theile.	

Das leichte Holztheeröl, im specifischen Gewichte von 0·966, besitzt einen sehr unangenehmen, penetranten Geruch, ist im Anfange der Destillation hellgelb, färbt sich jedoch später in Berührung mit der atmosphärischen Luft dunkelbraun. Das schwere Holztheeröl, im specifischen Gewichte von 1·014, hat eine gelblich graue Farbe und enthält viel Holztheerkreosot. Das erhaltene Pech ist schwarz und im erkalteten Zustande fest, sehr zähe und nicht leicht brüchig. Zwischen den Fingern erwärmt, läßt es sich leicht in Fäden ziehen und kneten.

Dasselbe wird mit anderen Zusätzen als Schusterpech verwendet.

2. Meilertheer von böhmischen Fichtenhölzern.

Specifisches Gewicht 1·116.

100 Theile böhmischer Meilertheer geben bei der trockenen Destillation:

Essigsaures Wasser . .	10	Theile		
Leichtes Holztheeröl .	5	"	specifisches Gewicht	0·977
Schweres " . .	15	"	" "	1·021
Schusterpech	65	"		
Destillationsverlust . .	5	"		
	100	Theile.		

Der böhmische Holztheer ist durchscheinend, hat eine hell gelbbraune Farbe, sowie griesliche Beschaffenheit, und ist dickflüssiger als der niederösterreichische. Das Holztheeröl besitzt in rohem, ungereinigtem Zustande ein specifisches Gewicht von 0·977, ist bei der Destillation anfangs gelblich, färbt sich jedoch in Berührung mit Luft bald braun und hat einen aromatischeren Geruch, als das vom niederösterreichischen Holztheer gewonnene. Das Schusterpech zeichnet sich durch einen sehr milden Geruch und etwas größere Klebrigkeit aus und ist ein beliebter Handelsartikel.

c) Meilertheer von mährischen Fichtenwurzelstöcken.

1. Dünnflüssiger Fichtenwurzelstocktheer.

Theerwasser genannt.

Derselbe besitzt eine lichte, gelbe Farbe und ein specifisches Gewicht von 1·012. 100 Theile Fichtenwurzelstocktheer geben bei der trockenen Destillation:

Rohes leichtes Fichtentheeröl . . .	41·2	Theile
Lichtes Fichtentheerharz	33·5	„
Essigsaures Wasser und Gase . .	25·3	„
	100	Theile.

Das erhaltene lichte Harz hat einen sehr angenehmen, an Benzoë erinnernden Geruch, besitzt eine große Klebkraft und läßt sich nur bei niederer Temperatur in Stücke zerschlagen, die einen breit muscheligen Bruch besitzen und leicht wieder zusammenkleben. Das rohe leichte Fichtentheeröl ist etwas gelblich gefärbt und hat einen angenehmen, aromatischen Geruch.

100 Theile des rohen leichten Fichtentheeröles ergeben nach der vorgenommenen Reinigung und Destillation:

Feines weißes Fichtentheeröl . . .	70	Procent
Gelbes Fichtentheeröl	20	„
Destillations- und Reinigungsverlust	10	„
	100	Procent.

Das rectificirte Fichtentheeröl ist wasserhell, dunkelt an der Luft nicht nach, hat einen sehr angenehmen, aromatischen Geruch und kann als Fichtennadelöl verkauft werden, was bekanntlich einen sehr hohen Werth besitzt. Da bei dieser Meilerverkohlung sehr viele kleine Zweige mit den Fichtennadeln in den Feuercanälen mit verbrennt werden, so ist auch kein Zweifel vorhanden, daß dieses Product von den Nadeln herrührt. Das zweite gelbe Oel, sogenanntes polnisches Oel, hat einen etwas stärkeren Geruch, der mehr an Terpentinöl erinnert, und läßt sich durch nochmalige Rectification wasserhell herstellen.

2. Gelber dickflüssiger Fichtenwurzeltheer.

Specifisches Gewicht 1·05.

100 Theile dieses Theeres geben bei der trockenen Destillation:

Rohes Fichtentheeröl oder Kienöl . . .	11·3	Theile
Gelbes braunes Fichtentheerharz	83·5	„
Destillationsverlust und Wasser	5·2	„
	100	Theile

Das bei der Destillation dieses Theeres erhaltene rohe Oel ist nicht so fein wie bei Theer Nr. 1 und riecht stärker, mehr dem rohen Terpentinöl ähnlich; dieser Geruch verschwindet nach der Reinigung und nochmaligen Rectification und kann dann als Terpentinöl verbraucht werden.

Bei der Reinigung des rohen Fichtentheeröles von Theer Nr. 2 ergaben 100 Theile:

Lichtes Terpentin- oder Kienöl	65	Procent
Gelbes polnisches Oel	20	„
Destillations- und Reinigungsverlust . .	15	„
	100	Procent

Die Destillation des Theeres Nr. 2 muß sehr vorsichtig, bei gelinder Wärme im Anfang geschehen und empfiehlt sich dabei ein Rührapparat im Kessel, damit die Wassertheile leichter aus der Pechmasse entfernt werden, es entstehen sonst kleine Explosionen oder ein rapides Uebersteigen des Theeres. Das von Theer Nr. 2 erhaltene Harzpech ist von rothbrauner Farbe, aromatischem, aber etwas stärkerem Geruch als das von Nr. 1 gewonnene. Die Klebrigkeit ist eine sehr große und eignet sich dasselbe deshalb zur Erzeugung von Brauerpech, unter Zusatz von Colophonium.

3. Dicker, brauner, schwärzlicher Fichtenwurzelstocktheer von mehr grieslicher Beschaffenheit.

Specifisches Gewicht 1·15.

100 Theile Theer ergeben bei der trockenen Destillation:

Schweres Kien- oder Schmieröl	10·5	Theile
Dunkelbraunschwarzes Harzpech	85·2	„
Gase, Wasser und Verlust	4·3	„
	100	Theile

Das schwere Kienöl läßt sich durch Rectification und chemische Behandlung reinigen, jedoch ist das Product ein minderes und läßt sich nur als ordinäres polnisches Oel verwerthen, dessen Preis auch viel niedriger ist. Das erhaltene, braunschwarze Harzpech kann entweder zur Erzeugung von schwarzem Brauerpech, Schiffspech oder auch Schusterpech verwendet werden. Der Geruch ist nicht so aromatisch, mehr brandig.

d) Retortentheer von Holz.

Der in Retorten direct erzeugte Holztheer kommt dem Meilertheer in der physikalischen Beschaffenheit ziemlich nahe, nur enthält er weniger Brandharze, Kreosot und mehr Paraffin.

100 Theile Retortentheer geben bei der trockenen Destillation:

Essigsaures Wasser	15	Theile	
Rohes leichtes Holztheeröl .	15	„	spec. Gewicht 0·935
Schweres Holztheeröl . .	25	„	„ „ 1·010
Holztheerpech	40	„	
Destillationsverlust . . .	5	„	
	100	Theile	

Bei der Reinigung des leichten und schweren Holztheeröles erhält man viel schönere, lichtere und nicht so leicht nachdunkelnde Producte, wie die vom Meilertheer, die auch bei der Reinigung weniger Reinigungsmaterial erfordern. Bei der Destillation des schweren Holztheeröles geht zuletzt ein paraffinhältiges Oel über, aus welchem bei niederer Temperatur das Paraffin auskrystallisirt und durch Filtriren des Oeles gewonnen werden kann.

e) Gastheer von Holz.

1. Holzgastheer aus der Linzer Gasanstalt.

Specifisches Gewicht 1·160.

Dieser Theer ist sehr dünnflüssig, dunkelschwarz und von sehr starkem, dem Steinkohlentheer ähnlichen Geruch.

100 Theile Theer geben bei der trockenen Destillation:

Essigsaures Wasser . . .	7	Theile		
Leichtes Holztheeröl . . .	11	„	spec. Gewicht	1·014
Schweres „ . . .	20	„	„ „	1·029
Schwarzes Pech	60	„		
Destillationsverlust . . .	2	„		
	100	Theile		

Die bei der Destillation erhaltenen Oele dunkeln in Berührung mit der atmosphärischen Luft sehr bald nach, wie die bei den Meilertheeren erhaltenen. Das Pech ist glänzend schwarz, sehr spröde und läßt sich nicht als Schusterpech, sondern bloß zu Lacken verwenden, ebenso eignet es sich nicht zum Schiffsbau.

2. Holzgastheer aus der Salzburger Gasanstalt.

Specifisches Gewicht 1·180.

Dieser Theer ist etwas dicker als der vorhergehende, hat eine dunkelschwarze Farbe und sehr starken Geruch.

100 Theile Theer geben bei der trockenen Destillation:

Essigsaures Wasser . . .	10	Theile		
Rohes leichtes Holztheeröl .	10	„	spec. Gewicht	1·012
„ schweres „ .	15	„	„ „	1·022
Schwarzes Pech	55	„		
Destillationsverlust . . .	10	„		
	100	Theile		

Die Destillationsproducte sind denjenigen des Linzer Theeres sehr ähnlich, nur ist das Pech etwas weicher und nicht so spröde. Als Schusterpech kann es wegen seines starken Geruches jedoch nicht verwendet werden. Dieses schwarze Pech besteht aus Brandharzen, ausgeschiedenem Kohlenstoff und etwas Naphtalin. Bei der Destillation dieses Peches gehen zuerst noch Brandöle über, dann Naphtalin, welches mit Pyren und Chrysen verunreinigt ist, und bleibt ein coaksartiger Rückstand in dem Destillationsapparate zurück. Die übergegangenen Brandöle färben sich bei der Berührung mit der atmosphärischen Luft roth und scheiden bei längerem Stehen an einem kalten Orte körnige Krystalle ab, die hauptsächlich aus Naphtalin, Pyren und Chrysen bestehen. Behandelt man dieses Gemenge mit Aether, so geht das Pyren in Lösung und das Chrysen bleibt zurück. Das Chrysen ist ein gelbes, geruch- und geschmackloses Pulver, welches in Wasser und Weingeist unlöslich, etwas löslich aber in Terpentinöl und Aether ist. Es schmilzt bei 230 Grad C. und erstarrt krystallinisch. Das Pyren scheidet sich beim langsamen Verdunsten der ätherischen Lösung ab und wird aus kochend heißer, weingeistiger Lösung umkrystallisirt. Es krystallisirt in klaren rhomboëdrischen Prismen und schmilzt bei 170 bis 180 Grad C. Es ist geschmack- und geruchlos, unlöslich in Wasser, löslich in Aether und Alkohol.

f) Holztheer mit überhitzten Wasserdämpfen.

100 Theile dieses Holztheeres ergaben bei der trockenen Destillation:

Essigsaures Wasser . . .	5	Theile	
Leichtes rohes Holztheeröl .	20	„	spec. Gewicht 0·920
Schweres	25	„	„ „ 0·978
Paraffinhaltiges	15	„	
Holztheerpech	30	„	
Destillationsverlust . . .	5	„	
	100	Theile	

Der mit überhitzten Wasserdämpfen erhaltene Holztheer ist hinsichtlich seiner physikalischen Beschaffenheit bei niedriger Temperatur von salbenartiger Consistenz, welche jedenfalls durch den größeren Paraffingehalt bedingt wird, und enthält weniger Holztheerpech. Die leichteren Holztheeröle lassen sich leichter reinigen und fast wasserhell herstellen, als die von Meiler- und Gastheer erzeugten.

15. Die Destillation des Holztheeres zur Gewinnung des rohen, leichten und schweren Holztheeröles, sowie des Holztheerpeches.

Mit Fig. 38 und 39.

Der Holztheer wird zunächst in große offene Bottiche gebracht und giebt man unter fortwährendem Umrühren etwas dünne Kalkmilch dazu, und zwar so viel, bis der anhaftende Holzessig neutralisirt worden ist; dann erwärmt man durch Dampf, um die Trennung der wässerigen Schicht besser zu bewirken, überläßt 24 Stunden der Ruhe und zieht dann die wässerige Schicht ab. Diese enthält essigsauren Kalk und wird für sich zur weiteren Verarbeitung aufgehoben.

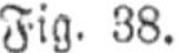
Fig. 38.

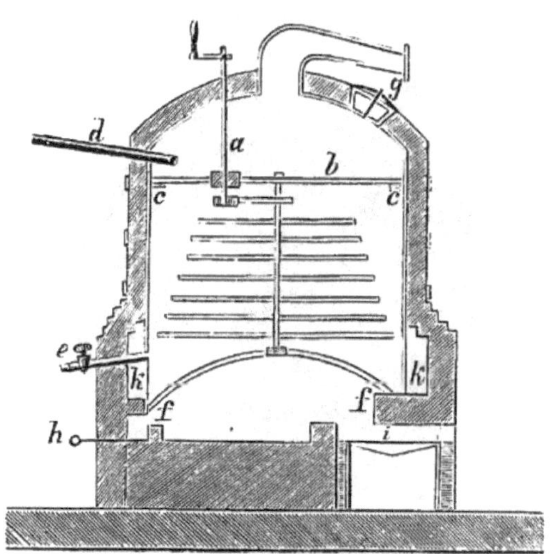

Holztheer-Destillationsapparat.

a) Querschnitt.

a Rührvorrichtung. b Siebförmige Einlage. c Schmiedeeisener Ring. d Einfüllungsrohr. e Abflußrohr. f Kranz von Mauerwerk. g Mannloch. i der Rost. k Ringförmiger Seitencanal. l Canal in dem Schornstein. n Schieber.

Der im Bottich zurückbleibende Holztheer wird nochmals mit etwas mit Schwefelsäure angesäuertem Wasser tüchtig durchgerührt, um alle alkalischen Bestandtheile zu entfernen, und zieht man auch dieses Wasser wieder ab und behandelt nochmals den Theer mit Dampf, um alle wässerigen Theile möglichst abzuscheiden. Der erkaltete Theer besitzt dann bereits eine festere Consistenz und wird in diesem Zustande in die

Destillationsapparate gebracht. Bei einem kleineren Betriebe sind gußeiserne Destillationsblasen vorzuziehen, bei großem, fabriksmäßigem Betriebe schmiedeeiserne Destillationsapparate zu empfehlen. Obwohl die schmiedeeisernen Apparate einer größeren Abnutzung unterworfen sind, als die gußeisernen, so zieht man dieselben deshalb vor, weil größere gußeiserne Blasen viel schwieriger zu gießen sind und auch

Fig. 39.

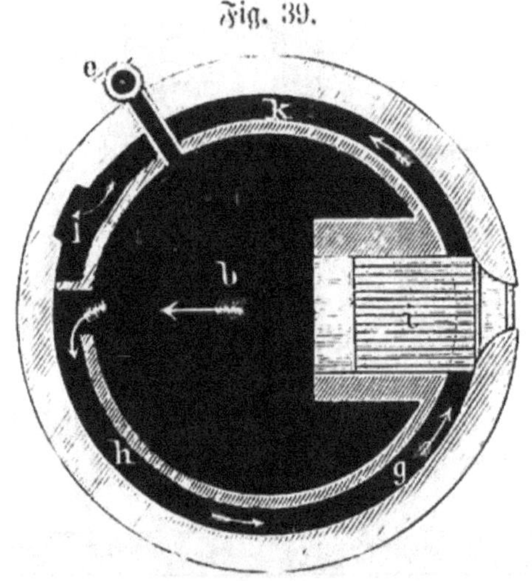

b) Grundriß in der Höhe des Rostes.

h, g, k Ringförmiger Seitencanal. i Rost. l Canal in den Schornstein. e Abfluß.

der Gefahr des Zerspringens bei den ersten Destillationen leichter ausgesetzt sind, was bei schmiedeeisernen nicht zu befürchten ist und man letztere in beliebiger Größe herstellen kann. In den schmiedeeisernen darf die Destillation nicht zu weit getrieben werden und man destillirt weniger schweres Oel ab, um das Pech vollständiger aus der Destillationsblase ablassen zu können und damit keine Schlackenbildung eintritt. Die Schlacken lassen sich aus schmiedeeisernen Blasen nicht so leicht entfernen und sind dieselben einer Beschädigung viel leichter beim Herausschlagen ausgesetzt, als bei gußeisernen. Um die schmiedeeisernen Destillationsblasen vor der schädlichen Einwirkung der Stichflamme zu schützen, bewahrt man sie durch eine Art Schutzgewölbe. Der Durchmesser der Destillationsblasen kann mit 4 Meter Weite und 3 1/2 Meter Höhe angenommen werden und gehen in eine solche Blase über 400 Centner Holztheer. Die Gestalt und Einmauerung ersieht man aus Fig. 38 und 39.

Die Form ist die eines stehenden Cylinders, welcher oben mit einer halbkugeligen Wölbung geschlossen ist; der Boden hat dieselbe Wölbung, aber nach innen. Diese Form gewährt im Verhältniß zu dem Inhalte eine größere Feuerfläche, als eine flache oder auswärts gewölbte und wirkt sehr wesentlich zur Ersparung von Kohlen als auch zur Beschleunigung der Arbeit. Das Material ist 3/8 Zoll oder 10 Millimeter starkes Kesselblech, was sorgfältig vernietet und verstemmt werden muß.

Eine größere Dicke des Kesselbleches erfordert mehr Brennmaterialaufwand und würde auch ein schnelleres Verbrennen des Eisens herbeiführen. Der Helm der Destillationsblase ist von Gußeisen und durch einen Sattelflansch mit dem Dom verbunden, und besitzt eine innere Weite von 60 Centimeter, welche sich bis auf 20 Centimeter verjüngt und von dort an mit dem Condensationsapparat in Verbindung gebracht wird. Das Mannloch ist wie bei den Dampfkesseln durch einen Deckel mit zwei Schraubenbügeln verschlossen und wird gut mit feinem Lehm verstrichen.

Im Inneren der Destillationsblase befindet sich eine Rührvorrichtung a, um den Theer zu rühren, und weiter oben eine siebförmige Einlage b, die beim Uebersteigen des Theeres wesentliche Dienste leistet.

Die siebförmige Einlage ruht auf schmiedeeisernen Stäben c und einem Riegel, der im Inneren der Blase angebracht ist; er besteht aus verschiedenen Theilen, die einzeln zum Einsetzen sind, und geschieht dieselbe durch das Mannloch. Die Füllung der Destillationsblase wird durch ein seitliches, 12 Centimeter weites Rohr d bewerkstelligt, welches oben an der Blase angebracht ist und mit einem höher gestellten

Theerbehälter in Verbindung steht. Am Boden der Blase befindet sich das Ablaßrohr e für das Pech. Es ist ganz am untersten Rande angebracht und hat 5 bis 6 Centimeter Fall, damit das Pech vollständig auslaufen kann. Die Destillationsblase ruht auf einem Kranze von Mauerwerk f, welcher an zwei Stellen unterbrochen ist, auf dem Schutzgewölbe ff und auf dem Bogen g, der die Feuerluft in den ringförmigen Seitencanal hgk entweichen läßt. Der Rost i ist 1⅓ Meter lang und breit. Die Feuerbrücke ist 40 Centimeter hoch, wodurch die Flamme gezwungen wird, dicht unter den einwärts gewölbten Boden der Destillationsblase hinzuziehen, bis sie in den 30 Centimeter weiten und 115 Centimeter hohen Seitencanal k eintritt, der um die Destillationsblase herumgeht, schließlich bei l abwärts geht und in einem unterirdischen Canal in den Hauptschornstein gelangt. Der Schieber n ist hier zur Regulirung der Feuerung angebracht. Die ganze Destillationsblase ist mit Mauerwerk umgeben, um vor Abkühlung möglichst zu schützen, und außerdem an mehreren Stellen mit Bandeisen eingefaßt, um das ganze Mauerwerk besser zusammenzuhalten. Beim Füllen der Destillationsblase öffnet man den Hahn des Zulaufrohres d und läßt den Theer in die Blase laufen, wobei das Mannloch offen gehalten wird, damit die verdrängte Luft entweichen kann. Wenn die Destillationsblase bis zur Hälfte gefüllt ist, dreht man den Hahn des Zulaufrohres zu. Die Feuerung kann nun beginnen und wird die siebförmige Einlage durch das Mannloch eingebracht, dasselbe geschlossen und gut mit Lehm verstrichen.

Das Anheizen der Blase muß sehr vorsichtig geschehen und rührt man dabei mittelst des Rührapparates um, um eine möglichst gleichförmige Erwärmung der Theermasse herbeizuführen. Im Winter dauert das Anheizen länger als im Sommer und kann man durchschnittlich 5 bis 6 Stunden annehmen. Nach Verlauf dieser Zeit erscheinen in den Vorlagen die ersten Destillationsproducte und ist jetzt die größte Aufmerksamkeit auf die Feuerung zu richten und diese zu mäßigen, was durch Oeffnen der Feuerthür und Vertheilung der Glut auf dem Roste am besten erreicht wird. Es muß von diesem Zeitpunkte an der Rührapparat immer in Bewegung gesetzt werden, um ein Uebersteigen der Theermasse möglichst zu verhindern, und wirkt die siebförmige Einlage beim Steigen der Theermasse dadurch, daß die Blasen möglichst zertheilt werden und die Wassertheile sich rascher aus dem Destillationsapparate entfernen. Sollte dennoch eine Gefahr des Uebersteigens eintreten, so begießt man den oberen Theil der Blase, namentlich den Helm mit kaltem Wasser und nimmt die auf dem Roste vorhandene Glut heraus. Beim Beginne der Destillation erscheinen stoßweise Dämpfe, die sich zu Tropfen condensiren, und fangen der Helm und die Kühlrohre an, sich zu erwärmen. Das Sieden des Theeres erfolgt unter heftigem Stoßen und Schäumen und ist dies oft die Ursache des Uebersteigens. So lange noch Wasser in der Masse enthalten ist und überdestillirt, betreibt man die Destillation recht langsam und wechselt öfters das Kühlwasser, da die Wasserdämpfe eine sehr gute Kühlung verlangen. Der Uebergang der letzten Wassertheile kündigt sich meist durch ein sehr starkes Geräusch an, was damit zu vergleichen ist, wenn fettige Substanzen mit Wassergehalt erhitzt werden. Man muß zu diesem Zeitpunkte die Vorlagen wechseln und das ohne Wasser übergehende Oel in besondere Gefäße bringen. So lange Wasser übergeht, ist dasselbe anfangs von einem gelben, später in Berührung mit der Luft dunkelbraun werdenden Oele von einem specifischen Gewichte von 0·966 begleitet, welches einen unangenehmen sauren Geruch hat. Nachdem die letzten Wassertheile übergegangen sind, geht ein schweres Oel von 1·014 specifischen Gewichtes und gelblich grüner Farbe über.

Das leichte Oel, welches gewonnen wird, beträgt durchschnittlich 10 Procent, das schwere Oel von 1·014 15 Procent. Nachdem ungefähr 25 Procent Oel und 20 Procent essigsaures Wasser übergegangen sind, wird die Destillation unterbrochen und bleibt die Destillationsblase 12 Stunden der Abkühlung überlassen, worauf man das noch flüssige Pech durch das Rohr c abläßt. Die ganze Operation dauert in der Regel 36 Stunden. Das Pech läßt man in schmiedeeiserne, tragbare Kessel laufen und schöpft es von da in mit

Lehm ausgestrichene Kisten, in denen es erkaltet und als Schusterpech im Handel vorkommt.

Zur Bedienung einer solchen Destillationsblase sind zwei Arbeiter unbedingt nothwendig, da der eine mit Herbeischaffung des Brennmateriales und Bedienung des Feuers, der zweite zum Rühren im Anfange der Destillation und zum Fortschaffen der Destillationsproducte hinreichend zu thun hat. Beim Auslassen und Fortschaffen des Peches zum Schlusse sind alle zwei Arbeiter erforderlich. Sobald das Pech vollständig abgelaufen ist, kann man zu einer frischen Füllung des Destillationsapparates schreiten, und ist es gut, im Anfange nicht zu viel frischen Theer einzulassen, damit das Pech, welches sich noch am Boden befindet, nicht hart wird, sondern durch die noch vorhandene Wärme des Apparates sich in dem frischen Theer löst, was durch Umrühren befördert wird. Bei beständigem Betriebe der Theerblase ist es nur alle fünf Wochen nöthig, dieselbe zu reinigen, und zwar wird zu diesem Zwecke das Mannloch früher einige Zeit geöffnet, um die Luft einzulassen, und steigt dann ein Mann hinein und schlägt mit Meißel und Hammer unter derselben Vorsicht wie bei den Dampfkesseln den coaksartigen spröden Ansatz heraus.

Zur Destillation von 400 Centner Holztheer rechnet man circa 30 Centner Brennmaterial Kohlen besserer Qualität.

16. Die Reinigung des rohen, leichten Holztheeröles und die Gewinnung verschiedener Kohlenwasserstoffe.

Die bei der Destillation des Holztheeres in schmiedeeisernen Destillationsblasen erhaltenen Holzöle, welche anfangs wasserhell übergehen, verharzen sich sehr bald durch Sauerstoffaufnahme aus der Luft und erhält man bei nochmaliger Rectification einen dicken, pechähnlichen Rückstand oder Satz. Man bringt die rohen, leichten Holzöle in eigene Rectificationsblasen, die ebenfalls von Schmiedeeisen sein können, nur etwas kleiner als die Theerblasen sind, und erhält der Helm eine ungefähr 20 Centimeter größere Höhe als wie bei den Theerblasen, damit bei der Destillation nur die leichteren Oele übergehen können und die schwereren wieder in die Destillationsblase zurückfließen.

Im Anfange unterhält man sehr gelindes Feuer, um die ersten Antheile, die mit Methylalkohol vermischt sind, zu gewinnen, und muß dabei das Kühlwasser möglichst kalt gehalten werden, da die Dämpfe sich schwer condensiren und sehr flüchtig sind. Es ist gut, dem Kühlwasser etwas Eis zuzugeben, um eine gute Condensirung der Destillationsproducte zu erhalten. Man probirt die einzelnen Rectificate durch Mischung mit Wasser; sobald sich mehr Oel abscheidet, wird das Rectificat auch besonders aufgefangen. Das später übergehende Oel ist von hellgelber Farbe und hält sich an der Luft nicht, sondern dunkelt nach. Zuletzt geht ein gelbgrünliches Oel von minder starkem Geruche über. Man erhält von 100 Theilen Rohöl:

Rectificirtes leichtes Holztheeröl . .	35	Theile
" schweres " . .	35	"
Satz	25	"
Destillationsverlust	5	"
	100	Theile

Die erhaltenen, rectificirten Holztheeröle werden hierauf mit 15procentiger Aetznatronlauge behandelt und das von der kreosothaltigen Lauge abgezogene Oel in einer neuen reinen Destillationsblase rectificirt; es bleibt hierbei wieder ein satzartiger, fetter Rückstand, der circa 40 Procent beträgt. Das hierbei übergehende Oel ist bereits sehr rein, von weingelber Farbe und hat keinen so unangenehmen, durchdringenden Geruch wie das rohe Holztheeröl.

Da das Kreosot den Holztheerölen sehr hartnäckig anhängt, so ist es nothwendig, dieselben noch zweimal mit Aetznatronlauge zu behandeln und wiederum zu rectificiren, wobei ebenfalls satzartige Rückstände in der Destillationsblase verbleiben, die jedoch bloß 15 bis 20 Procent betragen. Um die Oele vollständig kreosotfrei zu erhalten, werden sie mit einer 8procentigen Aetzkalilauge behandelt und dann nochmals rectificirt. Das nun erhaltene leichte Holztheeröl ist vollkommen wasserhell, leicht beweglich, destillirt in einer

Glasretorte leicht über und besitzt einen aromatischen, durchdringenden Geruch. Das Lichtbrechungsvermögen ist sehr groß und färbt sich das Oel bei längerem Stehen an der Luft weingelb.

Das schwere Oel ist gelblich, sehr fettig und besitzt einen aromatischen, durchdringenden Geruch und einen auf der Zunge sehr beißenden, unerträglichen Geschmack. Zuletzt

Fig. 40.

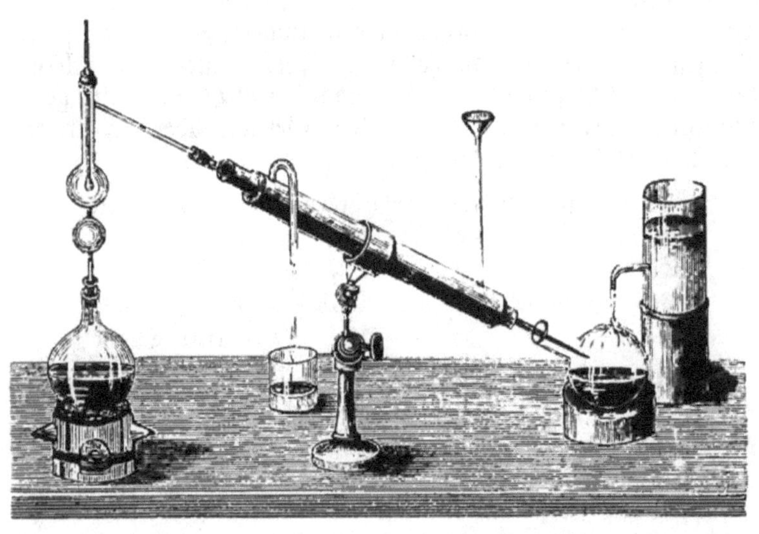

Fractionirte Destillation der leichten Holztheer-Kohlenwasserstoffe.

schüttelt man die Oele mit 5 Procent concentrirter Schwefelsäure, läßt gut absetzen, zieht das Oel von der Säure ab, wäscht zuerst mit Wasser, dann mit 2 Procent Aetzkalilauge, und rectificirt nochmals. Zur besseren Erläuterung der specifischen Gewichtsangaben der Oele bei den Rectificationen und Fractionirungen lassen wir dieselben hier folgen.

Das leichte und schwere rohe Holzöl von niederösterreichischem Holztheer aus Schwarzföhre zeigt, wenn man es zusammenmischt, ein specifisches Gewicht von 1·014.

Dieses Oel wurde in Mengen von 400 Kilogramm auf eine wohl gereinigte gußeiserne Rectificationsblase gegeben und der Rectification unterworfen; nach je 12 Kilogramm des übergangenen Rectificats wurde dasselbe auf das specifische Gewicht geprüft und sind dabei folgende Zahlen gefunden worden:

Destillat					Specifisches Gewicht	
1.	von	hellgelber	Farbe	von	0·897	Zu 12·5 Kilogramm
2.	"	gelber	"	"	0·915	
3.	"	"	"	"	0·953	
4.	"	"	"	"	0·966	
5.	"	"	"	"	0·979	
6.	"	"	"	"	0·986	
7.	"	gelbgrünlicher	"	"	0·993	Zu 25 Kilogramm
8.	"	"	"	"	0·996	
9.	"	"	"	"	0·999	

Destillat						Specifisches Gewicht	
10.	von	gelblich	grüner	Farbe	von	1·000	Zu 50 Kilogramm
11.	"	"	"	"	"	1·014	
12.	"	"	"	"	"	1·025	

Es bleibt bei der Rectification ein satz- oder pechartiger Rückstand von etwa 100 Kilogramm in der gußeisernen Destillationsblase, welcher größtentheils aus Brandharzen besteht, die noch wenig untersucht worden sind.

Die in der Destillation 1 bis 3 noch enthaltene Holzessigsäure wird durch Neutralisation mit kohlensaurem Kali in verdünnter Lösung entfernt, wobei die sich abscheidende Flüssigkeit röthlich und das obenauf schwimmende Oel gelbbraun färbt. Hierauf werden die Destillate 1 bis 12 mit 15 Grad Aetznatronlauge behandelt und das abgeschiedene Oel rectificirt, die einzelnen Rectificate in Mengen von je 15 Kilogramm abgewogen und auf das specifische Gewicht geprüft, wobei sich folgendes Resultat ergiebt:

Rectificat		Specifisches Gewicht
1. wasserhell	von	0·853
2. gelblich	„	0·915
3. „	„	0·953
4. „	„	0·966
5. grüngelb	„	0·988
6. „	„	1·014
7. „	„	1·020
8. „	„	1·025

Hierbei verbleibt ein satzartiger und pechiger Rückstand von 40 Procent. Die Rectificate 1 bis 4 werden hierauf nochmals mit 15 Procent Aetznatronlauge zur Entfernung des Kreosots behandelt und dann mit 2 Procent concentrirter Schwefelsäure geschüttelt, absetzen gelassen, gewaschen und mit 2 Procent Aetznatronlauge vollständig entsäuert. Hierauf rectificirt man in Glasretorten im Sandbade, bei sehr guter Kühlung (Liebig'schen Kühler, Fig. 40) und prüft die einzelnen Rectificate, die folgendes specifisches Gewicht zeigen:

Rectificat	Specifisches Gewicht
1. wasserhell	0·820
2. „	0·828
3. „	0·833
4. gelblich	0·838
5. „	0·843

Diese fünf Rectificate werden mit 8procentiger Aetzkalidauge zur vollständigen Abscheidung des Kreosots behandelt, lann nochmals mit 5 Procent concentrirter Schwefelsäure geschüttelt, mit Wasser gewaschen und mit 2 Procent Aetzkalilauge entsäuert; hierauf rectificirt man fünfmal nacheinander, um constante Siedepunkte zu erhalten. Bei der fünften Rectification zeigen sich folgende Siedepunkte und specifischen Gewichte:

Rectificat		Grad				Specifisches Gewicht
1. wasserhell,	zwischen	47	bis	52	übergehend .	0·700
2. „	„	52	„	57	„ .	0·750
3. „	„	57	„	60	„ .	0·660
4. „	„	60	„	70	„ .	0·800
5. „	„	70	„	80	„ .	0·850

Die grüngelben Rectificate Nr. 5 bis 8 auf gleiche Weise behandelt, ergaben folgende Siedepunkte:

Rectificat	Grad				Specifisches Gewicht
1. wasserhell,	zwischen	80	bis 90	übergehend .	0·902
2. „	„	90	„ 100	„ .	0·935
3. gelblich	„	100	„ 120	„ .	0·950
4. „	„	120	„ 140	„ .	0·965
5. „	„	140	„ 150	„ .	0·975
6. grünlich	„	160	„ 165	„ .	0·985

Zu bemerken ist noch, daß sämmtliche Fractionirungen von dem Verfasser in Glasretorten mit eingesenktem Thermometer und Liebig'schem Kühler vorgenommen worden sind und die Bestimmung der specifischen Gewichte mit dem Beaumé'schen Aräometer ausgeführt wurden.

a) Beschreibung der einzelnen Rectificate bezüglich des chemischen und physikalischen Verhaltens und Beschaffenheit.

Destillat Nr. 1 zwischen 47 bis 52 Grad C. übergehend.

1. Iridol.

Das Iridol ist wasserhell, besitzt ein specifisches Gewicht von 0·660 und ein sehr starkes Lichtbrechungsvermögen und destillirt sehr leicht in einer Glasretorte in großen Blasen über. Der Geruch ist aromatisch, ätherisch und erinnert an Chloroform. Eingeathmet, wirkt dasselbe betäubend und ein beklemmendes Gefühl auf der Brust hervorrufend. Die Flüchtigkeit des Iridols ist außerordentlich; es verdunstet, in eine Schale gegossen, sehr schnell, ähnlich dem Aether, und gleicht in vielen Eigenschaften dem Aetherol, nur ist das specifische Gewicht verschieden. Einige Tropfen auf Papier gegossen, verdunsten, ohne einen Fettfleck zu hinterlassen. Eine kleine Menge in eine Schale gegossen und entzündet, brennt mit blauweißer Flamme, ohne Zurücklassung einer öligen Flüssigkeit. Der Geschmack ist beißend auf der Zunge und hält ziemlich lange an, ohne dabei bitter zu sein.

Einige Tropfen, mit Wasser geschüttelt, trüben dasselbe und löst sich darin auf. In verdünntem und starkem Weingeist ist das Iridol vollständig löslich. Aether, Terpentinöl, Benzol und alle ätherischen Oele lösen dasselbe und mischen sich in jedem Verhältnisse damit. Paraffin wird in der Kälte nicht, wohl aber in der Wärme gelöst und scheidet sich bei längerem Stehen in krystallinischen Blättchen aus. Naphtalin verhält sich ähnlich, nur setzen sich dabei krystallinische Körner ab. Colophonium löst sich leicht beim Erwärmen auf, während sich Mastix erst beim Siedepunkt des Wassers löst. Copal quillt stark unter theilweiser Lösung auf, ähnlich verhält sich der Asphalt. Schwefel löst sich beim Erwärmen im Wasserbade mit dunkelgrüner Farbe und scheidet sich beim Erkalten krystallinisch aus. Phosphor löst sich in der Kälte nicht, beim Erwärmen etwas, was sich wieder beim Erkalten abscheidet. Steinöl und Kreosot mischen sich in jedem Verhältnisse. Kalte concentrirte Schwefelsäure wird unter Erwärmung röthlich braun gefärbt, ähnlich wie beim Terpentinöl, und löst, in Ueberschuß zugesetzt, das Iridol auf. Reine kalte Salpetersäure ist anfangs ohne Einwirkung; später färbt sich das Iridol gelb und findet eine Erwärmung unter Ausstoßen von braunen Dämpfen statt. Es bildet sich hierbei eine Nitroverbindung, die im Wasser untersinkt. Reine kalte Chlorwasserstoffsäure färbt das Iridol gelb. Phosphorsäure bringt aber weder im kalten, noch im heißen Zustande eine Veränderung hervor; ähnlich verhält sich die Essigsäure dem Iridol gegenüber. Schwefelammonium und Schwefelwasserstoff bringen keine Veränderung hervor. Kaustisches Ammoniak, Aetznatronlauge und Aetzkalilauge bewirken nur eine kleine Trübung. Chlorcalcium, einige Tage damit digerirt, bleibt unverändert. Aetzkali in fester Form, scheidet beim Iridol, längere Zeit damit digerirt, braune Flocken ab, dagegen bewirkt Aetzkalk in der Kälte und beim Erwärmen keine Veränderung. Bleisuperoxyd, längere Zeit damit erwärmt, wirkt nicht darauf ein. Salpetersaure Silberoxydlösung giebt beim Kochen einen schönen Silberspiegel. Chlorgas wird von dem Iridol unter Erwärmung und Ausstoßen von weißen Nebeln, Bildung eines neuen öligen Körpers von starkem, gewürz=

haftem Geruch aufgenommen. Der neue Körper ist leichter als Wasser. Ein Tropfen mit Wasser gemischt, trübt sich milchig. Der Destillation unterworfen, geht dieser neue Körper wasserhell über und hat einen sehr starken Geruch. Die hauptsächlichsten charakteristischen Eigenschaften des Iridols, nämlich das große Lichtbrechungsvermögen, veranlaßten den Verfasser, den Namen Iridol für diesen Kohlenwasserstoff vorzuschlagen; obwohl manche Eigenschaften, namentlich der Siedepunkt und andere Eigenschaften, mit den von Reichenbach aufgefundenen Eupion übereinstimmen, so sind doch die chemischen Reactionen derart, daß man vermuthen muß, einen neuen Körper vor sich zu haben. Bevor die elementare Zusammensetzung und die Chlor- und Nitroverbindungen nicht genau studirt sind, kann man kein positives Urtheil fällen.

Die Chlor- und Nitroverbindungen dürften aber namentlich für die technische Chemie von großer Wichtigkeit sein und letztere ein sehr gutes Parfüm abgeben. Zu bemerken ist noch, daß das Reichenbach'sche Kapnamor jedenfalls nur ein Zersetzungsproduct des Iridols (Eupion Reichenb.) ist.

Destillat Nr. 2 zwischen 52 bis 57 Grad C. übergehend.

2. Das Citriol.

Das Citriol ist wasserhell, besitzt ein specifisches Gewicht von 0·700 und destillirt in Glasretorten, langsamer in kleinen Blasen über. Es besitzt nicht das Lichtbrechungsvermögen wie das Iridol, riecht nicht aromatisch, sondern hat eher den Geruch wie fein rectificirtes Terpentinöl. Die Verdunstung ist keine so schnelle wie beim Iridol und hinterläßt es auf Papier ebenfalls keinen Fettfleck, sondern verdunstet gänzlich. Angezündet, brennt es mit blauer, etwas rußender Flamme. Der Geschmack ist stärker und beißender als beim Iridol. Es ist in Wasser unlöslich, im verdünnten und starken Weingeist aber löslich. Aether, Terpentinöl, Benzol, Steinöl und Kreosot mischen sich damit in jedem Verhältnisse. In der Wärme lösen sich Colophonium, Paraffin, Wachs und

Naphtalin. Asphalt und Copal lösen sich schwer, selbst in der Wärme unvollkommen. Schwefel und Phosphor lösen sich schwerer. Kalte concentrirte Schwefelsäure in Ueberschuß angewendet, löst das Citriol zu einer klaren, röthlichen Flüssigkeit auf. Salpetersäure bildet eine Nitroverbindung, die schwerer als Wasser ist. Chlorgas wird viel aufgenommen, es bildet sich eine neue gelbe Verbindung, die rectificirt Wasser abscheidet und wasserhell übergeht und ganz wie Citronenöl riecht. Der Verfasser hat deshalb vorgeschlagen, diesen Kohlenwasserstoff Citriol zu benennen.

Destillat Nr. 3 zwischen 57 bis 60 Grad C. übergehend.

3. Das Rubidol.

Das Rubidol besitzt ein specifisches Gewicht von 0·750 und gar kein Lichtbrechungsvermögen; es destillirt in Glasretorten langsam über und zeichnet sich durch wenig Geruch aus. Die Flüchtigkeit ist noch geringer als beim Citriol, es hinterläßt ebenfalls keinen Fettfleck auf Papier, sondern verdunstet vollständig. Angezündet, brennt dasselbe mit leuchtender, zuletzt etwas rußender Flamme. Der Geschmack ist mild und aromatisch. Es ist unlöslich in Wasser, löslich nur in starkem Weingeist, Aether, Benzol, Terpentinöl, Steinöl und Petroleum, womit es sich in jedem Verhältniß mischt. Colophonium, Paraffin, Wachs und Naphtalin sind nur in der Wärme löslich. Asphalt und Copal unlöslich. Schwefel und Phosphor schwer löslich. Kalte concentrirte Schwefelsäure, in Ueberschuß angewendet, löst das Destillat Nr. 3 oder Rubidol zu einer klaren, röthlichen Flüssigkeit auf. Salpetersäure bildet bei längerer Einwirkung eine Nitroverbindung, die schwerer als Wasser ist. Chlorgas wird in größerer Menge aufgenommen und bildet eine neue ölige Verbindung, die bei nochmaliger Rectification einen starken Geruch nach Himbeeren hat, weshalb der Verfasser den Namen Rubidol vorgeschlagen hat.

Destillat Nr. 4 zwischen 60 bis 70 Grad C. übergehend.

4. Coridol.

Das Coridol hat ein specifisches Gewicht von 0·800, ist wasserhell, ohne Lichtbrechungsvermögen, besitzt wenig Geruch, der auf der Handfläche gerieben, dem von Leder ähnlich ist, weshalb der Verfasser dafür den Namen Coridol vorgeschlagen hat. Der Geschmack ist eigenthümlich gewürzhaft und ziemlich lange auf der Zunge anhaltend und ähnelt dem Corianderöl. Die Flüchtigkeit ist nicht groß, auf Papier gegossen, verdunstet es langsam, aber ohne einen Fettfleck zu hinterlassen. In eine Schale gegossen und angezündet, brennt es mit stark leuchtender, zuletzt rußender Flamme. In Wasser ist es absolut unlöslich, löslich aber und mischbar in allen Verhältnissen mit absolutem Alkohol, Aether, Benzol, Terpentin- und Steinöl. In verdünntem Weingeist ist es unlöslich. Colophonium, Wachs, Paraffin und Naphtalin werden in der Wärme gelöst. Schwefel und Phosphor sind schwer löslich. Kalte concentrirte Schwefelsäure löst das Coridol mit rother Farbe auf. Salpetersäure bildet eine Nitroverbindung. Chlorgas wird in großer Menge aufgenommen und bildet einen öligen Körper, der beim Stehen Krystalle absetzt. Die flüssige rectificirte Verbindung besitzt einen starken Geruch nach Corianderöl.

Destillat Nr. 5 zwischen 70 bis 80 Grad C. übergehend.

5. Benzidol.

Das Benzidol ist wasserhell, ohne Lichtbrechungsvermögen, besitzt sehr wenig Geruch und erinnert dasselbe etwas an Benzol, mit welchem auch das specifische Gewicht stimmt, nur ist der Siedepunkt verschieden. Der Verfasser hat deshalb den Namen Benzidol dafür vorgeschlagen. Der Geschmack ist beißend auf der Zunge, ohne gewürzhaft zu sein, und hält nicht lange an. Es ist fast ebenso flüchtig wie das Coridol und hinterläßt keinen Fettfleck auf Papier. Fette Stoffe löst es mit Leichtigkeit auf, weshalb man es ebenso wie Benzin anwenden kann. In Wasser ist es völlig unlöslich, ebenso in verdünntem Weingeist. Mischbar ist es in jedem Verhältniß mit absolutem Alkohol, Aether, Benzol und Terpentinöl. Harze, Wachs, Paraffin werden in der Wärme davon gelöst. Rauchende Salpetersäure bildet eine Nitroverbindung, die einen süßlichen, zimmtartigen Geruch besitzt und schwerer als Wasser ist. Chlorgas wird in großer Menge aufgenommen und bildet einen neuen ölartigen Körper, der beim Stehen Krystalle absetzt. Beim Erhitzen zersetzt sich diese Verbindung und geht bei der Destillation neben Wasser ein ölartiger Körper von stark zimmtartigem Geruch über. Diese Verbindungen müssen erst durch die Elementaranalyse untersucht werden.

b) Allgemeine Betrachtungen über diese fünf Kohlenwasserstoffe: das Iridol, Citriol, Rubidol, Coridol und Benzidol.

Diese fünf Destillate zusammengestellt, scheinen eine Reihe von Kohlenwasserstoffen zu bilden, deren Zusammensetzung durch die Elementaranalyse, sowie durch das nähere Studium der Nitro- und Chlorverbindungen erst festgestellt werden muß. Bei der Untersuchung der höher siedenden Kohlenwasserstoffe zeigt sich als Endglied das Benzidol, an welches sich das Benzol anschließt, wenigstens stimmen Siedepunkt und specifisches Gewicht so ziemlich. Der Verfasser führt nun zur besseren Veranschauung eine Zusammenstellung dieser Kohlenwasserstoffe an:

1. Iridol	Siedepunkt	bei	47	Grad	C.	spec.	Gewicht	0·660
2. Citriol	„	„	52	„	„	„	„	0·700
3. Rubidol	„	„	57	„	„	„	„	0·750
4. Coridol	„	„	60	„	„	„	„	0·800
5. Benzidol	„	„	70	„	„	„	„	0·850

Ferner die sich anschließende Benzolreihe wie folgt:

	Siedepunkt bei Grad C.		spec. Gewicht	
Benzol	80		0·850	
Toluol	109		0·870	
Xylol	130	Warren 139·8	0·875	Warren 0·878
Cumol	151		0·887	
Cymol	175		0·850	

Die chemische Zusammensetzung dieser fünf Siedepunkte der Benzolreihe ist:

Benzol	$C_6 H_6$
Toluol	$C_7 H_8$
Xylol	$C_8 H_{10}$
Cumol	$C_9 H_{12}$
Cymol	$C_{10} H_{14}$

Der Verfasser hat mit den Nitroverbindungen obiger fünf Kohlenwasserstoffe Iridol, Citriol, Rubidol, Coridol und Benzidol Versuche angestellt, um durch Reduction mit Eisenfeile und Essigsäure Basen herzustellen, die dem Anilin ähnlich sind, und auch Farbstoffe geben. Es hat sich dies auch bei diesen Versuchen bestätigt. Das Benzidol würde dann das anfangende Glied der Anilinreihe sein und die Base hätte dann folgende Zusammensetzung von:

Benzidol	$C_5 H_4$	wahrscheinliche Zusammensetzung	$C_{10} H_5 N$	noch nicht aufgefunden.
Benzol	$C_6 H_6$	Zusammensetzung der Base	$C_{12} H_7 N$	Anilin
Toluol	$C_7 H_8$		$C_{14} H_9 N$	Toluidin
Xylol	$C_8 H_{10}$		$C_{16} H_{11} N$	Xylidin
Cumol	$C_9 H_{12}$		$C_{18} H_{13} N$	Cumidin
Cymol	$C_{10} H_{14}$		$C_{20} H_{15} N$	Cymidin

Daß man diese fünf Kohlenwasserstoffe, das Iridol, Citriol, Rubidol, Coridol und Benzidol, bis jetzt nicht aufgefunden hat, liegt einestheils in der sehr großen Flüchtigkeit derselben, anderentheils, daß man sehr große Mengen Holztheer zur Verarbeitung bringen muß, um dieselben überhaupt gewinnen zu können, da dieselben in kleinerem Maßstabe verloren gehen. Diese Operationen können nicht in Laboratorien, sondern nur in größeren Fabriken ausgeführt werden, wie der Verfasser Gelegenheit gehabt hat. Schließlich sei hier noch etwas über das Xylol erwähnt. Das Xylol wurde von Cahours in unreinem Holzgeiste entdeckt und sein Siedepunkt mit 128 bis 130 Grad angegeben. Church, der ein Holztheerxylol untersuchte, fand den Siedepunkt mit 126·2 Grad. Xylol ist dem Benzol sehr ähnlich und giebt mit Salpetersäure eine Nitroverbindung. Man erhält es aus den leichten Holztheerölen durch wiederholte fractionirte Destillation derselben und durch Behandlung mit Aetznatronlauge und Schwefelsäure. Ueber das specifische Gewicht hat Warren

0·878 bei 0 Grad und 0·866 bei 15 Grad angegeben. Nach Warren ist der Siedepunkt 139·8.

c) Das Mesit von Reichenbach.

Aus den flüchtigen Producten des Holztheeres stellte Reichenbach eine farblose, mit Wasser nicht in allen Verhältnissen mischbare Flüssigkeit dar, welche von ihm Mesit genannt wurde. Reichenbach fand, daß dieser Körper bei 62 Grad siedet und bei 15 Grad ein specifisches Gewicht von 0·805 besitzt. Der Siedepunkt und das specifische Gewicht kommen annähernd dem Coridol gleich.

d) Die Darstellung des Mesit und Xylit nach Schweitzer.

Zur Darstellung des Mesit und Xylit nach Schweitzer wird der rohe Holzgeist mit gepulvertem geschmolzenen Chlorcalcium in Berührung gebracht und nach 24 Stunden der Destillation im Wasserbade unterworfen, wobei Mesit und Xylit überdestilliren, während das Methyloxydhydrat an Chlorcalcium gebunden im Destillationsapparate zurückbleibt. Das erhaltene Gemenge von Mesit und Xylit wird einer neuen Destillation unterworfen, wobei Xylit zuerst übergeht. Sobald das Uebergehende beim Zusatze von Wasser trübe wird und Tropfen einer farblosen ätherischen Flüssigkeit abgeschieden werden, wechselt man die Vorlage. In der ersten Hälfte des Destillats ist Xylit, verunreinigt mit etwas Mesit, in der letzten hat man nur Mesit, den man durch Schütteln mit Wasser von den letzten Spuren Xylit befreit und durch Rectification über Chlorcalcium entwässert. Zur weiteren Reinigung des Xylits bringt man das daran reiche Destillat mit gepulvertem Chlorcalcium zusammen, mit dem der Xylit eine feste Verbindung eingeht. Man bringt die Masse auf einen Trichter, läßt die Flüssigkeit ablaufen und unterwirft die feste Xylitverbindung einer neuen Destillation im Wasserbade. Das Xylit stellt eine farblose Flüssigkeit von angenehmem ätherischen Geruche und brennendem Geschmacke dar, siedet bei 61·5 Grad C. und hat ein specifisches Gewicht von 0·816. Löslich in Alkohol und Aether.

17. Die Reinigung des rohen schweren Holztheeröles und die Darstellung des rohen Holztheerkreosots nach dem Verfasser.

Die bei der Destillation des Holztheeres erhaltenen schweren Holztheeröle im specifischen Gewichte von 0·993 bis 1·025 werden in besonderen Gefäßen aufgefangen und in Ständer von Eisenblech gebracht, zusammengemischt, wonach dieselben ein durchschnittliches Gewicht von 1·015 zeigen. Man bringt dieses schwere Oel in große, oben offene Bottiche und giebt nach und nach eine starke Auflösung von kohlensaurem Natron dazu, wodurch ein Aufbrausen entsteht und die Essigsäure mit dem Natron zu essigsaurem Natron vereinigt wird. Dies wird so lange fortgesetzt, bis keine merkliche Reaction mehr erfolgt, hierauf läßt man absetzen und zieht das Oel von der Flüssigkeit ab. Das Oel wird alsdann mit kalter Aetznatronlauge von einem specifischen Gewichte von 1·20 behandelt, und zwar durch tüchtiges und fleißiges Umrühren und Umschütteln, was am besten durch ein im Bottiche angebrachtes Rührwerk bewerkstelligt wird. Nach einstündigem Umrühren überläßt man die Flüssigkeit der Ruhe und entfernt zu gleicher Zeit das Rührwerk aus dem Holzbottich. Man thut gut, gegen Ende des Umrührens etwas Dampf in die Flüssigkeit einzulassen, um diese zu erwärmen, damit die Lauge sich dann besser absetzen kann und nicht stockt. Sollte dennoch eine Stockung eintreten (was im Winter sehr leicht vorkommt), so muß die Flüssigkeit erwärmt werden, damit sich die ölartigen Theile absondern können. Die abgesonderten, ölartigen Theile werden in einen neuen Bottich abgezogen und von neuem mit kalter Aetzkalilauge von einem specifischen Gewichte von 1·25 behandelt und mit dem Rührwerke gut umgerührt, dann unter obigen Vorsichtsmaßregeln stehen gelassen. Das abgeschiedene Oel hebt man in besonderen Gefäßen auf, bringt es dann in eine reine Destillationsblase von Schmiedeeisen oder Gußeisen und unterwirft es einer Rectification; es geht dabei noch leichtes Holztheeröl über, was man zu den übrigen leichten Oelen bringt, und das schwere Oel wird hieraus noch einigemale mit concentrirter Aetzkalilauge, wie oben angegeben, behandelt, um die letzten Antheile von Kreosot zu entfernen. Hierauf behandelt man das früher mit heißem Wasser gewaschene schwere Holztheeröl mit 5 Procent concentrirter Schwefelsäure, rührt gut um und läßt absetzen. Diese Operation wird in einem mit Blei ausgeschlagenen hölzernen Bottich vorgenommen und rührt man $^3/_4$ bis 1 Stunde lang. Die abgesetzte Säure wird dann abgezogen und das Holzöl mit 2 Procent Aetznatronlauge entsäuert und mit Dampf gewaschen. Hierauf destillirt man in einer kupfernen Destillationsblase, wobei wieder ein Theil leichtes Holztheeröl übergeht, was besonders aufgefangen und das später übergehende schwere, auch paraffinhaltige Holztheeröl in besondere Reservoirs gebracht wird, wo das Paraffin in Blättchen auskrystallisirt. Das schwere paraffinhaltige Oel muß aber wenigstens vier Wochen an einem kühlen Orte ruhig stehen und läßt man das flüssige Oel durch verschiedene an den Reservoirs angebrachte Zapfen ab, während die Paraffinkrystalle in dem Reservoir zurückbleiben. Dieses flüssige Oel enthält zum größten Theile Xylol, ist aber außerdem mit Eupion und Kapnamor verunreinigt. Die Paraffinkrystalle werden auf Strohfilter gebracht und später gepreßt zur Paraffinreinigung aufbewahrt, während das ablaufende kreosotfreie fettige Oel als Maschinenöl verwendet werden kann.

Die vorhandenen kreosothaltigen Laugen neutralisirt man mit Schwefelsäure, worauf sich das rohe Kreosotöl abscheidet, welches zur Kreosotbereitung besonders aufgehoben wird, während man die schwefelsauren natronhaltigen Flüssigkeiten zur Trockne verdampft und calcinirt, um das darin enthaltene Natron wieder zu gewinnen.

18. Die Darstellung des reinen Holztheerkreosots nach dem Verfasser.

Das rohe Holztheerkreosotöl, welches man bei der Neutralisation der Laugen mit Schwefelsäure erhalten hat, wird zunächst einer fractionirten Destillation unterzogen, wobei man die ersten und letzten Antheile für sich auffängt und nur der mittlere Theil zur Kreosotbereitung verwendet wird. In der zuerst übergehenden Destillation sind hauptsächlich noch Xylol und andere schwere Kohlenwasserstoffe enthalten, während der letzte Antheil der Destillation paraffin- und eupionhaltig ist. Der mittlere Theil des Destillats wird hierauf in mit Blei ausgeschlagene Holzbottiche gebracht, mit 8 Procent englischer Schwefelsäure versetzt und eine gute Stunde tüchtig mit dem Rührapparate abgearbeitet, dann zur Klärung 24 Stunden der Ruhe überlassen. Nach Verlauf dieser Zeit zieht man das Oel von der Säure ab und wäscht dasselbe mit warmem Wasser, um die Säure zu entfernen. Das möglichst von Wasser befreite Kreosotöl bringt man mit einem kleinen Zusatze von kohlensaurem Natron, zur Beseitigung der anhängenden Säure, in einen reinen kupfernen Destillationsapparat und destillirt sehr vorsichtig. Der zuerst übergehende Antheil wird ebenso wie der letzte für sich aufgefangen und nur der mittlere Theil zur reinen Kreosotbereitung behalten. Das mittlere Destillat wird nochmals mit 3 Procent englischer Schwefelsäure und 1/4 Procent doppelt chromsaurem Kali behandelt, wobei sich noch harzartige Stoffe ausscheiden, und wäscht man nach 24stündiger Ruhe das Oel mit warmem Wasser aus, bringt wiederum auf einen reinen Destillationsapparat und destillirt langsam. Das jetzt übergehende Holztheerkreosot ist fast ganz rein und geht wasserhell über, besonders wenn man die letzte Operation auf Glasretorten vornimmt. Das reine Holztheerkreosot ist eine farblose, das Licht stark brechende Flüssigkeit von durchdringendem Rauchgeruche und brennend scharfem Geschmacke, besitzt ein specifisches Gewicht von 1·64 und siedet bei 208 Grad C., krystallisirt nicht und bleibt bei starker Kälte noch flüssig. In Wasser ist das Kreosot wenig, in Weingeist und Aether leicht löslich. Durch Essigsäure löst sich nur ein Theil, dagegen löst sich Schwefel in Kreosot. Ammoniumoxyd löst das Kreosot schon in der Kälte, beim Eindampfen der Lösung geht jedoch das Ammoniak verloren. Kreosot löst sich in Kali, beim Erhitzen der Lösung entweicht jedoch alles Kreosot. Durch schmelzendes Kalihydrat und durch Erhitzen mit Aetzkalk wird das Kreosot zersetzt. Salpetersaures Silberoxyd wird beim Erwärmen dadurch reducirt. Mit concentrirter Schwefelsäure färbt es sich purpurviolett. Durch concentrirte Salpetersäure verharzt es sich, setzt aber keine Krystalle ab. Chlorgas erzeugt zuerst eine milchige Trübung, dann Röthung. Ein mit Salzsäure befeuchteter Fichtenspan getrocknet und dann durch Kreosot gezogen, färbt sich nicht im mindesten violett oder blau. Das Kreosot wirkt bei Pflanzen und Thieren giftig und zerstört Epidermis und Epithelium. Es coagulirt Eiweiß und wendet man es bei cariösen Zähnen an. Die hauptsächlichste Eigenschaft des Kreosots ist, daß es der Zersetzung und Fäulniß thierischer Materien bedeutenden Widerstand entgegensetzt und man ihm aus diesem Grunde den Namen Kreosot ertheilt hat. Die conservirenden Kräfte des Rauches beruhen hauptsächlich auf dem Kreosotgehalte. Fleisch und andere thierische Stoffe werden durch $^1/_4$stündiges Eintauchen in eine verdünnte Lösung von Kreosot auf lange Zeit vor Fäulniß geschützt. Das Kreosot aus dem Steinkohlentheer, die Phenylsäure, weicht in vielen Reactionen und auch im Siedepunkte nicht unbedeutend von dem Kreosot, aus Buchentheer dargestellt, ab. Das Steinkohlenkreosot wird durch Eisenchlorid blauviolett gefärbt und löst sich beim Erwärmen vollständig in Essigsäure. Die Reinheit des wahren Kreosots läßt sich an folgenden Reactionen erkennen: 15 Theile Phenol geben mit 10 Theilen Collodium versetzt eine gelatinöse Masse, wogegen ein Gemisch von Kreosot mit Collodium eine klare Lösung giebt. Fügt man zu einer Lösung von Eisenchlorid Ammoniumoxyd bis zur Entstehung eines bleibenden Niederschlages, so erhält man eine Flüssigkeit, welche sich auf Zusatz von Phenol blau und violett, mit wahrem Kreosot aber anfangs grün, dann braun färbt. Kreosot ist in Glycerin unlöslich, Phenylsäure dagegen vollständig löslich. Von verdünnten Lösungen von Baryum und Kaliumoxyd wird Holztheerkreosot nur unvollständig, Phenylsäure dagegen ohne Rückstand aufgelöst. Ammoniumoxyd löst beim Erwärmen nur die letztere. Nach Völkelt stammt das Holztheerkreosot nicht aus der Cellulose, sondern von den noch wenig gekannten inkrustirenden Stoffen des Holzes ab. Der Buchentheer enthält circa 25 Procent.

19. Die Darstellung des Kreosots nach Reichenbach aus Holzessig.

Reichenbach hat den Holzessig, wie er von der Verkohlung kommt, auf 70 bis 80 Grad C. erwärmt und dann nach und nach unter fortwährendem Umschütteln so lange verwittertes Glaubersalz in denselben eingetragen, bis sich nichts mehr auflöst und pulverig liegen bleibt. Hierauf läßt er die Mischung stehen, bis sich nach oben ein braunes Oel ausgeschieden und der Holzessig sich geklärt und entfärbt hat. Die Menge des ausgeschiedenen braunen Oeles beträgt circa 5 Procent von dem angewendeten Holzessig. Das Oel wird, bevor es erkaltet, abgenommen, weil es sich beim Erkalten verdickt und leicht untersinkt. Das braune Oel wird hierauf einige Tage der Ruhe überlassen, wobei sich am Boden Glaubersalzkrystalle bilden, die durch Abseihen entfernt werden. In das Oel wird alsdann so lange kohlensaures Kali eingetragen, als unter Erwärmung und Umschütteln noch Aufbrausen erfolgt. Nach einiger Zeit setzt sich dann eine Salzlauge nieder, die aus der Arbeit entfernt wird. Die dicker gewordene ölige Flüssigkeit wird hierauf in einer Glasretorte oder auch kupfernen Destillationsblase mit Wasser destillirt, wobei sich hauptsächlich Brandharze abscheiden und ein klares, blaßgelbes Oel, das an der Luft bald braun und undurchsichtig wird, übergeht.

Dieses Oel wird hierauf mit stark verdünnter Phosphorsäure mehrere Minuten lang tüchtig durcheinander geschüttelt und dann ruhen und klären gelassen. Die saure Flüssigkeit trennt man dann von dem Oele und wiederholt diese Operation noch ein- bis zweimal mit frischer verdünnter Phosphorsäure und wäscht zuletzt mit frischem Wasser aus. Das erhaltene Oel wird mit der doppelten Menge phosphorsaurem Wasser tüchtig geschüttelt und in einer Glasretorte nochmals destillirt, wobei das wässerige Destillat von Zeit zu Zeit in die Retorte zurückgegeben wird. Das in der Vorlage befindliche, fast wasserhelle Oel löst man alsdann in Aetzkalilauge von 1·12 specifischem Gewichte auf und läßt die Mischung sich klären, entfernt das auf der Oberfläche abgeschiedene Eupion und bringt die Flüssigkeit in einem offenen Gefäße nach und nach zum Sieden. Hierbei wird die Flüssigkeit unter Sauerstoffaufnahme dunkel und versetzt man dieselbe so lange mit verdünnter Schwefelsäure, bis das Kreosotöl wieder frei wird und von der schwefelsauren Kalilauge abgeschöpft werden kann. Eine neuere Destillation dieses Oeles liefert wieder ein farbloses Oel unter Zurücklassung eines braunen, harzigen Rückstandes, der nicht bis zur Trockne abdestillirt werden darf. Diese Auflösung des Kreosotöles in frischer Kalilauge, Erhitzen an der Luft und Zerlegen mit Schwefelsäure, Abschöpfen und Rectificiren auf Glasretorten wird so lange wiederholt, bis das gewonnene Oel bei Mischung mit neuer Aetzkalilauge und Erwärmung sich nicht mehr bräunt und blaßröthlich sich färbt. Das röthliche Oel wird mit wenig concentrirter Aetzkalilauge nach tüchtigem Umschütteln auf einer Glasretorte destillirt, und zwar so lange, bis es klar und wasserhell übergeht. Das farblose Oel darf an der Luft keine Veränderung mehr zeigen und wird dann auf einer Glasretorte für sich über einer Weingeistlampe mit eingesetztem Thermometer destillirt. Im Anfange stößt das Oel in Folge seines Wassergehaltes, sobald derselbe aber übergegangen ist, geht die Rectification ruhig von Statten, und wechselt man zu diesem Zeitpunkte die Vorlage; ebenso läßt man einen kleinen Rest in der Retorte. Das übergegangene Oel ist farblos und reines Holztheerkreosot.

20. Darstellung des Kreosots nach Reichenbach aus Holztheer.

Gewöhnlicher Holztheer wird für sich fast bis zur Trockne abdestillirt, und zwar insoweit, bis der Retortenrückstand sich bis zur Consistenz des gewöhnlichen Schusterpeches verdickt hat. Zu diesem Zeitpunkte muß die Destillation unterbrochen werden, damit der Rückstand sich nicht verkohlt.

Das erhaltene Theeröl wird gewöhnlich in zwei Schichten getrennt, die erstere, welche mit dem sauren Wasser übergeht, und die zweite ohne Wasser. Zur Darstellung des

Kreosots wird das schwere, später übergehende Oel benützt und dieses vorher nochmals einer Rectification unterworfen; das im Anfange übergehende leichtere Oel fängt man besonders auf und das schwere in Wasser untersinkende Oel dient zur Darstellung des Kreosots. Die Destillation unterbricht man, sobald sich weißgelbe Dämpfe einstellen, die vorzugsweise Paraffin enthalten. In das gewonnene schwere Destillat trägt man alsdann unter Erwärmung und Umschütteln so lange kohlensaures Kali ein, bis das Aufbrausen bei neuen Zusätzen aufhört und die Flüssigkeit neutral geworden ist, läßt dann abkühlen, klären und entfernt die neutral gewordene Salzlauge. Das Oel wird aufs neue destillirt, jedoch nicht bis zur Trockne. Die ersten Portionen des Destillates schwimmen bisweilen noch auf dem Wasser und hebt man dieselben insolange besonders auf; die folgenden im Wasser untersinkenden Portionen werden mit phosphorsaurem Wasser versetzt, und zwar so viel, daß immer noch freie Säure vorwaltet. Man wiederholt dies einigemale, wäscht zuletzt mit reinem Wasser und destillirt alsdann über Säurewasser. Das erhaltene Rectificat löst man nun in Aetzkalilauge von ungefähr 1·12 specifischem Gewichte in der Kälte, wobei sich nicht alles auflöst, sondern ein ziemlicher Antheil von leichterem Oele (Eupion) im unreinen Zustande sich abscheidet und entfernt werden muß. Man erkennt das Eupion an seinem blumenartigen Geruch, wenn genug Kaliwaschungen damit vorgenommen worden sind, und außerdem an dem milden, fast unmerklichen Geschmack. Die kreosothaltige Kalilösung erhitzt man nur langsam bis zum Sieden an der Luft, kühlt langsam ab, zerlegt sie mit verdünnter Schwefelsäure im Ueberschuß, schöpft das abgeschiedene Oel warm ab und bringt es in eine Retorte, worin es unter den früher angegebenen Vorsichtsmaßregeln destillirt wird. Diese letztere Behandlung wiederholt man so lange, bis die Auflösung in Aetzkalilauge nicht mehr gefärbt wird. Das erhaltene Kreosotöl vermischt man mit einer Quantität Aetzkalilauge und destillirt nochmals, jedoch nicht bis zur Trockne, sondern mit einem Retortenrest, der der vierfachen Menge der angewendeten

Kalilauge gleichkommt. Schließlich rectificirt man das Kreosot noch einmal auf einer Glasretorte für sich. Bei diesem Bereitungsverfahren erhält man eine bedeutend größere Ausbeute als aus dem Holzessig; jedoch ist eine noch größere Umsicht nothwendig, um das Paraffin und Eupion zu entfernen. Bei allen diesen Destillationen und Rectificationen ist ein sehr großer Uebelstand das heftige Stoßen im Anfange der Destillation, bis sich das Wasser von dem Oele getrennt hat, und ist dies in gläsernen Retorten um so gefährlicher, während in eisernen oder kupfernen die Hitze leicht zu hoch steigt, wodurch an den Wänden oft eine Verkohlung eintritt. Die gläsernen Retorten müssen so hoch in Sand gesetzt, so weit die Flüssigkeit reicht, und der Hals mit Tüchern umhüllt werden. Auch muß die Feuerleitung im Anfange sehr sorgfältig eingeleitet werden, bis alle wässerigen Theile entfernt worden sind.

21. Die physikalischen Eigenschaften des Holztheerkreosots nach Reichenbach.

Das Holztheerkreosot nach Reichenbach ist eine farblose, durchsichtige, das Licht stark brechende Flüssigkeit und tritt die letztere Eigenschaft namentlich in geschliffenen, eckigen Flaschen hervor. Der Geruch ist durchdringend und unangenehm, aber nicht stinkend und hängt sich sehr fest und dauernd an alles an. Der Geschmack ist höchst brennend und ätzend auf der Zunge und erzeugt ähnliche Verletzungen wie ein starkes organisches Gift. Es fühlt sich fettig an und ist von der Consistenz des Mandelöles, wird aber beim Erwärmen dünnflüssiger. Das specifische Gewicht fand Reichenbach bei einem Barometerstand von 0·722 Millimeter und einem Thermometerstand von +20 Grad C. = 1·037. Die Siedhitze tritt bei 203 Grad C. ein, wenn das Barometer auf 0·720 Millimeter und das Centesimalthermometer in der Luft auf +20 Grad steht. Der Gefrierpunkt erscheint bei —27 Grad C. noch nicht, vielmehr zeigt es bei diesem Kältegrade noch unveränderte Flüssigkeit. Die Ausdehnung bei der Erwärmung, nämlich von 20 Grad C. bis auf 203 Grad C., in einer cylindrischen Glasröhre gemessen, erhebt sich von

100 bis auf 116, beinahe ein Sechstel des ursprünglichen Volumens. Auf Papier gebracht, zieht es nur langsam ein, breitet sich weit aus, erzeugt Fettflecke, die jedoch nach etlichen Stunden gänzlich verschwinden oder sich über einem heißen Körper ohne allen Rückstand vertreiben lassen. Das Papier nimmt dabei nicht die geringste Färbung durch Einwirkung der Luft an, auch wenn man das getrocknete Papier nachher mit Wasser benetzt, so bemerkt man kein Wiedererscheinen irgend einer Spur von Flecken. Ein Tropfen auf einer Glasplatte verdunstet in etlichen Tagen. Unter Ausschluß der Luft destillirt es unverändert über. Neben Schwefelsäure unter der Luftpumpe entzieht dieselbe dem Kreosot kein Wasser mehr. Die Schwefelsäure nimmt Kreosotdämpfe aus dem ausgepumpten Raum auf und färbt sich damit schön carmoisinroth. Das Kreosot ist ein Nichtleiter der Elektricität.

22. Das chemische Verhalten des Holztheerkreosots nach Reichenbach.

Das Holztheerkreosot geht mit Wasser bei einer Temperatur von 20 Grad C. zwei verschiedene Verbindungen ein: die eine von $1^1/_4$ Theil Kreosot mit 100 Theilen destillirtem Wasser, die andere von 10 Theilen Wasser in 100 Theilen Kreosot, also Lösungen von Kreosot in Wasser und von Wasser in Kreosot. Hierzu ist in beiden Fällen ein starkes Umschütteln nothwendig. Durch Veränderung in der Temperatur werden diese Verhältnisse auch verändert. Wenn man das Wasser bis zur Siedhitze erwärmt, so lösen sich unter fleißigem Umrühren $4^1/_2$ Theile Kreosot darin auf, die jedoch beim Erkalten wieder bis auf $1^1/_4$ Theile herausfallen. Beim Erwärmen des Kreosots nimmt dasselbe so lange Wasser auf, bis die Mischung 100 Grad C. erreicht hat und das Wasser dann zu verdampfen beginnt. Die erstere Mischung von $1^1/_4$ Theilen Kreosot in Wasser nennt man Kreosotwasser und ist der Geschmack desselben brennend und hinten nach süßlich.

Ein Tropfen Kreosot in 10.000facher Verdünnung erzeugt noch eine merkliche Empfindung auf der Zunge.

Das Kreosotwasser verändert Lackmus und Curcumapapier nicht im geringsten, ebenso wenig wie das wasserhaltige Kreosot und Kreosot selbst. Bringt man sehr kleine Antheile von Säure oder Alkali in die wässerige Lösung oder selbst in das Oel, so wird deren Reaction nicht neutralisirt. Das Kreosot verhält sich demnach gänzlich indifferent. Das reine Kreosot zeigt zum Sauerstoff nur eine sehr schwache Verwandtschaft. Durch einen brennenden Holzspan läßt sich das Holztheerkreosot auf seiner Oberfläche nicht entzünden, außerdem man erhitzte dasselbe vorher ziemlich stark. An einem eingesetzten Dochte brennt es jedoch und entwickelt dabei ziemlich viel Rauch. An der Luft bis zum Sieden erhitzt, bleibt es längere Zeit ganz unverändert und fängt erst nach längerem Sieden an, sich röthlich zu färben. Man kann es auch mehrere Wochen lang bei gewöhnlicher Temperatur der freien Luft und den Sonnenstrahlen aussetzen, ohne daß das Kreosot sich merklich veränderte. Erwärmt man das Kreosot mit rothem Quecksilberoxyd, so giebt dasselbe Sauerstoff ab, welcher beim Sieden gänzlich reducirt wird; das Kreosot nimmt erst eine rothe, dann braune Farbe an und wird immer dicker. Beim erneuerten Zugeben von Quecksilberoxyd und Fortsieden verwandelt sich das Kreosot gänzlich in Harz, was beim Erkalten trocken, spröde und leicht zerreiblich ist und kein Kreosot mehr enthält. Bringt man in Kreosot einen Tropfen Salpetersäure von 1·230 specifischem Gewichte, so entsteht Erwärmung und Entwickelung von rothen Dämpfen, wobei die Flüssigkeit rothgelb wird. Ein Tropfen rauchender Salpetersäure von 1·450 specifischem Gewichte wird unter explosiver Heftigkeit und Entwickelung von rothen Dämpfen aufgenommen, wobei die Flüssigkeit dunkelbraun wird. Leitet man Chlorgas in Holztheerkreosot, so wird dasselbe verschluckt und färbt das kalte Oel erst blaß, dann intensiv rothgelb und bildet neben Salzsäure einen gelbrothen, harzigen Körper, der sich in einem Ueberschusse von Kreosot auflöst. Tropft man Brom in Holztheerkreosot, so mischt sich dieses unter Zischen, Erhitzen, Aufkochen und Ausstoßen von Bromdämpfen. Die Mischung wird rosenroth und verändert sich an der Luft nicht. Jod löst sich kalt reichlich auf und giebt eine braunrothe Mischung, die das Sieden verträgt. Ebenso löst sich Phosphor in hinreichender Menge kalt in Kreosot, und leuchtet die Flüssigkeit im Dunkeln. Schwefel löst sich dagegen kalt in geringer Menge in Kreosot, nur erst beim Sieden löst sich mehr, indem die Flüssigkeit grün gefärbt wird. Beim Abkühlen verschwindet die grüne Farbe allmählich und tritt eine blaßgelbe, unter Ausscheidung von Schwefel ein. 100 Theile Kreosot lösen bis zum Sieden und bei Fortsetzung 37 Theile Schwefel auf, wobei jedoch gut umgerührt werden muß. Die Mischung nimmt erst eine gelbe, grüne, dann braune und rothbraune Farbe an, bleibt jedoch klar; bei der geringsten Abkühlung fällt sogleich flüssiger Schwefel zu Boden, wenn die Temperatur unter die Schmelzhitze des Schwefels gesunken ist, und füllt sich die ganze Flüssigkeit mit Schwefelkrystallen an. Kalium in Holztheerkreosot eingebracht, entwickelt sogleich reichliche Luftblasen, oxydirt sich und verschwindet langsam darin. Natrium verhält sich ebenso wie Kalium, nur geht die Oxydation nicht so rasch vor sich. Schwefelsäure, englische, und auch rauchendes Vitriolöl, 1 Theil in 20 Theile Kreosot gebracht, zusammengeschüttelt, erwärmen sich und nimmt die Mischung eine rosenrothe Farbe an, durch die Luft zieht die Mischung Wasser an, wird milchig und läßt das Oel farblos und klar wieder fahren. Giebt man in das Kreosot tropfenweise und unter fortwährendem Umrühren mehr Schwefelsäure, so schreitet die Färbung von Rosenroth durch Hochroth zu Purpur und endlich zu Schwarzroth fort, ohne Verlust seiner Klarheit; erhitzt man nun eine solche mittlerweile warm gewordene Mischung, so entwickelt sich schweflige Säure und schlägt nahe an der Siedhitze plötzlich in undurchsichtiges Schwarz um. Es tritt also eine völlige Zersetzung bei einem gewissen Hitzegrade momentan ein, und zwar eine zweite schwärzere, welche von der ersteren röthenden wesentlich verschieden ist.

Wird eine Mischung von Schwefelsäure mit überschüssigem Kreosot in einer Retorte destillirt, so erhält man erst reines, dann schwefelhaltiges Kreosot, dann endlich geht sublimirter freier Schwefel in die Vorlage über und die Schwefelsäure wird vollständig zersetzt. Verdünnte Schwefelsäure reagirt kalt nicht auf Kreosot, auch warm nicht, so lange die Hitze sich nicht bis zur Verflüchtigung des Wassers steigert, und beginnt die Zersetzung des Kreosots erst dann, wenn alles Wasser der Schwefelsäure durch Destillation entfernt ist.

Phosphorsäure von 1·135 specifischem Gewichte lösen 30 Theile davon 1 Theil Kreosot durch Umschütteln und Erhitzen klar auf, trübt sich aber beim Erkalten und läßt einen Theil Kreosot wieder herausfallen. Citronen- und Weinsäure verhalten sich ähnlich wie die Phosphorsäure. Die Essigsäure dagegen besitzt eine verhältnißmäßig sehr auflösende Kraft auf das Kreosot. Sowohl die Säure im Oel, als auch das Oel in der Säure bei 1·070 Concentration zeigen sich in jeder Menge ineinander löslich.

Wenn die Essigsäure auch stark verdünnt ist, so behält sie noch immer starke Neigung zum Auflösen des Kreosots. Gleiche Mengen Essigsäure und Wasser lösen noch immer 6 Theile und in der Wärme 10 Theile Oel auf.

Eine Lösung von 1 Theil Kreosot in 20 Theilen Essigsäure, also eine Lösung von 5 Procent Oel, bleibt bei jeder Wasserverdünnung klar. Hierdurch findet die Erscheinung ihre Erklärung, daß der Holzessig durch Verdickung mit Glaubersalz ein viel Essigsäure enthaltendes Kreosot fahren läßt, welche erstere durch Neutralisation mit kohlensaurem Kali abgeschieden werden kann. Manche Fabrikanten, die in Holzessig arbeiten, wissen, daß die öligen Rückstände von der ersten Destillation immer noch viel Essigsäure enthalten und gewinnen dieselbe durch Aufgießen von Wasser und nochmaliger Destillation. Die meisten Fettsäuren, wie Margarinsäure, Oelsäure und Stearinsäure lösen sich in Kreosot sämmtlich auf.

Die Einwirkung von Alkalien auf Kreosot ist wohl das Wichtigste unter allen chemischen Körpern und muß wohl hier ausführlicher besprochen werden. Beim Eintragen von trockenem Kalihydrat in kaltes Kreosot löst sich ein Theil davon unter Wärmeentwickelung auf und verdickt sich, während ein anderer Theil flüssig wird. Durch die doppelte Verwandtschaft des Wassers zum Kali und Kreosot kommt eine solche Theilung zu Stande, daß die eine Hälfte des Kalihydrats der anderen ihr Hydratwasser abtritt und sich wasserlos mit dem Kreosot verbindet, welches dabei dick wird, während die zweite Hälfte des Kalihydrats das freigewordene Hydratwasser aufnimmt und darin zerfließt, ohne sich mit dem Kreosot sichtlich zu verbinden. Eine ganz gesättigte Lösung von Kali in Wasser (so concentrirt, daß ungelöst bleibendes Kalihydrat am Boden des Gefäßes bleibt), in welche man Kreosot bringt, erwärmt sich und kommen zweierlei Verbindungen zum Vorschein. Die eine bildet das obenauf schwimmende Kreosot mit Kali in öliger Form, die andere die darunter stehende Kalilauge mit Kreosot in wässeriger Form; beide Theile füllen sich nach einiger Zeit mit Krystallen, welche aus Anhäufungen von weißen, perlmutterähnlichen Blättchen bestehen. Diese Krystalle kann man herausnehmen und auf Fließpapier trocknen; sie lassen sich dann mit größter Leichtigkeit in Wasser auflösen und geben bei Zusatz von Salzsäure Kreosot wieder ab, unter Bildung von Chlorkalium. Trifft man das richtige Mischungsverhältniß, so verwandelt sich die ganze Oelmasse in einen Klumpen solcher Krystalle und in der übrig gebliebenen, wässerigen Flüssigkeit schwimmen sie reichlich. Diese letztere besteht nun aus einer noch stark alkalischen Mutterlauge, obwohl viel schwächer als die ursprünglich angewendete Kalilauge, und ist auch etwas kreosothaltig. Erhitzt man das ganze Gemenge, so schmelzen die Krystalle, schwimmen ölig auf der Mutterlauge und beide Flüssigkeiten werden klar; nach der Wiedererkaltung gesteht und krystallisirt der ölige Theil fest zusammen, der wasserflüssige entwickelt Flocken der genannten Krystallblättchen. Die Erwärmung ändert also wesentlich nichts in den Verbindungsverhältnissen, sondern bringt nur die Krystalle aus der Mutterlauge mehr heraus und drängt sie durch Verschmelzung zusammen. Bei diesen Erscheinungen hat sich nun das Kreosot des Kalis in der Art bemächtigt, daß es einen Theil davon aus der höchst concentrirten Lauge herauszog und mit sehr wenig Wasser vereint, die Kreosotkalikrystalle bildete, während die übrige Lauge nun in verdünntem Zustande zurückblieb und sich mit einer schwachen Auflösung eines Theiles von den Krystallen begnügt, der in der Wärme etwas größer, in der Kälte wiederum geringer ausfiel. Bringt man in kleinen Abtheilungen Wasser in das Gemenge, so ziehen die Kreosotkrystalle dasselbe begierig an, werden ölig flüssig und nimmt die ölige Flüssigkeit noch lange Wasser auf, ohne sich mit der wässerigen Flüssigkeit zu vermengen, bis dies endlich bei einem gewissen Uebermaße geschieht, wo sich beide zu einer klaren Lösung vereinigen. Nach Reichenbach geht das Kreosot mit dem Kali zwei bis drei verschiedene Verbindungen ein:

1. Eine wasserlose, welche ölig flüssig bleibt;
2. eine wasserhaltige, welche krystallisirt, das Kreosotkalihydrat;
3. die Lösung des Kreosots in verdünnten Laugen.

Die Verbindung des Kreosots mit starken Kalilaugen bleibt unter Ausschluß der Luft farblos, unter ihrer Mitwirkung aber röthet sich die Mischung allmählich und wird nach einiger Zeit gelb bis braungelb.

Die mit Wasser stark verdünnten Auflösungen von Kali halten sich auch an der Luft farblos, wenn man sie kalt läßt, beim Erhitzen aber nehmen sie ebenfalls nach einiger Zeit eine gelbe, röthliche Farbe an. Die starken Auflösungen werden bei der Erhitzung bald braun. Mischt man nun eine Säurelösung zu, so zerlegt sich die Kalilösung, das Kreosot wird unverändert wieder ausgeschieden und besitzt alle seine früheren Eigenschaften. War die Kalilösung schon farbig, so tritt das Farbeprincip mit dem Oele vereint aus und läßt sich durch Destillation davon trennen. Wendet man Schwefelsäure zur Zersetzung des Kali an, so erscheint das Kreosot fast salzfrei, wenn aber ein kleiner Ueberschuß an Säure gegeben wurde, so muß man bei der Destillation darauf bedacht sein, weil sonst leicht Schwefel in das Destillat gelangt. Läßt man eine concentrirte Mischung von Kreosot kalt einige Zeit an der Luft stehen, so nimmt das

Kali Kohlensäure aus der Luft auf und scheidet Kreosot ab. Natron verhält sich dem Kali ähnlich.

Höchst concentrirte Aetznatronlaugen bilden sogleich unter starker Wärmeentwickelung dickflüssige Massen, die bei der Abkühlung fest werden. Diese gestockten Massen sind nichts als unregelmäßige, unförmliche Anhäufungen von Kreosotnatronhydrat-Krystallen. Unter allen Alkalien wirkt besonders energisch auch auf das Kreosot der Kalk, und wird dieser in Zukunft ein vortreffliches Mittel geben, um sich leicht und schnell ein reines Kreosot herzustellen. Rührt man Kreosot mit Kalkmilch zusammen, so bildet sich eine schmierige Verbindung, die sich vollständig zusammenklumpt und das Wasser wieder klar herstellt. Nimmt man diese Klumpen heraus und trocknet sie auf einem Filter, so zerfallen sie in ein blaßrosenrothes Pulver. Diese Verbindung ist wie die der übrigen Alkalien in vielem Wasser vollständig löslich. Gießt man Kreosotwasser in Kalkmilch, so wird die ganze Flüssigkeit klar.

Concentrirtes Ammoniumoxydhydrat löst Kreosot kalt auf. Die Lösung wird, wenn sie einige Stunden an der offenen Luft steht, rosenroth und in noch längerer Zeit ganz roth. Das Kreosot zeigt die Eigenschaft, eine Art von Doppelsalzverbindungen einzugehen. Nimmt man eine Auflösung von Kreosot in concentrirter Kalilauge und zersetzt sie mit Schwefelsäure, um das Kreosot wieder abzuscheiden, so erhält man, wenn die Säure portionenweise unter Umrühren dazu gegeben wird, eine perlmutterähnliche Masse, die die übrige Lauge fast ganz erfüllt, während die Flüssigkeit ganz neutral sich zeigt. Erst wenn man neue Portionen Säure einrührt, scheidet sich Oel aus und verschwindet der perlmutterähnliche Niederschlag. Derselbe ist eine doppelsalzartige Verbindung von neutralem schwefelsauren Kali mit Kreosotkali, und es bedarf eines Zusatzes von so viel Säure, um alles Kali in saures, schwefelsaures Salz umzuwandeln, dann erst scheidet sich das Kreosot vollständig ab. Alkohol geht mit Kreosot Lösungen nach allen Verhältnissen kalt ein und ertragen diese Lösungen sogar einen Zusatz von Wasser. Eine Auflösung von 1 Theil

Kreosot in 10 Theilen Alkohol verträgt noch einen Zusatz von 11 Theilen Wasser, ohne sich zu trüben, oder eine Veränderung zu erleiden. Aether und Schwefelkohlenstoff mischen sich in jedem Verhältnisse damit. Eupion, Benzin und Steinöl mischen sich auch vollständig mit Kreosot. Asphalt schwillt nur auf und löst sich nicht. Fast sämmtliche harte Harze, wie Colophonium, Benzoë, Mastix, Sandarak u. s. w., lösen sich in Kreosot. Indigo löst sich in fein gepulvertem Zustande in der Wärme schön hochblau. Die Lösung ist constant und fällt sich in der Kälte nicht. Bringt man einen Tropfen dieser Lösung in Weingeist oder Alkohol, so wird das Kreosot gelöst und das Indigoblau gefällt. Die conservirenden Wirkungen des Kreosots gegen Stoffe, die leicht in Fäulniß übergehen, sind außerordentlich, und benützt man dasselbe hauptsächlich, um Fleisch zu conserviren. Frisches Fleisch in Kreosotwasser gelegt und nach Verweilen von einer halben bis ganzen Stunde herausgenommen und abgetrocknet, besitzt das Vermögen, nunmehr in freier, warmer Sonnenluft aufgehängt werden zu können, ohne in Fäulniß überzugehen. Das Fleisch trocknet innerhalb acht Tagen völlig aus, wird hart, brüchig und nimmt einen angenehmen Geruch von gutem Räucherfleisch an. Das Kreosot verbindet sich nämlich dabei in der Art mit dem Eiweißstoffe und dem Blutrothe des Blutes im Fleische, daß es dasselbe zum vollständigen Gerinnen bringt, ohne auf die Fleischfasern einzuwirken, welche dabei bloß als der Träger, als das Gewebe dienen, das jene geronnenen Stoffe einschließt. Der Einfluß des Kreosots auf das organische Leben muß als der eines starken Giftes angenommen werden. Pflanzen, die damit übergossen werden, sterben einige Stunden danach ab, andere kränkeln noch einige Tage, ehe sie verwelken; selbst die stärkeren erliegen nach einigen Begießungen. Thiere, wie Fische, in Kreosotwasser gebracht, sterben nach kurzer Zeit. Fliegen und Wespen mit reinem Kreosot bestrichen, hören auf zu fliegen und sterben langsam unter den gräßlichsten Krämpfen. Streicht man Kreosot auf die Haut an einer weicheren Stelle, läßt es einige Minuten darauf und wäscht dann mit Wasser ab, so findet man die Stelle weiß versengt, ohne Schmerz und Entzündung, nach einigen Tagen wird die Stelle spröde und die Oberhaut schuppt sich ab. Bringt man das Kreosot auf eine Stelle, wo die Epidermis fehlt, oder in eine Wunde, so entsteht augenblicklich ein äußerst heftiger, brennender Schmerz, der etwa eine halbe Viertelstunde anhält, wenn man auch noch so sorgfältig abwäscht, und sich erst nach und nach verliert. Das Kreosot ist demnach eine den organischen Körpern gefährliche Substanz, die man als Gift betrachten kann. Der Grund liegt in einer sehr starken Verwandtschaft des Kreosots zum Eiweißstoffe, in Folge dessen derselbe bei Pflanzen und Thieren überall, wo er ihn vorfindet, sogleich zum Gerinnen und beim Blut dasselbe zum Stocken bringt. Gegenmittel sind Aetzalkalien und Essigsäure.

23. Das Eupion und seine Darstellung.

Das Eupion wurde von Reichenbach unter den Producten der trockenen Destillation des Holzes entdeckt und ist ein hartnäckiger Begleiter des Kreosots und Paraffins. Es bildet sich unter den gleichen Umständen wie das Paraffin bei der trockenen Destillation organischer Körper. Man erhält es als Nebenproduct bei der Reinigung des Kreosots und des Paraffins durch wiederholte Destillation und chemische Behandlung. Die Entfernung des hartnäckig anhängenden Kreosots und auch Paraffins bildet bei der Reinigung eine Hauptsache und muß das rohe Eupion wiederholt mit Kalilaugen behandelt werden, um das Kreosot zu entfernen, das Paraffin kann durch wiederholte Rectification ausgeschieden werden. Die Eigenschaften des Eupion sind folgende: Es ist eine bei gewöhnlicher Temperatur tropfbare, farblose Flüssigkeit, so dünnflüssig wie Alkohol, fühlt sich nicht fettig, sondern weniger mild als Wasser an. Es hat einen angenehmen Geruch, ist geschmacklos und hat ein specifisches Gewicht von 0·740. Es ist flüchtig, verdampft bei gewöhnlicher Temperatur langsam ohne Rückstand, macht auf Papier einen Oelfleck, der aber nach einiger Zeit wieder verschwindet. Es kocht bei gewöhnlichem Luftdruck bei + 47 Grad und destillirt ohne Veränderung über. Bei gewöhnlicher

Temperatur läßt es sich nicht mittelst eines flammenden Körpers entzünden, verbrennt aber, bis zum Kochen erhitzt, oder mittelst eines Dochtes mit glänzender Flamme ohne Rußabsatz. Es verhält sich gegen die meisten übrigen Körper ebenso indifferent wie Paraffin, wird namentlich weder durch den Sauerstoff der Luft, noch Salpetersäure, Vitriolöl und Alkalien verändert oder aufgelöst. Chlor absorbirt es zwar, läßt es aber beim Erwärmen ohne Veränderung wieder fahren. Schwefel und Phosphor löst es in der Kälte nicht, aber in der Wärme, und fallen diese beim Erkalten größtentheils wieder heraus. In Wasser ist es völlig unlöslich, schwerlöslich auch in gewöhnlichem Alkohol, leichter in absolutem Alkohol, Aether, ätherischen Oelen und fetten Oelen. Wachs, Paraffin, Naphtalin und Kampher löst es in ziemlicher Menge. Die meisten Harze löst es nur schwierig und theilweise, Kautschuk in der Hitze aber vollständig und trocknet die Lösung an der Luft zu einem trockenen Firniß aus. Nach der Untersuchung von Heß ist das Eupion ein Product der Einwirkung der Schwefelsäure auf Brandöle. Die Zusammensetzung der Brandöle fand Heß = $C\,H_2$; 6 Atome davon gaben mit 2 Atomen Schwefelsäure erhitzt:

1 Atom = C_5H_{12} Eupion,
1 „ = CO_2 Kohlensäure,
2 „ = S_2O_4 schweflige Säure.

6 Atome Kohlenwasserstoff = C_6H_{12}
2 „ Schwefelsäure = S_2O_6.

24. Das Kapnamor und seine Darstellung.

Man nimmt mit rohem Buchenholztheer, oder jedem anderen Holztheer eine gebrochene Rectification vor, und zwar in der Weise, daß man diejenigen Antheile, welche leichter als Wasser sind, absondert und nur die anderen, welche schwerer sind, in Arbeit nimmt. Man mengt dieselben so lange mit kohlensaurem Kali, als noch unter Umschütteln ein Aufbrausen erfolgt, wodurch die Essigsäure abgeschieden wird. Das Oel trennt man und mengt es nun mit kalter Aetzkalilauge von einem specifischen Gewichte von circa 1·20, wobei man es fleißig durcheinander schüttelt und sich dann klären läßt. Sollte es in der Kälte stocken, so stellt man es in die Wärme und erhält es dadurch flüssig. Das Stocken wird häufig durch einen starken Picamargehalt verursacht. Alles, was sich nicht aufgelöst hat und bei Behandlung mit neuer Lauge unlöslich bleibt, entfernt man aus der Arbeit. Die alkalische Auflösung bringt man nun in einem offenen Gefäße über Feuer, erwärmt langsam und läßt kurze Zeit sieden. Nach dem Wiedererkalten, das man auf allmählich erlöschendem Feuer vor sich gehen läßt, zersetzt man mit verdünnter Schwefelsäure in kleinem Ueberschusse; es wird reichlich schwarzbraunes Oel frei, das man noch heiß abhebt, in eine Retorte bringt, mit etwas Kalilauge versetzt, bis die Mischung beim Umschütteln alkalisch reagirt, und destillirt ab, jedoch nicht bis zur Trockne.

Das ölige, blaßfärbige, klare Destillat löst man nun in etwas schwächerer Kalilauge auf, etwa von 1·16, und verfährt damit ganz auf dieselbe Weise, indem man erst einen Antheil, der ungelöst blieb, absondert und weggiebt, bis zum Sieden offen erwärmt und dann ruhig erkalten läßt. Die Flüssigkeit wird hierauf mit verdünnter Schwefelsäure versetzt und zieht man das frei gewordene Oel ab, entsäuert dasselbe mit etwas Kalilösung und destillirt auf Glasretorten. Dasselbe wiederholt man zum zweitenmale ebenso, nur mit einer Lauge von 1·12, endlich zum dritten- und viertenmale mit Laugen von 1·08 und von 1·05 specifischem Gewichte. Stets wird man bei der alkalischen Auflösung eine Abtheilung ungelösten Oeles übrig behalten, die jedesmal kleiner ausfällt, außer zuletzt, wo sich in der Lauge alles klar auflöst, ohne einen Rest. Derjenige ungelöste Ueberrest nun, welcher als der letztere erscheint, enthält das Kapnamor in verhältnißmäßig am wenigsten unreinen Zustande, und dieser ist es, dessen man sich, mit Hinwegschaffung alles Uebrigen, bemächtigt und zur weiteren Verarbeitung bedient. Die Laugen, die das Kreosot enthalten, werden hierauf entfernt, und beschäftigt man sich mit dem Oele, welches nicht durch die Laugen aufgelöst wurde und das Kapnamor enthält.

Dieses Oel ist nicht frei von Kreosot und muß daher zur Entfernung desselben aufs neue mit concentrirter Kalilauge von 1·20 versetzt und anhaltend stark geschüttelt, dann geklärt, von der Lauge abgenommen und destillirt werden. Das Destillat erscheint jetzt farblos. Darauf mischt man vorsichtig und allmählich unter Umrühren dem Raume nach gleiche Mengen rauchendes Vitriolöl mit dem Kapnamor, es erhitzt sich dabei, kocht aber nicht, bräunt sich auch nicht, entwickelt kaum einige Spuren von schwefliger Säure, bleibt klar und wird dabei roth. Ist die vorhergehende Arbeit gut ausgeführt worden, so löst sich das Kapnamor ohne allen Rückstand im Vitriolöl, ohne Trübung und ohne nach einiger Zeit ein klares weißes Oel auf der Oberfläche der Mischung abzusondern. Erscheint ein solches dennoch, so ist es unreines Eupion und ein Beweis, daß die Behandlung mit stufenweise schwächeren Laugen unvollkommen vollbracht worden ist. Die schwefelsaure Lösung läßt man einige Stunden stehen, bis sie kalt geworden ist, und mischt sie dann mit der doppelten Menge Wasser. Die Lösung erwärmt, trübt sich und scheidet nach der Klärung eine kleine Menge Oel aus, das obenauf schwimmt, abgenommen und entfernt wird. Darauf neutralisirt man die Mischung mit Ammoniumoxydhydrat, läßt ruhig klären, schöpft das Wenige, was sich ausscheidet, ab, bringt sie klar in eine Glasretorte und destillirt. Es geht zuerst ammoniakalisches Wasser über und eine kleine Menge Oel, die man beide hinwegschüttet, dann folgt fast nur reines Wasser und zuletzt, wenn der Rückstand trocken zu werden beginnt, geht bei verstärkter Hitze ein Oel über, das an das Ammoniaksalz fest gebunden war. Dieses ist das Kapnamor. Man sammelt dieses für sich, löst es nochmals in gleicher Menge Vitriolöl auf, verdünnt es mit Wasser, neutralisirt mit Ammoniak, destillirt die Mischung, die nun bloß ammoniakalisches Wasser, aber kein darüber schwimmendes Oel mehr liefert, und treibt endlich von dem trockenen sauren schwefelsauren Ammoniak das gebundene Oel für sich ab. Man mischt es jetzt mit etwas Kalilauge durch und destillirt es ein- bis zweimal mit Wasser bei schwacher Siedhitze langsam ab, mit der Vorsicht, daß man das Destillat abbricht und die Arbeit endigt, wenn das übergehende Oel ein specifisches Gewicht von 0·98 erreicht und in der Siedhitze 185 Grad C. zu übersteigen beginnt. Es bleibt dann in der Retorte ein mit etwas fremdartigen Stoffen verunreinigter Oelrest zurück. Endlich digerirt man mit mehrmals erneutem, frisch geschmolzenem Chlorcalcium und rectificirt schließlich über einer Weingeistlampe. Man erhält nun ein eigenthümliches reines Oel, für welches Reichenbach den Namen Kapnamor vorgeschlagen hat, von κάπνος Rauch und μοῖρα Antheil, so daß sein Name durch Rauchantheil bezeichnet ist.

Das Kapnamor ist an und für sich nicht in Alkalien löslich, es wird aber durch Vermittelung von anderen empyreumatischen Substanzen in diese eingeführt. Paraffin und Eupion theilen seine Indifferenz nicht nur, sondern überbieten dieselbe. Die Befreiung von Kreosot, Picamar und von dem in den Theeren befindlichen, leicht oxydablen Principe, läßt sich bis auf einen gewissen Grad unmittelbar mit starken Aetzlaugen bewirken, mit welchen man es wiederholt warm durchwäscht. Dann behält man das Kapnamor mit Mesit, Eupion und Paraffin vereint zurück. Aus diesem wäre ein Antheil mit Schwefelsäure herauszuziehen, allein da hierbei noch viele Substanzen im Spiele sind, die sich zersetzen und deren unbekannte Zersetzungsproducte sich einmischen, so ist dieser Weg nicht zu empfehlen. Aus diesem Grunde hat Reichenbach die Aetzlaugenlösung zur Gewinnung eines reinen Kapnamors benützt. Die Erfahrung zeigt, daß mit dem Kreosot, Picamar, nicht nur Kapnamor, sondern auch etwas Eupion und Paraffin mit in die Lauge eingeht. Je concentrirter die Lauge auf das gemengte Theeröl angewendet wird, um so größer ist der Antheil, der in die Lauge mit eingeht. Fällt man dann alles, was eine starke Lauge gelöst hatte, durch irgend eine Säure aus, und löst es nun wieder aufs neue in einer etwas schwächeren alkalischen Lauge, so wird zwar alles Picamar und Kreosot wieder aufgelöst, ein Antheil von den indifferenten Stoffen bleibt aber nun ungelöst. Dies ist zunächst Mesit, Eupion und Paraffin, nebst einem Antheile von Kapnamor. Fährt man nun auf diesem Wege fort, das immer wieder aus der Lauge durch eine Säure ausgeschiedene gemengte Oel successive in jedesmal etwas schwächeren Laugen neuerdings aufzulösen, so wird man bei einer jedesmaligen Lösung wieder einen Antheil indifferenten Oeles unaufgelöst übrig behalten, bis am Ende auch in schwachen Laugen sich alles klar auflöst und nichts mehr übrig bleibt. Die Lösung besteht nun nur noch aus Picamarkali und Kreosotkali und das Mesit, das Eupion, Paraffin und das Kapnamor haben sich in den ausgeschiedenen Oelportionen gesammelt. Vergleicht man nun diese verschiedenen Portionen untereinander, daß man von jeder eine kleine Probe in rauchende Schwefelsäure bringt, so findet man, daß die ersten Absonderungen, die von der stärksten Kalilauge abgenommen wurden, am meisten in Schwefelsäure unlösliche und unzersetzliche Stoffe, wie Eupion und Paraffin, enthalten, die folgenden aber daran arm, die letzteren endlich davon völlig frei sind. Auf diese Weise hat man durch solche bebrochene Abscheidungen zwar auf einem etwas mühsamen, aber sicheren Wege eine ölige, an Kapnamor sehr reiche Flüssigkeit erhalten, welche von Eupion und Paraffin völlig frei ist. Wenn man während dieser Arbeiten, nach jedesmaliger Lösung des Theeröles in Lauge, zur Zersetzung und Abscheidung des leicht oxydablen Principes die ganze Flüssigkeit erhitzt und kurze Zeit an offener Luft im Sieden erhalten hat, so hat man nicht bloß diesen Zweck, sondern auch noch die Verflüchtigung des Mesits in solchem Maße erreicht, daß zuletzt von seinem Dasein wenig oder keine Spur mehr zu finden ist, und so kann man, wenn es der Fall sein sollte, durch die nachfolgende Behandlung die weitere Reinigung des Kapnamors vollenden.

Das von der letzten schwächsten Lauge übrig gelassene Oel benützt man zur Darstellung des chemisch reinen Kapnamors; alle Portionen der früheren Bebrechungen, die jedoch zu einem nicht absolut reinen Kapnamor noch gut brauchbar sind, werden aus der Lauge entfernt. Das von der schwächsten Lauge ausgezogene Kapnamor enthält noch einen Antheil Kreosot; um es vorerst von diesem gänzlich zu befreien, muß es wieder mit einer sehr concentrirten Lauge gewaschen werden, wodurch es kreosotfrei wird. Hierauf wird es unter Zusatz von etwas Kalilauge in einer Glasretorte destillirt.

Das wasserhelle Destillat löst man in concentrirter Schwefelsäure; bleibt dabei ein Rest, so wird er aus der Arbeit entfernt und zur Darstellung von Eupion aufgehoben. Die saure Lösung wird mit der dreifachen Menge Wasser gemischt und einige Zeit der Ruhe überlassen; was sich abscheidet und obenauf schwimmt, ist fast nur Kapnamor, wenn es jedoch mit concentrirter Salzsäure nicht weiß bleibt, so ist es noch unrein und muß aus der Arbeit entfernt werden. Die klare, saure Lösung wird hierauf mit Ammoniak neutralisirt und abdestillirt. Die Säure läßt nach ihrer Sättigung das Kapnamor nicht fahren und muß die Destillation erst bis zur Trockenheit vorschreiten, bevor der Rückstand das Kapnamor entläßt. Dies ist auch der Fall, wenn Ammoniak oder Kali zur Sättigung angewendet worden ist. Mit letzterem bildet sich eine Verbindung von niederfallendem kapnamorhaltigen schwefelsauren Kali, welches bei der Destillation leichter anbrennt als das Ammoniaksalz, daher das letztere vorzuziehen ist. Das Destillationsproduct ist jetzt, außer Wasser, ein bisweilen noch etwas mit Kapnamor vermengtes fremdartiges Oel, das mit dem Wasser zugleich übergeht, darauf schwimmt, für sich in Schwefelsäure nicht wieder löslich ist und aus der Arbeit entfernt werden muß. Hierauf folgt erst das Kapnamor. Nach allem diesen ist das Kapnamor noch mit einer Spur eines schweren, in Wasser untersinkenden und schwerflüchtigen Oeles verunreinigt, von welchem es jedoch durch gebrochene Wasserdestillation leicht befreit wird.

Die übrigen Rectificationen über Chlorcalcium verstehen sich von selbst.

Das auf diese Weise rein dargestellte Kapnamor nimmt nun mit rauchender Salzsäure, im Ueberschuß vermengt, keine blaue Färbung mehr an, sondern bleibt unverändert. Der Geruch muß rein und angenehm gewürzhaft sein und darf nichts Widerliches verrathen.

25. Die physikalischen Eigenschaften des Kapnamors.

Das Kapnamor ist eine durchsichtige, wasserklare und farblose Flüssigkeit. Es hat ein starkes Lichtbrechungsvermögen und ist dasselbe so groß wie beim Kreosot, indem es in geschliffenen Glasgefäßen lebhaft irisirt.

Der Geruch ist nicht besonders stark, aber angenehm; wenn man etwas auf der flachen Hand reibt, ist derselbe mehr gewürzhaft, ähnlich wie Ingwer.

Der Geschmack ist im ersten Augenblicke kaum merklich, nach einigen Secunden aber fängt er an beißend zu werden und steigt dies dann schnell bis in das Unerträgliche, ist aber dabei weder bitter noch sauer, noch süß und verschwindet bald ohne alle Spur. Es fühlt sich nicht fettig an und hat bei gewöhnlicher Temperatur die Consistenz und Dünnflüssigkeit des Wassers. Das specifische Gewicht beträgt 0·977. Die Siedhitze tritt bei 185 Grad C. ein und verdampft ohne Rückstand. Die Destillation erfordert große Hitze und geht anfangs langsam, bei raschem Sieden aber schnell und leicht in die Vorlage über. Die Ausdehnung bei der Erwärmung von +20 Grad C. bis zu 183 Grad C. bei der Siedhitze in cylindrischen Glasröhren gemessen, beträgt von 100 auf 115·79. Bei —21 Grad C. gefriert es nicht. Auf Papier gebracht, erzeugt es Fettflecke, die aber nach einigen Stunden wieder verschwinden, ohne eine Spur zu hinterlassen. Bei erwärmtem Papier geht die Verflüchtigung schneller vor sich. Das Kapnamor leitet die Elektricität nicht.

26. Das chemische Verhalten des Kapnamors.

Das Kapnamor ist ein indifferenter Körper, reagirt unter allen Verhältnissen für sich, in Weingeist und Wasser, weder auf Lackmus noch auf Curcuma.

Bei gewöhnlicher Temperatur zeigt das Kapnamor keine besondere Verwandtschaft zum Sauerstoff. In einem offenen Gefäße der Luft und dem Lichte überlassen, geht es keine Veränderung ein. Wenn man das Kapnamor in einem offenen Gefäße siedet, so verändert es weder die Farbe noch die Consistenz. Es brennt nur mittelst eines Dochtes mit leuchtender Flamme, entwickelt aber dabei ziemlich viel Rauch.

Kupferoxyd, Quecksilberoxyd und Bleioxyd wirken selbst in der Siedhitze nicht darauf ein, dagegen wird Mangansäurelösung durch das Kapnamor gebräunt und Manganoxydhydrat gefällt. Salpetersäure von 1·230 specifischem Gewichte färbt das Kapnamor dunkelbraun und wird die Säure gelb. Stärkere Salpetersäure von 1·450 specifischem Gewichte erhitzt sich damit, färbt es grün, dann braun und ganz concentrirte Säure braust unter Erhitzen und Ausstoßen von braunen Dämpfen heftig auf und färbt sich das Oel unter Zersetzung klar braun. Ueberläßt man die Mischung einige Tage an einem kalten Orte der Ruhe, so bilden sich Krystalle, namentlich von Oxalsäure. Alle diese hier angeführten Reactionen weisen darauf hin, daß das Kapnamor ein Körper ist, der hinsichtlich seiner Constitution zwischen dem Kreosot und Eupion, auch Paraffin steht, besonders wegen seiner geringen Verwandtschaft zum Sauerstoff. Chlor, in kaltem Strome durchgeführt, wird in ungewöhnlicher Menge absorbirt, erwärmt sich damit, scheidet Wasser aus und verändert sich in Salzsäure, die man in Dämpfen entweichen sieht. Das Kapnamor wird dabei in einen neuen öligen Körper umgebildet, der ungleich schwerer, dickflüssiger, ungefärbt und in Wasser unlöslich ist. Durch Sieden verändert sich dieser Körper nicht. Ist das Kapnamor mit der geringsten Menge desjenigen Oeles verunreinigt, aus welchem das Pittakal seine Entstehung ableitet, so entsteht gleich mit dem Eintritte der ersten Chlorblasen eine violette Färbung, die in Gelb umschlägt, sobald das Kapnamor mit Chlor gesättigt ist. Brom mischt sich unter Erhitzen, Aufbrausen und Entwickelung von Bromdämpfen rasch damit zu einer klaren, farblosen Flüssigkeit, wenn davon nicht zu viel zugesetzt wird. Es entsteht dadurch ein neuer öliger Körper. Bromwasser mit Kapnamor geschüttelt, wird sogleich entfärbt und das Brom ausgezogen. In der Kälte löst sich schon Jod mit brauner Farbe ohne Erwärmung und Explosion auf; ebenso löst sich auch Schwefel kalt, erwärmt in noch größerer Menge, der beim Erkalten aber wieder herauskrystallisirt.

Phosphor löst sich schon kalt auf und leuchtet das Oel im Dunklen.

Kalium ist ohne bedeutende Einwirkung, ebenso Natrium; nur bei längerem Stehen damit bilden sich braune Flocken. Schwefelsäure von 1·850 specifischem Gewichte nimmt Kapnamor auf, und zwar mehr als sein eigenes Gewicht, ohne Erwärmung und Bildung von schwefliger Säure, und bleibt dasselbe klar. Ebenso löst verdünnte Schwefelsäure 1 bis 3 Theile des Kapnamors noch auf. Zusatz von Wasser, selbst in größerer Menge, scheidet von dieser Säurelösung von Kapnamor nichts ab.

Eine Verbindung gleicher Mengen Oel und Säure wird purpurroth und klar. Durch Beimischung von Wasser wird die Lösung rosenroth und wird diese Färbung durch Alkalien zerstört. Spuren von Salpetersäure in der Schwefelsäure bringen eine Schwärzung der Lösung hervor.

Diese Kapnamorsäurelösung wird weder durch Neutralisation mit Kali oder Ammoniak getrennt und hält das Kapnamor so fest, daß es selbst in der Siedhitze sich nicht trennen läßt. Das Kapnamor löst sich etwas in Essigsäure von 1·070 specifischem Gewichte, noch mehr beim Sieden. 300 Theile Säure lösen 1 Theil Kapnamor auf. Die organischen Säuren, wie Citronensäure, Weinsteinsäure, Oxalsäure, Bernsteinsäure im krystallisirten Zustande, werden in der Wärme etwas gelöst und krystallisiren in der Kälte wieder aus. Destillirtes Wasser löst bei gewöhnlicher Temperatur nur einen kleinen Theil von Kapnamor auf, während sich bei der Siedhitze mehr löst, beim Erkalten aber wieder ausscheidet.

Ammoniumoxydhydrat wirkt direct auf das Kapnamor nicht ein, wenn man jedoch trockenes Ammoniakgas damit in Berührung bringt, so vereinigt es sich damit zu einer neutralen Verbindung, die nicht alkalisch mehr reagirt. Vanadinsaures Ammoniak färbt das Kapnamor bei der Siedhitze rothgelb, verliert schnell seine weiße Farbe und fällt schwarz als wasserfreies Vanadinoxyd nieder.

Alkohol ist ein unbedingtes Lösungsmittel für das Kapnamor in allen Verhältnissen und kann man die alkoholische Lösung auch mit destillirtem Wasser verdünnen, ohne daß eine Abscheidung stattfindet. 8 Theile Kapnamor lösen sich in 100 Theilen Alkohol und nehmen noch 55 Theile Wasser auf ohne Trübung der Flüssigkeit; ein weiterer Zusatz von Wasser scheidet das Kapnamor ab. Aether, Steinöl, Terpentinöl, Petroleum, Kreosot mischen sich in jedem Verhältnisse damit. Naphtalin, Paraffin, Stearin, Erdwachs werden mit Leichtigkeit auch kalt gelöst. Viele Harze, wie Mastix, Colophonium, Copal, Benzoë und Guajak, werden kalt in größerer Menge gelöst; dagegen wird Bernstein weder kalt noch siedend angegriffen. Asphalt löst sich nicht in Kapnamor. Kautschuk wird kalt schnell aufgeschwellt, aber längere Zeit nicht gelöst; beim Erhitzen löst sich derselbe jedoch in einigen Minuten. Ohne vorangegangene Schwellung bedarf es eines viertelstündigen Siedens. Wenn man diese Lösung auf Glas oder Metalle aufträgt und gelinde erwärmt, so verflüchtigt sich das Kapnamor und der Kautschuk bleibt ganz rein zurück. Gummilack wird kalt nicht, aber siedend theilweise aufgelöst. Curcuma wird von kaltem Kapnamor entfärbt und hat die gelbe Lösung einen grünen Farbenstich im zurückgeworfenen Lichte. Der Rückstand erscheint dann roth. Lackmus färbt im Sieden das Kapnamor blau. Indigoblau bleibt kalt unangegriffen, im Sieden löst es sich aber vollkommen auf und krystallisirt beim Erkalten wieder aus. Neutralisirt man die Lösungen des Kapnamors mit concentrirter Kalilösung, so bildet sich ein Niederschlag von saurem schwefelsauren Kali mit Kapnamor. Erhitzt man diesen Niederschlag in seiner Mutterlauge, so löst sich derselbe wieder auf und krystallisirt beim Erkalten in blumenkohlartigen Gebilden, die weich und nachgiebig sind, aus. Diese Verbindung des Kapnamors wird selbst durch absoluten Alkohol nicht zerstört oder ausgezogen, wodurch man annehmen kann, daß es eine feste Verbindung ist. Das Kapnamor stellt sich im Allgemeinen als ein sehr indifferenter Körper heraus. Es verbindet sich im Allgemeinen weder mit Säuren noch mit Alkalien; wenn auch einige etwas Löslichkeit zeigen, so kann schon bloß durch Wasser eine Trennung bewirkt werden. Von Kreosot unterscheidet es sich durch den Geschmack, durch Unauflöslichkeit in Alkalien und Essigsäure, sowie durch seine Lösungskraft von Kautschuk. Vom Eupion unterscheidet sich das Kapnamor durch sein specifisches Gewicht. Das Kapnamor findet sich nicht nur im Buchentheer, sondern auch in allen übrigen Holztheeren, auch hat es Reichenbach im Steinkohlen- und Knochentheer gefunden. Es ist verhältnißmäßig in größerer Menge in allen Holztheeren enthalten und nach Reichenbach ein vorwaltender Bestandtheil derselben. Das Kapnamor ist ein steter Begleiter des Holztheerkreosots und hängt demselben sehr hartnäckig an, weshalb die Reinigung des Holztheerkreosots dadurch bedeutend erschwert wird.

Ein Gehalt des Holztheerkreosots an Kapnamor stimmt die Wirksamkeit des Kreosots bedeutend herab und macht es unfähig, auf der Haut zu wirken. Hinsichtlich der Nutzanwendung des Kapnamors ist seine Auflösungskraft für Kautschuk besonders hervorzuheben, außerdem als Zusatz für Lackfirnisse, während es als Beleuchtungs- und Schmiermaterial keine Anwendung finden kann; als ersteres rußt es zu stark, als letzteres ist es zu flüchtig und enthält zu wenig Fettstoff. In medicinischer Hinsicht ist dasselbe noch zu wenig untersucht, daß sich eine passende Anwendung gefunden hätte.

27. Das Picamar und seine Darstellung.

Das Picamar, welches ebenfalls von Reichenbach entdeckt wurde, erhält man aus den rohen, schweren Holztheerölen, indem man dieselben mit 8 Theilen Aetzkalilauge von 1·15 specifischem Gewichte mischt und das Gemisch durch wiederholt gebrochene Destillation auf ein specifisches Gewicht von 1·08 bis 1·10 bringt. In der Kälte schießen nach einigen Tagen Krystalle von Picamarkali an, während Kreosot gelöst bleibt. Man trennt das Picamarkali von der Flüssigkeit, zerlegt die gereinigten Krystalle mit einer Säure und reinigt das abgeschiedene Picamar durch Destillation. Es ist ein farbloses Oel von 1·10 specifischem Gewichte, fühlt sich fettig an, riecht schwach, schmeckt brennend und äußerst bitter, ist bei gewöhnlicher Temperatur an der Luft nicht merklich flüchtig und wird in der Kälte nicht verändert. In der Siedhitze schwärzt es Mennige. Es kocht erst bei 270 Grad und gefriert noch nicht bei —10 Grad, reagirt weder sauer noch basisch. In Wasser ist es sehr wenig löslich, in jedem Verhältnisse aber in Alkohol, Aether, Holzgeist, Schwefelkohlenstoff und Steinöl, aber nicht in Eupion. Es löst auch nicht Paraffin. Es verbindet sich mit Chlor, Brom, Jod, Schwefel, Selen und Phosphor. Harze löst es auf, aber nicht Kautschuk, und es zeigt wenig Affinität zu den Fetten. Schwefelsäure löst es unverändert auf und Salpetersäure zerstört es. Salpetersaures Silberoxyd wird dadurch reducirt. Angezündet brennt es mittelst eines Dochtes mit rußender Flamme.

Mit Alkalien geht es krystallinische Verbindungen ein und erhält man Picamarkali, wenn das Picamar in Kalilauge von 1·15 specifischem Gewichte in der Wärme aufgelöst wird. Beim Erkalten krystallisirt das Picamarkali in glänzenden Nadeln, die durch Alkohol von dem anhängenden Kali befreit werden. Es ist in überschüssiger Kalilauge schwer löslich und kann daher aus seiner Lösung durch Kali gefällt werden. Die Krystalle reagiren alkalisch, sie werden durch Wasser in ein basisches Salz zerlegt, indem sich freies Picamar abscheidet.

Wenn man Kali nicht im Ueberschusse zusetzt, löst sich das freigewordene Picamar wieder auf. Absoluter Alkohol zerlegt das Picamarkali ebenfalls in ein basisches Salz, löst aber das freigewordene Picamar wieder auf. Wasserhaltiger Alkohol löst das Salz in der Wärme, aus dem es beim Erkalten herauskrystallisirt. 100 Theile Picamarkali geben 32 Theile kohlensaures Kali, dem entsprechen 21·8 Kali. Das Atomgewicht des Picamars wäre demnach = 2117. Die Zusammensetzung des Picamars durch die Elementaranalyse ist bis jetzt nicht ermittelt, man weiß nur, daß es Sauerstoff enthält. Picamarnatron ist ähnlich der Kaliverbindung, krystallisirt aber leichter. Nach dem Atomgewicht des Kalisalzes besteht es in 100 Theilen aus 15·5 Natron und 84·5 Picamar.

Wird Picamar mit kaustischem Ammoniak gemischt, so erstarrt es. Beim Erhitzen wird ein Theil aufgelöst, das Ungelöste schmilzt, erstarrt aber beim Erkalten krystallinisch. Aus der Lösung krystallisirt das Picamarammoniak. Wird Picamarammoniak mit Chlorcalcium gemischt, so schießt nach einiger Zeit das schwerlösliche Kalksalz in Gruppen von concentrischen Nadeln an. Das Picamar gewinnt man hauptsächlich aus Buchentheer und sind darin 17 bis 20 Procent enthalten.

28. Die Darstellung verschiedener Körper, wie Cedriret und Pittakall aus Holztheer.

a) Das Cedriret.

Das Cedriret, von Reichenbach entdeckt, erhält man aus dem rectificirten Theeröl, indem man dasselbe zur Entfernung der Essigsäure mit kohlensaurem Kali sättigt und dann das Ganze in Kalilauge digerirt; die alkalische Lösung wird mit Essigsäure neutralisirt und darauf destillirt; man fängt nur die letzten zwei Drittel des Destillates auf, diese haben die Eigenschaft, sich in der Berührung mit atmosphärischer Luft, noch schneller aber mit schwefelsaurem Eisenoxyd roth zu färben und sich in kleinen rothen Nadeln auszuscheiden. Sie sind in der Hitze weder schmelzbar noch flüchtig, entzündet verbrennen sie mit lodernder Flamme. Von Schwefelsäure werden sie mit indigoblauer, von Kreosot mit purpurrother Farbe aufgelöst; unslöslich sind sie in Alkohol, Aether und fetten Oelen. Die purpurrothe Kreosotlösung kann durch Alkohol zersetzt werden und fällt dann das Cedriret krystallinisch heraus. Durch Salpetersäure wird es gänzlich zersetzt.

b) Das Pittakall.

Das Pittakall wurde ebenfalls von Reichenbach entdeckt und erhält man es, wenn man das letzte schwere Destillat vom Holztheeröle mit Kali sättigt, so daß es nur noch schwach sauer ist, und setzt man dann Barythydrat zu, so wird das Oel, wenn es an der Luft getrocknet wird, dunkelblau. Nur Baryterde bringt diese Reaction hervor. Das Pittakall bildet eine dunkelblaue, feste, abfärbende Masse, die wie Indigoblau einen kupferrothen Strich annimmt; sie ist geruch- und geschmacklos, verkohlt beim Erhitzen und liefert ammoniakalische Producte. Im Wasser ist das Pittakall unlöslich, löst sich aber in Säuren, vorzüglich in Essigsäure, aus welcher es durch Alkalien in schön blauen mikroskopischen Krystallnadeln wieder gefällt wird. Es verbindet sich mit Thonerde und Zinnoxyd und kann auf Zeuge niedergeschlagen werden, wobei es ein Blau giebt, das durch Licht, Wasser und Seife, Ammoniak und Urin nicht verändert wird. Darauf bezieht sich der Name Pittakall von καλλος schön und πιττα Harz. Man erkennt die Gegenwart dieses Körpers im Theeröle daran, daß dieses auf Zusatz von Barythydrat da, wo es mit atmosphärischer Luft in Berührung kommt, dunkelblau und endlich schwarz gefärbt wird.

29. Das Chrysen und Pyren.

Das Chrysen und Pyren wird aus dem Holztheer durch nochmalige Destillation des Holztheerpeches erhalten und geht gleichzeitig mit Paraffin über. Die zuletzt übergehenden Producte bestehen aus einer gelben oder röthlichen weichen Masse und einem dicken Oele, in dem sich Krystallblättchen erkennen lassen; der Hauptbestandtheil der in dem Hals der Retorte verdichteten Masse besteht aus Chrysen, in der Vorlage befindet sich das Pyren. Beide lassen sich durch Aether trennen, indem sich das Pyren löst, während Chrysen zurückbleibt. Durch Abkühlung des Aethers, der zum Reinigen des Chrysens gedient hat, in einem Kältegemische, krystallisirt das Pyren aus.

a) Das Chrysen $C_{18}H_{12}$.

Das Chrysen ist in reinem Zustande gelb, krystallinisch, geruch- und geschmacklos, unlöslich in Wasser und Alkohol, schwerlöslich in Aether, wenig in siedendem Terpentinöl und daraus krystallisirbar. Das Chrysen schmilzt bei 230 bis 235 Grad und erstarrt krystallinisch, nadelförmig, in höherer

Temperatur ist es unter theilweiser Zersetzung flüchtig. Auf glühenden Kohlen entzündet es sich. Durch Salpetersäure, Chlor, Brom und Schwefelsäurehydrat wird Chrysen zersetzt. Sehr kleine Quantitäten Chrysen färben Schwefelsäurehydrat in der Wärme schön grün. Durch Behandlung mit Salpetersäure entsteht aus dem Chrysen eine gelbrothe, unlösliche Verbindung, sie ist nach der Formel $C_{12} H_6 O_4 N_2$ zusammengesetzt. Durch weitere Behandlung mit Salpetersäure entsteht ein neuer Körper, der nach der Formel $C_{24} H_{10} N_4 O_9$ zusammengesetzt ist.

Laurent hat für Chrysen die Formel $C_5 H_2$ aufgestellt.

Der Formel nach besitzt Chrysen dieselbe Zusammensetzung wie Idrialene.

Das Chrysen wird auch aus den Destillationsproducten des Steinkohlentheers erhalten, und zwar durch Destillation des Peches.

b) Das Pyren $C_{16} H_{10}$.

Aus Alkohol krystallisirt das Pyren in rhomboidalen, mikroskopischen Blättchen, es ist geschmack- und geruchlos, unlöslich in Wasser, wenig in Alkohol und Aether, aus beiden krystallisirbar, in Terpentinöl ist es leicht löslich, es schmilzt bei 170 bis 180 Grad und gesteht zu einer im Bruche blätterig krystallinischen Masse. In höherer Temperatur destillirt es ohne Veränderung. Durch Schwefelsäure wird Pyren verkohlt. Durch Einwirkung von Salpetersäure auf Pyren entsteht eine neue Verbindung.

30. Die Darstellung von Paraffin aus Holztheer.

Buchentheerparaffin.

Formel des Paraffins $C_{20} H_{42}$ (Lewy).

Das Paraffin wurde von Reichenbach entdeckt und findet es sich namentlich in dem Holztheer von Laubhölzern, dem Buchentheer, und wird daraus durch vorsichtige Destillation gewonnen, wobei man die zuerst übergehenden wässerigen Destillationsproducte, sowie die leichten Holztheeröle für sich auffängt und absondert, und die später übergehenden schweren Holztheeröle, in denen hauptsächlich Paraffin enthalten ist, einer nochmaligen Rectification unterwirft und das später übergehende Destillat in hölzerne Bottiche in einem Keller zum Krystallisiren bringt. Bei einer mittleren Temperatur erfolgt die Krystallisation vollständig in einem Zeitraume von 14 Tagen bis 3 Wochen. Die Krystallisationsgefäße können entweder Holzbottiche oder auch Bassins von Eisenblech sein, die das täglich zu verarbeitende Quantum fassen. Diese Krystallisationsgefäße besitzen in verschiedener Höhe Löcher, in denen Ablaßhähne angebracht sind, um nach erfolgter Krystallisation die noch flüssigen Oele abziehen zu können. Die Aufstellung derselben geschieht in einem möglichst kühlen Kellerraume und bringt man die Krystallisationsgefäße in einer Höhe von $^3/_4$ Meter auf ein Lager, damit die Oele nach erfolgter Krystallisation in untergesetzte Kübel abgelassen werden können und die Paraffinkrystalle darin bleiben. Die schuppenförmigen Paraffinkrystalle bringt man in Centrifugalmaschinen und schleudert das noch anhängende Theeröl ab, schlägt die erhaltene Krystallmasse in leinene oder wollene Tücher und setzt sie in einer hydraulischen Presse einem Drucke von 200.000 bis 300.000 Pfund aus. Man schlägt in der Regel zwölf Preßtücher mit rohem, krystallisirtem Paraffin ein; man kann jedoch auch noch mehr einschlagen, wenn man dünnere Preßkuchen herstellen will. Die vollständigere Pressung erreicht man bei dünnen Kuchen, es kann jedoch in einer bestimmten Zeit nicht so viel Paraffin dann gepreßt werden. Nachdem die Presse angetrieben worden ist, bleiben die Kuchen eine halbe bis drei Viertelstunden darin stehen und treibt man die Presse während dieser Zeit nochmals an.

Die Kuchen werden hierauf herausgenommen und die inzwischen neu vorbereiteten und eingeschlagenen Preßtücher mit Paraffinmasse wieder hereingebracht. Die aus der Presse herausgenommenen Kuchen werden von den wollenen und leinenen Tüchern befreit und die Paraffinkuchen welche theils gelb, braun und theils schwarz aussehen, in einen Kessel gebracht und mittelst Dampf geschmolzen. Man läßt die

Flüssigkeit ruhig stehen, damit die Unreinigkeiten sich absetzen können, seiht das reine Paraffin durch ein reines Tuch und setzt 10 Procent rectificirtes Terpentinöl oder Benzin zu und gießt in Kuchen von 3 Centimeter Stärke, die nach dem Erkalten nochmals in Tücher eingeschlagen und dem Drucke einer hydraulischen Presse bis 500.000 Pfund ausgesetzt werden, wobei die weicheren anhängenden Kohlenwasserstoffe abgepreßt werden. Die herausgenommenen Kuchen sind fast weiß und schmilzt man dieselben mittelst Dampf, läßt einige Zeit den Dampf einströmen, um das noch anhängende leichte Oel zu entfernen, bringt das flüssige Paraffin in ein mit Blei ausgeschlagenes Gefäß und giebt 8 bis 10 Procent Schwefelsäure dazu, rührt gut um, läßt absetzen und zieht das klare Paraffin in ein reines Gefäß ab, wäscht mit warmem Wasser die anhängende Säure ab und neutralisirt mit etwas Aetzlauge. Zur vollständigen Klärung wird das Paraffin mit 2 Procent Stearin zusammengeschmolzen, mit einigen Procent Aetznatronlauge verseift, dann der Ruhe überlassen und das klare, nicht verseifte Paraffin oben abgeschöpft. Wenn man das Paraffin nicht dem Verseifungsproceß unterwerfen will, so wird das mit Schwefelsäure behandelte Paraffin nochmals mit Benzin geschmolzen, nach dem Erkalten in einer hydraulischen Presse gepreßt und in einem Ablaßständer mit einem kräftigen, überhitzten Dampfstrahl behandelt, wodurch eine vollständige Entfernung aller leichten und riechenden Oele zu erreichen ist, und schließlich heiß durch einige Procente gereinigte Thierkohle filtrirt. Bei dieser letzteren Behandlung erhält man ein sehr schönes Paraffin, jedoch ist bei dieser Methode ein größerer Verlust an Paraffin, namentlich durch die zweite Pressung zu constatiren. Um sich im Kleinen aus den schweren paraffinhaltigen Holztheerölen reines Paraffin darzustellen, vermischt man das mit einer Menge Krystallen vermengte ölige Destillat nach und nach mit gewöhnlichem rectificirten Weingeist, bis starke Trübung und Ausscheidung von Paraffin sich zeigt. Man filtrirt das Paraffin ab, wäscht es noch mit kaltem Weingeist, löst es in heißem Alkohol und krystallisirt um. Durch Verdampfen der Mutterlauge erhält man noch mehr. Das erhaltene krystallisirte Paraffin wird durch mehrere Krystallisationen gereinigt. Zur völligen Reinigung übergießt es Reichenbach mit der doppelten Menge Vitriolöl, erwärmt bis auf 100 Grad und rührt gut um, digerirt eine Zeit lang, wäscht dann mit Wasser und löst in Alkohol, aus dem es einigemale umkrystallisirt und dann geschmolzen wird.

Die Eigenschaften des reinen Holztheerparaffins sind folgende: Zusammengeschmolzen bildet es nach dem Erkalten eine weiße durchscheinende, in dünnen Lagen glasartige durchsichtige Masse von krystallinisch blätterigem Gefüge und schwachem Perlmutterglanze, dem Walrath ähnlich, fühlt sich auch jenem ähnlich an, aber mehr zart und schlüpfrig, ist weich und leicht zerbrechlich. Es ist geruch- und geschmacklos, macht keine Fettflecken auf Papier und hat ein specifisches Gewicht von 0·870; schmilzt bei + 43·75 Grad zu einem farblosen Oel und verflüchtet sich, stärker erhitzt, in geschlossenen Gefäßen, ohne sich zu verändern. In der Masse selbst läßt es sich nicht entzünden, aber es brennt vermittelst eines Dochtes (weshalb man es zu Kerzen verwendet) mit schöner heller Flamme. Unter Luftzutritt bis zum Verdampfen erhitzt, läßt es sich leicht entzünden und brennt dann mit glänzender, nicht rußender Flamme, ohne einen Rückstand zu hinterlassen. Dieser Körper ist besonders wegen seines indifferenten Verhaltens zu anderen Körpern merkwürdig, indem weder durch Chlor, Salpetersäure, Salzsäure und Schwefelsäure bei gewöhnlicher Temperatur eine Einwirkung stattfindet und derselbe zersetzt wird, wirken Alkalien noch verändernd.

In Wasser ist das Paraffin unlöslich, mehr löslich in Alkohol, leicht löslich in Aether und ätherischen Oelen. Mit fetten Oelen und Stearin läßt es sich zusammenschmelzen. Sein Name wurde ihm wegen seines indifferenten Verhaltens vom Entdecker gegeben, von parum affinis, wenig Verwandtschaft.

31. Die Brandharze im Holztheer.

Die Brandharze gehen bei der trockenen Destillation des Holztheeres meist später über als die Oele, jedoch werden

Antheile dabei mit den leichten und schweren Holztheerölen immer übergeführt. Die Verhältnisse, in welchen dieselben in den Destillationsproducten vorkommen, sind sehr verschieden. Die Brandharze ähneln im Allgemeinen sehr den gewöhnlichen Harzen, jedoch zerfallen sie selbst wieder in zwei Unterabtheilungen, von denen die eine jene Harze umschließt, welche meist mit Essigsäure verbunden vorkommen, Lackmus röthen und andere saure Eigenschaften zeigen, während die andere die indifferenten Körper dieser Art umfaßt. Die Brandöle, die die Brandharze enthalten, sammeln sich fast bei jeder trockenen Destillation je nach der angewendeten Temperatur und der Art der zersetzten Substanz in verschiedener Menge und verschiedenen Eigenschaften an. Im Allgemeinen sind die zuerst übergehenden Oele farblos, dünnflüssig, von widrigem Geruche und beißendem Geschmack, leicht entzündlich und verbrennen mit gelber, rußender Flamme. Viele derselben absorbiren aus der Luft Sauerstoff, färben sich dann braun und schwarz und verharzen sich unter der Bildung dieser Brandharze. Derselbe Proceß wird durch schwefelsaures Eisenoxyd bedingt, welches von den Oelen zu Oxydul reducirt wird. In Alkohol, Aether und ätherischen Oelen sind die Brandharze leicht löslich, unlöslich in Wasser; mit Schwefelsäure bilden sie eigenthümliche Säuren, die selbst mit Baryt und Bleioxyd lösliche Salze geben. Von Salpetersäure werden sie zersetzt.

32. Das Holztheerpech und seine Verwendung.

Zur Darstellung des Holztheerpeches bringt man Holztheer in sehr große schmiedeeiserne Destillationsblasen (Fig. 38), die am Boden ein Abflußrohr e besitzen, um die pechartigen Rückstände nach der Destillation ablassen zu können, und läßt das Mannloch (g) bis zur Füllung der Blase offen, damit die Luft entweichen kann, während man inzwischen mit dem Feuern beginnt und den Rührapparat (a) einsetzt. Sobald die Blase sich erwärmt, kann das Mannloch geschlossen und der Rührapparat in Bewegung gesetzt werden. Die sich entwickelnden Wasser- und Oeldämpfe condensiren sich in den Vorlagen, während die Gase durch eigens angebrachte Röhren aus dem Local ins Freie gelangen. Das Rühren des Theeres dauert so lange, bis derselbe nicht mehr steigt, was sich durch ein eigenthümliches Geräusch in der Destillationsblase bemerkbar macht, wobei die letzten Wassertheile entweichen. Die Feuerung muß bis zu diesem Zeitpunkte sehr mäßig gehalten werden, um ein Uebersteigen des Theeres zu verhüten. So lange bei der Destillation des Holztheeres Wasser übergeht, wird dasselbe von einem anfangs hellen, später in Berührung mit der atmosphärischen Luft dunkelbraun sich färbenden Oele von einem specifischen Gewichte von 0·966 begleitet, später geht unter starkem Geräusche das letzte Wasser und dann das schwere Oel von 1·014 specifischem Gewichte und gelbgrüner Farbe über, und muß zu diesem Zeitpunkte das Feuer verstärkt werden. Nachdem im Ganzen 25 Procent leichtes und schweres Oel und 20 Procent essigsaures Wasser abgezogen worden sind, unterbricht man die Destillation und läßt den Kessel etwas erkalten, dann wird das noch flüssige Pech in kleine Kessel von Eisenblech ablaufen gelassen und giebt man entweder 20 Procent Colophoniumasphalt, der sich noch darin durch Umrühren auflöst, dazu, oder setzt 50 Procent Steinkohlenmineraltheer zu. Bei letzterer Mischung verfährt man folgendermaßen: Wenn die Destillationsblase bereits ziemlich ausgekühlt ist, öffnet man das Mannloch und bringt den Steinkohlenmineraltheer oder auch weiches Steinkohlenpech in die Blase, schließt das Mannloch wieder und feuert von frischem, indem der Rührapparat wieder in Bewegung gesetzt wird, um die Mischung des Peches zu bewirken. Man feuert noch einige Stunden fort, wobei noch Destillationsproducte, schwere Oele übergehen, die besonders aufgehoben werden müssen und zur Rußbereitung dienen, läßt dann die Destillationsblase 6 Stunden auskühlen und entfernt das noch flüssige Pech durch das Abflußrohr (e) in darunter gestellte Blechkessel. Das etwas erkaltete, aber noch flüssige Pech schöpft man dann in mit Lehm ausgestrichene Kisten oder Kübel und kommt es im Handel als Schusterpech benannt vor. Es läßt sich, zwischen den Fingern erwärmt, leicht kneten und in lange Fäden ziehen, woran man die Güte des Fabrikates erkennt.

Die quantitative Ausbeute von 100 Kilogramm Holztheer und den Zusätzen von Steinkohlentheer und Colophoniumasphalt beträgt circa 80 Kilogramm Schusterpech, da der Holztheer im Ganzen 50 Procent Destillate und Gase beim Abdampfen verliert und noch 10 Procent beim Verdampfen der gemischten Masse verloren gehen. Ein sehr gutes Schusterpech geben auch die böhmischen Holztheere, welche mehr harzreiche Producte enthalten, aber auch mit Steinkohlenmineraltheer in obigem Verhältnisse gemischt werden müssen. Abgesehen von der größeren Billigkeit des Steinkohlenmineraltheeres ist dieser deshalb nothwendig, um ein etwas festeres, zum Transporte geeignetes Product zu erzeugen, da das ganz reine Holztheerpech meist entweder zu weich oder zu spröde ist und nicht die gewünschte Consistenz hat; eine Ausnahme hiervon machen jedoch die Holztheerpeche, die von Fichtenwurzelstöcken erzeugt worden sind, wozu man die dunklen Theersorten benützt.

33. Die Behandlung des Buchenholztheeres, um denselben zur Dachpappenfabrikation geeignet zu machen.

Der Buchenholztheer muß zunächst von seinem Wassergehalte und von dem anhängenden Holzessigsäuregehalt befreit werden, und geschieht dies auf folgende Weise: Man bringt den Buchenholztheer zunächst in offene, höhere, mit Pipen versehene, hölzerne Ständer, wobei der Theer noch Sauerstoff aus der Luft aufnimmt und dicker wird, während der Holzessig sich am Boden absetzt und mittelst der Pipen abgelassen werden kann. Zu diesem von dem Holzessig befreiten Buchentheer giebt man zunächst 25 Procent siedendes Wasser, rührt gut um, und läßt einige Zeit absetzen. Durch diese Operation trennt sich der Holzessig und Holzgeist von dem Theer, und zieht man dieses Wasser mittelst der Pipen ab.

Diese Operation wird noch einmal wiederholt, und setzt man dem Wasser $^1/_2$ Kilogramm kohlensaures Natron oder Soda zu, um die letzten Reste von der Holzessigsäure zu entfernen; dann zieht man die wässerige Flüssigkeit ab und giebt 25 Procent Wasser dazu, welchem man 1/2 Procent englische Schwefelsäure zusetzt. Der Theer wird damit gut umgerührt und löst die Schwefelsäure die basischen Producte wie Ammoniak auf. Die wässerige Flüssigkeit wird abgezogen und der Theer nochmals mit warmem Wasser gewaschen. Der erhaltene Theer besitzt nach diesen Operationen eine sehr schöne schwarze Farbe und butterweiche Consistenz. Man bringt dann den Theer auf einen Destillationsapparat und giebt 2 Procent Schwefelblumen, die vorher mit 2 Procent Leinöl und 2 Procent Colophonium vermengt werden, dazu und erwärmt unter öfterem Umrühren. Der Buchentheer wird durch den Zusatz von Schwefelblumen in eine zähe Masse verwandelt, die für die Dachpappenfabrikation nothwendig ist. Hierauf schließt man den Destillationsapparat, zieht 25 Procent meistens leichtes Oel ab.

Die Destillation des Holztheeres kann bei einem kleinen Betriebe in gußeisernen Destillationsblasen mit Condensationsapparat erfolgen. Der Durchmesser einer gußeisernen Destillationsblase ist in der Regel 120 Centimeter, und besitzt dieselbe eine Höhe von 180 Centimeter ohne Destillationshelm. Dieselbe hat ein Ablaßrohr am Boden der Destillationsblase, um das Holztheerpech nach der Destillation ablassen zu können.

34. Ueber die Verwendung der leichten und schweren Holztheeröle zur Erzeugung von Carbolineum.

Das Carbolineum spielt in neuerer Zeit zur Imprägnirung und Conservirung des Holzes eine sehr wichtige Rolle; zumal da es als Anstrich für Holz die theuere Oelfarbe verdrängt und die gute Eigenschaft besitzt, tief in die Poren des Holzes einzudringen und vor Fäulniß zu bewahren. Es sind so viele Sorten von Carbolineum in neuerer Zeit aufgetaucht, daß es sehr schwer ist, zu bestimmen, welche Sorten die besten sind. Im Allgemeinen stimmen dieselben jedoch darin überein, daß sie Gemische von leichten und schweren Holztheerölen und schweren Steinkohlentheerölen sind, in welchen man zur Färbung noch Asphalt auflöst, um eine kastanienbraune Farbe zu erzielen. In neuerer Zeit fertigt man auch das Carbolineum in verschiedenen Farben an, und zwar roth, grün, grau und braun. Viele von den gewöhnlichen Carbolineumsorten sind nur Auflösungen von abgedampftem Holz- und Steinkohlentheer, und führt der Verfasser eine Vorschrift dafür hier an.

I. Vorschrift für Carbolineum.

Man mischt
3 Theile abgedampften Holztheer mit
1 Theil abgedampften Steinkohlentheer in einem gußeisernen Kessel, erwärmt gelinde, giebt noch 2 Theile gepulvertes Colophonium dazu und schmilzt zusammen, dann giebt man
5 Theile schweres Steinkohlentheeröl,
8 " schweres Holztheeröl,
2 " leichtes Holztheeröl dazu.

Eine andere Vorschrift ist folgende:

II. Vorschrift für Carbolineum, wobei Schusterpech erzeugt wird.

Zur Darstellung des Carbolineums dampft man in einer Destillationsblase sammt Condensation eine Mischung von
1 Theil Steinkohlentheer,
3 Theile Holztheer
so lange in der offenen Destillationsblase unter fortwährendem Umrühren ab, bis ein Steigen der Masse nicht mehr erfolgt und die meisten Wasserdämpfe entwichen sind. Hierauf wird der Deckel der Destillationsblase geschlossen und destillirt man bei mäßigem Feuer weiter, zieht nach und nach 25 bis 30 Procent leichtes und schweres Oel ab, giebt jedes für sich. Das schwere Destillat gehört zur Darstellung des Carbolineums. Der Rückstand in der Destillationsblase wird in mit Lehm ausgestrichene Kisten gegossen und als Schusterpech verkauft. Das schwere und leichte Destillat überläßt man der Ruhe, damit sich das Theerwasser absetzen kann, dann behandelt man das Oel mit 15 Procent starker Aetznatronlauge durch Umrühren und Absetzenlassen und zieht dann die kreosothaltige Lauge ab, wäscht das Oel mit 20 Procent warmem Wasser

nach und klärt es durch Ruhe oder Wärme. Dieses Oel dient dann zur Darstellung des Carbolineums.

Man schmilzt zu diesem Zwecke

8 Kilogramm braunes Colophonium mit

0·5 " Colophoniumasphalt zusammen; wenn beides gut geschmolzen ist, setzt man

0·5 Kilogramm Leinölfirniß zu, und

30 " von dem oben gereinigten Oel, rührt gut um, und giebt zuletzt

2·5 Kilogramm von dem gereinigten leichten Oel hinzu, rührt alles gut um, und läßt absetzen.

Dieses Oel ist das fertige Carbolineum und dient zum Anstrich von Holztheilen.

35. Die Holzkohlen und ihre Eigenschaften.

Der gewöhnliche Zweck der Verkohlung des Holzes besteht darin, den im Holze enthaltenen Brennstoff zu concentriren, das Holz durch Verminderung des Gewichtes und Volumens zum Transporte geeigneter zu machen und die flüchtigen und wässerigen Stoffe zu entfernen. Zur Erreichung dieses Zweckes unterwirft man das Holz der trockenen Destillation, wobei durch die Wärme die organischen Verbindungen zersetzt werden und die Kohle sich abscheidet. Bei diesem Processe entweicht zuerst das an das Holz gebundene hygroskopische Wasser, dann Kohlensäure, Kohlenoxydgas, Kohlenwasserstoffe und Wasserstoffgas. Werden diese Producte unter Abkühlung in Vorlagen oder Condensatoren aufgefangen, so erhält man wässerige und ölige Flüssigkeiten. Die wässerige Flüssigkeit besteht aus unreiner Essigsäure und Brandölen, die darin aufgelöst sind. Die ölige fettige Flüssigkeit, die man mit dem Namen Holztheer bezeichnet, besteht aus Brandölen, Brandharzen, Paraffin, Kreosot, Eupion, Picamar, Kapnamor und verschiedenen anderen Körpern, und sind diese Producte meist entzündbar und verbrennlich. Die erhaltenen Destillationsproducte sind, je nachdem die Destillation rasch oder langsam erfolgt, verschieden, bei einer raschen erhält man viel gasförmige und brennbare, bei einer langsamen weniger gasförmige und mehr feste Producte. Bei ersterer erhält man weniger Holzkohlen, bis 16 Procent, bei letzterer mehr, 24 bis 30 Procent Kohlenausbeute. Wenn man daher hauptsächlich Holzkohle darstellen will, so ist eine langsame Verkohlung vorzuziehen, und geschieht dies in den sogenannten Meilern, wobei die gasförmigen und ein großer Theil der flüssigen Producte verloren geht, nämlich Holzessig und Holztheer. Je nach der Art des Holzes, das zur Verkohlung verwendet wurde, erhält man harte und weiche Kohlen, und je nach dem Grade der Verkohlung Schwarz- oder Rothkohle. Das specifische Gewicht der Holzkohlen schwankt zwischen 0·203 und 0·134. Erlenholzkohle besitzt ein specifisches Gewicht von 0·134 und Birkenholzkohle 0·203.

Bei der Aufbewahrung der Holzkohlen nehmen diese bis zu 20 Procent ihres Gewichtes an Feuchtigkeit und verdichtbaren Gasen zu, ohne dadurch an Brennwerth zu verlieren. Nach Karsten erhält man von 100 Gewichtstheilen lufttrockenen Holzes folgende Kohlenmengen:

	Bei rascher Verkohlung	Bei langsamer Verkohlung
Junge Eiche . .	16·54	25·60
Alte „ . .	15·91	25·71
Junge Rothbuche .	14·88	25·88
Alte „ .	14·15	26·15
Junge Weißbuche .	13·12	25·22
Alte „ .	13·65	26·45
Junge Erle . . .	15·45	25·65
Alte „ . . .	15·30	25·65
Junge Fichte . .	14·25	25·25
Alte „ .	14·05	25·00
Junge Tanne . .	16·23	27·73
Alte „ . .	15·35	24·75
Junge Föhre . .	15·52	26·07
Alte „ . .	13·75	25·95
Linde	13·30	24·60

Bei der Meilerverkohlung kann man im Allgemeinen annehmen, daß 20 bis 27 Procent Kohlen ausgebracht werden. Die Verminderung des Volumens ist nicht nur von dem Alter und der Gattung der Hölzer, sondern auch von deren Güte, Dichtheit und Zeit der Fällung abhängig; am wenigsten Volumverminderung erleiden Hölzer von dichtem Gefüge, welche längere Zeit im Wasser gelegen und wieder an der Luft getrocknet wurden, dagegen die stärkste Volumverminderung die frisch gefällten Hölzer. Dem Gewichte nach kann von jeder Holzart nach deren völliger Austrocknung eine gleiche Gewichtsmenge Kohle erzeugt werden, doch geht dabei immer noch ein Theil des im Holze enthaltenen Kohlenstoffes verloren.

Bei der Verkohlung im Großen wird das Ausbringen an Kohlen nicht nach dem Gewichte, sondern lediglich nach dem scheinbaren oder wirklichen Volumen bestimmt. Nach Beschoren erhält man:

	Nach dem Gewichte	Nach dem scheinbaren Vol.	Nach beiderlei Volumen
Eichenholz . .	21·3	71·8	98·7
Rothbuchenholz . .	22·7	73·0	110·4
Birkenholz . .	20·9	68·5	94·2
Hainbuchenholz .	20·6	57·2	78·6
Föhrenholz . .	25·0	63·6	87·2

Der durchschnittliche Aschengehalt der Schwarzkohle variirt von 2·5 bis 3 Procent. Der hygroskopische Wassergehalt der Kohlen richtet sich nach ihrer Porosität und Zeit der Aufbewahrung und schwankt zwischen 10 und 20 Procent. Nach Rumfort ist das absolute und specifische Gewicht der Holzkohlen abhängig von dem minderen oder größeren Gewichte der Holzarten, aus dem sie erzeugt wurden; doch kommt es zuweilen vor, daß die Kohlen weicher Hölzer schwerer sind, als die von harten Hölzern, obgleich letztere vermöge ihrer Dichte schwerer sind. Der specifische Wärmeeffect wasserfreier Holzkohlen steht in geradem Verhältnisse zu ihrem specifischen Gewichte, und ist geringer, als der der entsprechenden Hölzer, und zwar um so geringer, je mehr das zu verkohlende Holz schwindet. Alle Holzkohlen geben bei der Verbrennung eines gleichen Gewichtes auch eine gleiche Menge Wärme, und zwar nach Despretz 1 Kilogramm Holzkohle 78·15 Wärmeeinheiten.

Der specifische Wärmeeffect der Holzkohlen nach Plattner ist:

Weißbuchenkohle = 0·18
Eichenholzkohle = 0·15
Ahornholzkohle = 0·16
Lindenkohle = 0·10.

Wagner hat über den Wärmeeffect und das specifische Gewicht verschiedener Kohlen folgende Tabelle aufgestellt:

Name der Kohle	Wärmeeffect c = 1 absolutes	spec.	pyromet.	Ein Gewichtstheil Kohle reducirt durch Blei	Spec. Gewicht der Kohle
Schwarzkohle, lufttrocken	0·97	—	24·51	—	—
„ völlig trocken	0·81	—	23·50	—	—
Birkenkohle	—	0·20	—	33·71	0·203
Eschenkohle	—	0·19	—	—	0·200
Rothbuchenkohle . . .	—	0·18	—	33·37	0·187
Rothtannenkohle . . .	—	0·17	—	33·51	0·176
Ahornkohle	—	0·16	—	—	0·164
Eichenkohle	—	0·15	—	33·74	0·155
Erlenkohle	—	0·13	—	32·40	0·134
Lindenkohle	—	0·10	—	32·79	0·006
Fichtenkohle	—	—	—	33·53	—
Weidenkohle	—	—	—	33·49	—

Mit der Aufnahme von hygroskopischem Wasser nimmt die Brennbarkeit der Kohle ab.

36. Die Darstellung der Holzkohlen für Pulverfabrikation.

Mit Fig. 41 und 42.

Bei der Fabrikation von einem guten Schießpulver ist es eine Hauptsache, eine gleichförmige und leicht verbrennliche Kohle zu erhalten, die allen Anforderungen vollkommen entspricht, da die gewöhnliche Holzkohle nicht genügt. Zu diesem Zwecke bedient man sich der Verkohlung durch überhitzten Wasserdampf, welche Methode zuerst von Violett im Großen ausgeführt wurde. Der Apparat desselben besteht im

Wesentlichen aus zwei concentrischen Cylindern von Eisenblech (Fig. 41 und 42), von denen der kleinere innere zur Aufnahme des Holzes bestimmt ist, während der äußere größere nur als Gefäß dient. Der in einem gewöhnlichen Dampfkessel und in einer eisernen Spirale erhitzte Wasserdampf tritt an der Hinterseite der Cylinder in den zwischen beiden befindlichen

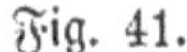
Fig. 41.

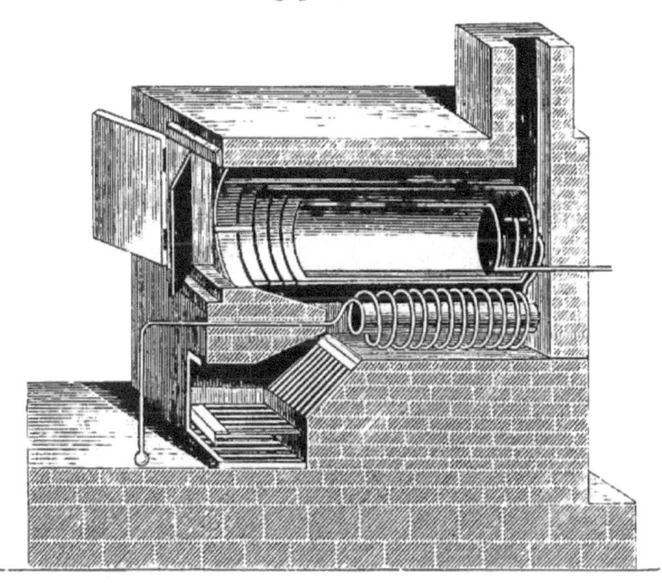

Durchschnittsansicht, der Länge nach, von Violett's Apparat zur Verkohlung des Holzes mit überhitztem Dampf.

freien Raum, geht, indem er den inneren Cylinder auf allen Seiten umspült, nach vorn, tritt hier in das Innere desselben und zieht endlich an der Hinterseite, beladen mit den aus dem Holze entwickelten Theerdämpfen und Gasen, wieder aus demselben ab. Das Einsetzen des Holzes und das Ausziehen der fertigen Kohle erfolgt durch einen an der Stirnseite des äußeren Cylinders angebrachten, doppelten Deckel, der luftdicht zu verschließen ist, und die zunächst die Dampfspirale erhitzende Feuerluft circulirt vor dem Entweichen in die Esse ebenfalls noch um den größeren Cylinder. Die jedesmalige Füllung besteht aus 50 bis 60 Pfund zerkleinerten Faulbaumholzes, dessen Kohle sich vorzugsweise zur Schießpulverfabrikation eignet, und die Verkohlung, welche gewöhnlich nur bis zur Rothkohlung getrieben wird, ist beendet, wenn der Dampf geruchlos entweicht, was gewöhnlich in einem Zeitraume von 2 bis $2^1/_2$ Stunden der Fall ist. Man erhält nach dieser Methode auf der Pulvermühle zu Esquerdes, die sich vorzugsweise mit der Fabrikation der feineren Pürschpulversorten beschäftigt, aus lufttrockenem Faulbaumholz von 10 bis 12 Procent Wassergehalt im Durchschnitte 36·5 Procent rothe Kohle, welche frei von Glanzruß und Theer und von durchaus gleichmäßiger Zusammensetzung ist.

Fig. 42.

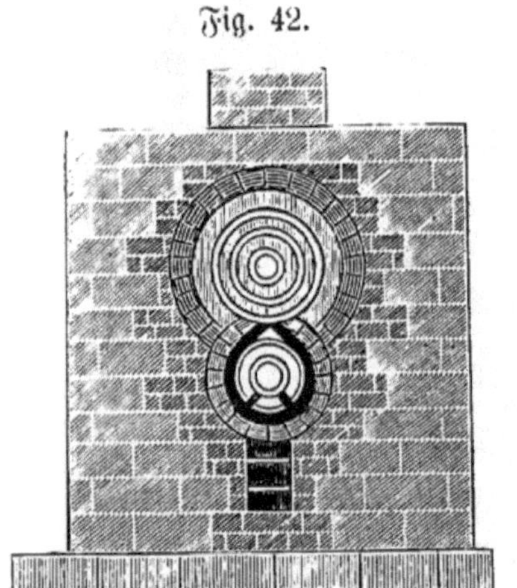

Querschnitt des Apparates von Violett.

Einen ähnlichen Apparat hat Kohl construirt und wird auf den sächsischen Pulvermühlen bei Dresden aus Faulbaumholz und Erlenholz Holzkohle zur Pulverfabrikation erzeugt, wobei man erstere Kohle zu Kriegsschießpulver und letztere zu Exercirpulver verwendet. Es werden dort von 100 Theilen lufttrockenem Faulbaumholz 30·2 bis 30·7 Procent Kohle und von 100 Theilen lufttrockenem Erlenholz 29·7 bis 30·2 Procent Kohle gewonnen.

37. Verwendung der sogenannten Lösche oder Kohlenschutt von Meilerplätzen.

Klarer Kohlenschutt von Meilerplätzen und die sogenannte Lösche, mit einer bindenden Erdart geballt, läßt sich zur Flammfeuerung in Oefen, aber wegen der Vergasung der Erde nicht vor dem Gebläse vortheilhaft gebrauchen, ohne vorher gepulvert zu sein. Aus Kohlenmehl mit gekochtem Stärkemehl geballte Stücke kann man in der Größe von einem Pfund auf einem Aschenlager in einem verschlossenen Raume von mäßiger Größe auf einmal glimmen lassen, ohne Geruch und Rauch zu verspüren, da die Entwickelung der Dämpfe äußerst langsam von Statten geht, denn ein Kohlenball von 1½ Zoll Durchmesser glimmt auf dem Aschenlager 4 Stunden lang. Der obere Theil eines glimmenden Balles bedarf des Zutrittes der Luft in fast wagrechter Richtung; bedient man sich daher eines cylindrischen, irdenen oder blechernen Kohlenbeckens mit gesiebter Asche, so muß dieses Becken oben am Rande, etwa in der Breite von 1 Zoll durchbrochen sein und der Ball oder die Bälle müssen in das Aschenlager nur so tief gelegt werden, daß ihr oberer Theil höchstens um ein Geringeres niedriger liegt als der untere Raum der durchbrochenen Beckenstelle. In größeren Zwischenräumen nimmt man die Asche des Balles mit einem Löffel ab und hebt mit diesem den Ball etwas höher. Das Becken muß so weit und tief sein, daß die Bälle auf der Seite und unten durch eine hinlänglich starke Lage von Asche vor dem Erkalten gesichert sind. Das Anzünden der Bälle geschieht entweder durch Bedeckung mit brennendem Kohlenschutte oder mittelst des nebst den Bällen zugleich zu liefernden Zündpulvers, welches aus einer Mischung von Kohlenmehl mit etwas weniger gesiebter Asche besteht, als jenes Mehl dem Maße, nicht dem Gewichte nach beträgt.

Anhang.

1. Ueber Gaserzeugung aus Holz.

Die Darstellung des Leuchtgases aus Holz ist eine Erfindung von Professor Dr. Pettenkofer in München und hat sich die Holzgaserzeugung namentlich in solchen Gegenden, wo billige Holzpreise vorhanden und Steinkohlen schwerer zu beziehen sind, ziemlich eingebürgert. Die Erzeugung des Holzgases unterscheidet sich von der des Steinkohlengases hauptsächlich dadurch, daß die durch die trockene Destillation zunächst sich entwickelnden Dämpfe einer noch höheren Temperatur ausgesetzt werden müssen, um dieselben noch weiter zu zersetzen. Die trockene Destillation des Holzes beginnt schon bei sehr niederer Temperatur und können die dabei erhaltenen Gase unmöglich eine größere Leuchtkraft besitzen, weshalb man sie noch höher erhitzt und dabei sich in ziemlich bedeutender Menge schwere Kohlenwasserstoffgase bilden, die eine höhere Leuchtkraft haben und dem Steinkohlengas vollkommen ebenbürtig sind. Man bedient sich, um diese weitere Zersetzung herbeizuführen, größerer Retorten, die das Dreifache der Ladung aufzunehmen vermögen, in welchen die sich entwickelnden Dämpfe an den größeren glühenden Flächen sich weiter zersetzen können, oder man versieht die Retorten von gewöhnlicher Größe mit einem Generator, der aus mehrfach hin- und hergehenden, unter der Retorte liegenden eisernen Canälen besteht. durch welche diese Dämpfe streichen und die 50 bis 60 Fuß langen glühenden Wände durchpassiren müssen. Diese Canäle des Generators werden dadurch hergestellt, daß man den Retorten einen doppelten Boden giebt und den Zwischenraum durch Scheidewände mehrfach theilt; die aus der Retorte entweichenden Dämpfe und Gase treten nun zunächst an dem einen Ende in diese Canäle ein und durchziehen sie vollständig, bevor sie zur Abkühlung weiter gehen. Bei diesem Durchgange wird ein großer Theil der condensirbaren Theerdämpfe weiter zersetzt und in leuchtende Gase verwandelt, die weder durch Ammoniak, noch durch Schwefelwasserstoff und Schwefelkohlenstoff verunreinigt sind.

Das Holzgas braucht daher nur von seinem Kohlensäuregehalt befreit zu werden und geschieht dies in Reinigungskästen, die mit trockenem gelöschten Kalk versehen sind. Bei der Holzgaserzeugung ist es ein Hauptvortheil, daß der Zersetzungsproceß rasch verläuft und die Retorten alle zwei Stunden wieder entleert und gefüllt werden können. Man kann daher die gleiche Menge Gas in einer weit weniger umfangreichen Anlage erzeugen, als bei der Verarbeitung von Steinkohlen.

Die Abkühlungsvorrichtungen müssen dagegen umfangreicher sein, da eine große Menge wässeriger Producte zu kühlen sind. Zur Holzgaserzeugung werden meist harzreiche Hölzer, wie Fichten- und Kiefernholz, benützt und muß das Holz gut getrocknet und in höchstens armdicke Stücke gespalten, in Bündel gebunden, in die glühenden Retorten kommen.

Die abdestillirten Kohlen bringt man in gut verschließbare Blechkästen, wo man sie einige Stunden abkühlen läßt, oder man kann sie auch mit nassem Sand ablöschen. Man erhält durchschnittlich von Föhrenholz 19 Procent Holzkohlen und 528 Kubikfuß Gas.

In Bayreuth hat man von 100 Pfund Föhrenholz (Pinus sylvestris):

Holzkohlen	19·81	Procent
Holztheer	2·66	„
Holzessig	23·74	„
Holzgas	528·56	Kubikfuß

erhalten.

Rechnet man als Durchschnittsgewicht des Föhrenholzes die bayerische Klafter = 126 bayerische Kubikfuß zu 22 Centner, so ergiebt sich für den Kubikfuß Holz eine Gasausbeute von $92^2/_{10}$ Kubikfuß.

Die Leuchtkraft des Holzgases ist nach den Untersuchungen von Liebig und Steinheil bedeutend größer als die von Steinkohlengas und ergaben für den stündlichen Consum einer Flamme von 27·4 Pariser Linien Höhe und 10·081 Wachsverbrauch:

			Normalkerzen
4·5	englische K.-F.	Münchener Steinkohlengas	= 10·84
4·5	„ „	Bayreuther Holzgas	= 12·92

Was die Erzeugungskosten des Holzgases betrifft, so führt der Verfasser noch folgende Daten zur besseren Veranschaulichung an:

1000 englische Kubikfuß Holzgas

kosteten in der Salzburger Gasanstalt in den sechs Monaten vom 1. August 1860 bis 31. Januar 1851 an Materialaufwand wie folgt:

155 Pfund Holz zur Destillation . —	fl. 99·54	kr. ö. W.
Zur Heizung für Holz . . . . . —	fl. 37·24	" " "
" Reinigung an Kalk 55·2 Pfd. —	fl. 38·87	" " "
1	fl. 75·65	kr. ö. W.

An Nebenproducten erhielt man:

Für Holzkohlen	21·41	kr. ö. W.
" Theer	2·72	" " "
	24·13	kr. ö. W.

Bringt man von den Materialkosten für 1000 englische Kubikfuß mit . . . . 1 fl. 75·65 kr. ö. W.
in Abzug obige . . . . — " 24·13 " " "
so verbleiben als Erzeugungskosten . 1 fl. 51·52 kr. ö. W.
für 1000 Kubikfuß Holzgas.

Die folgenden Versuche wurden in Bayreuth im November 1853 ausgeführt und waren zur Darstellung von 1000 Kubikfuß Gas erforderlich:

Materialaufwand für Holzgas.

	Pfund		R.-W.
Holz zur Destillation	189·22	à 100 Pfd. 30 kr.	51·09 kr.
" " Heizung	. 141·56	. . . .	38·22 "
" zum Anheizen	. 11·86	à 27 kr. per Ctr.	3·20 "
Kalk zum Reinigen	. 37·26	à 100 Pfd. 36 kr.	13·41 "
			1 fl. 46·32 kr.

Ab für Nebenproducte:

		R.-W.
37·3 Pfd. Holzkohlen fl. 1.30 kr.	34·02 kr.	1 fl. 46·32 kr.
5·1 " Holztheer (per Ctr.)	18·36 "	— " 52·38 "
		fl. 53·54 kr.
		oder 77 kr. ö. W.

Materialaufwand für 1000 englische Kubikfuß Steinkohlengas in Bayreuth.

	R.-W.
Steinkohle zum Gas 233 Pfd. à 48 per Ctr.	1 fl. 33·00 kr.
Holz zum Heizen der Retorten 141·56	— " 38·22 "
" " Anheizen . . . . . 11·86	— " 3·20 "
Reinigungsmaterial für das Gas	— " 10·00 "
	2 fl. 24·42 kr.

Für Nebenproducte ab:

Pfd.			
Coaks 140 = 60 % à 48 kr.	1 fl. 7 kr.		
Steinkohlentheer = 5 %	— „ 15 „	1 fl. 22·00 kr.	
		1 fl. 02·42 kr.	
		oder 90 kr. ö. W.	

Also kommen 1000 englische Kubikfuß Steinkohlengas um 13 kr. höher als 1000 englische Kubikfuß Holzgas in Bayreuth.

Die Actien-Baumwollspinnerei in Augsburg, welche früher mit Oelgas, dann mit Braunkohlengas und später mit Holzgas beleuchtet worden ist, hat 760 Flammen während jährlicher 831 Brennstunden. Eine Flamme consumirt $4^3/_4$ Kubikfuß Holzgas in der Stunde, wonach sich der jährliche Verbrauch auf $760 \times 831 \times 4^3/_4 = 2·999·910$ Kubikfuß oder in runder Summe 3,000.000 Kubikfuß Gas berechnet.

Der jährliche Bedarf an Föhrenholz beträgt:

222 Klafter à 10 fl. R.-W. . . . . . 2220 fl. — R.-W.

Eine Klafter Holz läßt nach der Destillation 3 Zuber Holzkohle zurück, welche sich durch Zerbröckeln und Zerfallen auf 2·4 Zuber vermindern, der Zuber Kohlen wird mit 2 fl. 24 kr. verwerthet; man erhält also aus 222 Klafter 532 Zuber verkäufliche Kohlen im Werthe von . . . . 1276 fl. 48 R.-W.

Es verbleiben demnach als Kosten für das Destillationsmaterial . . . . . . 943 fl. 12 R.-W.

Man arbeitet jährlich während 105 Tagen à 24 Stunden mit zwei Retorten und während anderer 105 Tage mit einer Retorte. Bei zwei Retorten betragen die Kosten in 105 Tagen:

Für Heizmaterial . . .	831 fl. 15 kr.	
„ Kalk und Reinigung	841 „ — „	
„ Arbeitslohn . . .	626 „ 30 „	fl. 1898·45 R.-W.

Ferner für eine Retorte in 105 Tagen:

Für Heizung	522 fl. — kr.	
„ Kalk und Reinigung	416 „ 30 „	
„ Arbeitslohn . . .	427 „ — „	fl. 1365·30 R.-W.
		fl. 3264·15 R.-W.

Im Ganzen sind drei Retorten im Gange, wovon jede 600 fl. kostete. Bei nur zweijähriger Dauer derselben belaufen sich sonach die Unterhaltungskosten per Jahr auf . . . . fl. 600·— R.-W.
Die sonstige Unterhaltung der Apparate und Werkzeuge beträgt . . . . „ 400·— R.-W.
fl. 1000·— R.-W.

Es ergiebt sich sonach für eine Erzeugung von drei Millionen Kubikfuß Gas eine Ausgabe von:

Für Destillationsmaterial	943 fl.	12 kr.	
„ Heizung, Reinigung u. Arbeitslohn	3267 „	15 „	
„ Reparatur und Nachschaffung .	1000 „	— „	
Totalsumme	5210 fl.	27 kr.	R.-W.

Es kommen mithin 1000 Kubikfuß Gas auf 1 fl. 44 $^{1}/_{5}$ kr. und eine Flamme kostet per Stunde bei 4 $^{3}/_{4}$ Kubikfuß Gasverbrauch 0·495, also nicht ganz $^{1}/_{2}$ kr. R.-W.

Eine Verwerthung des Holzessigs und Theeres giebt die Rechnung nicht an, obschon dieselbe ein noch günstigeres Resultat erzielen lassen müßte.

Der Verfasser führt hier noch das Betriebsergebniß bei Holzgaserzeugung in der Salzburger Gasanstalt, und zwar auf den ganzen Betrieb ausgedehnt, an:

Ausgaben für Holzgaserzeugung bei der Salzburger Gasanstalt.

An Holz	fl. 6100.—
„ Brennmaterial	„ 2700.—
„ Kalk	„ 2700.—
„ Löhnen	„ 2350.—
Unterhaltung der Fabrik . .	„ 1300.—
„ des Laternenwesens	„ 1100.—
Allgemeine Unkosten	„ 600.—
Bureauxkosten	„ 250.—
Steuern und Assecuranz . .	„ 200.—
Gehalte	„ 2500.—
Summe der Ausgaben	fl. 19.800.— ö. W.

Einnahmen:

Für Gasverbrauch	fl.	37.039
„ Kohlen	„	3.000
„ Theer	„	300
	fl.	40.339

Einnahmen	fl.	40.339
Ausgaben	„	19.800
Dividende	fl.	20.539

2. Tabellen.

I. Tabelle

für das Ausbringen von Kohlen bei Meilerverkohlung.

	Nach Gewicht	nach Volumen
1. Bei Buchen- und Eichenscheitholz	20—22%	52—56·5%
2. Bei Birkenscheitholz	20—21%	65—68 %
3. Bei Kiefernscheitholz	22—25%	60—64 %
4. Bei Fichtenscheitholz	23—25%	65—74 %
5. Bei Fichtenstockholz	21—25%	50—65 %
6. Fichtenknüppelholz	20—23%	41—50 %
7. Astholz	19—22%	38—48 %

II. Tabelle

für die Kohlenausbeute bei Retortenverkohlung nach Rau.

	Procent		Procent
1. Bergahorn	12·69	9. Schwarzpappel	17·94
2. Spitzahorn	16·97	10. Fichte	17·39
3. Birke	16·66	11. Kiefer	21·19
4. Schwarzerle	15·43	12. Weißtanne	25·93
5. Hainbuche	19·56	13. Lärche	20·62
6. Buche	32·53	14. Traubeneiche	20·68
7. Esche	20·84	15. Baumweide	15·32
8. Aspe	19·35		

III. Tabelle

über das Schwinden des Holzes bei der Verkohlung nach Hjelm.

Holzart	Beschaffenheit	Procent des Verlustes in der		
		Länge	Breite	Dicke
Eiche	trocken	15·0	25·0	25·0
"	grün	12·5	12·5	25·0
Birke	trocken	13·75	25·0	25·0
"	grün	17·50	25·0	25·0
Fichte	trocken	18·75	25·0	25·0
"	grün	18·75	25·0	25·0
Tanne	trocken	15·00	25·0	25·0
"	grün	13·75	12·5	—

I. Tabelle

von Deville zur Ermittelung verschiedener Gemenge von Methyloxydhydrat und Wasser bei 9 Grad Celsius.

Gehalt an Methyloxydhydrat in Gewichtsprocenten	Specifisches Gewicht
100	0·807
90	0·837
80	0·862
70	0·887
60	0·907
50	0·923
40	0·943
30	0·957
20	0·971
10	0·985
0	1·000

II. Tabelle

von Mohr zur Ermittelung verschiedener Mischungen von Essigsäurehydrat und Wasser.

Die in den ersten von je zwei Colonnen aufgeführten Zahlen drücken die Gewichtsmengen des Essigsäurehydrats aus, welche in 100 Theilen einer wässerigen Essigsäure von daneben verzeichnetem specifischen Gewichte enthalten sind.

Procent	Spec. Gewicht	Procent	Spec. Gewicht	Procent	Spec. Gewicht	Procent	Spec. Gewicht	Procent	Spec. Gewicht	Bemerkungen
100	1·0635	80	1·0735	60	1·067	40	1·051	20	1·027	Beim Vermischen des Essigsäurehydrats mit Wasser findet eine schwache Wärmeentwickelung und zugleich Verdichtung statt, welche zunimmt, bis die Mischung auf 80 Gwthl. der Säure 20 Thl. Wasser enthält. Das spec. Gew. dieser Mischung beträgt 1·0735. Bei weiterem Zusatz von Wasser nimmt das spec. Gew. der Mischung wieder ab, so daß ein Gemisch von 54 Thl. Essigsäurehydrat und 46 Thl. Wasser etwa dieselbe Dichtigkeit hat, wie das reine Essigsäurehydrat.
99	1·0655	79	1·0735	59	1·066	39	1·050	19	1·026	
98	1·0670	78	1·0732	58	1·066	38	1·049	18	1·025	
97	1·0680	77	1·0732	57	1·065	37	1·048	17	1·024	
96	1·0690	76	1·0730	56	1·064	36	1·047	16	1·023	
95	1·0700	75	1·0720	55	1·064	35	1·046	15	1·022	
94	1·0706	74	1·0720	54	1·063	34	1·045	14	1·020	
93	1·0708	73	1·0720	53	1·063	33	1·044	13	1·018	
92	1·0716	72	1·0710	52	1·062	32	1·042	12	1·017	
91	1·0721	71	1·0710	51	1·061	31	1·041	11	1·016	
90	1·0730	70	1·0700	50	1·060	30	1·040	10	1·015	
89	1·0730	69	1·0700	49	1·059	29	1·039	9	1·013	
88	1·0730	68	1·0700	48	1·058	28	1·038	8	1·012	
87	1·0730	67	1·0690	47	1·056	27	1·036	7	1·010	
86	1·0730	66	1·0690	46	1·055	26	1·035	6	1·008	
85	1·0730	65	1·0680	45	1·055	25	1·034	5	1·007	
84	1·0730	64	1·0680	44	1·054	24	1·033	4	1·005	
83	1·0730	63	1·0680	43	1·053	23	1·032	3	1·004	
82	1·0730	62	1·0670	42	1·052	22	1·031	2	1·002	
81	1·0732	61	1·0670	41	1·051	21	1·029	1	1·001	

Alphabetisches Sachregister.

Seite

Acer. Der Ahornbaum . . . 29
Acer. Baum von Nordamerika 125
Acer colchicum Hartweis. Colchischer Ahorn 29
Acer macrophyllum Pürsh. Großblätteriger Ahorn . . 30
Acer nigrum Michaux. Schwarzer Zuckerahorn 30
Acer opulus Aiton. Italienischer Ahorn 30
Acer platanoides Linné. Spitzahorn 30
Acer pseudo platanus. Der Waldahorn 31
Acer saccharinum Linné. Floridaahorn 31
Acer saccharophorum Kork. Zuckerahorn 31
Aceton. Eigenschaften 239
Acetylen 194
Achras mammosa. Der Sabadyll oder Breiapfel 119
Achras sapoda. Die surinamischen Mispeln 119
Accajuapfel. Anacardium occidentale 117
Aesculus Linné. Die Roßkastanie 32
Aesculus glabra Wildeno. Glattblätterige Roßkastanie . . . 32
Aesculus hyppocastanum Linné. Gemeine Roßkastanie . . . 32
Aesculus macrocarpa Hortorum. Großfrüchtige Pavie . . . 33
Aesculus pallida Wildno. Gelblich blühende Roßkastanie . 33
Aesculus pavia Linné. Gemeine Pavie 33
Agathis orientalis. Die Knorrentanne 111
Alkohol aus Holz 163

Seite

Alnus. Die Erle 33
Alnus alpina. Die Alpenerle . 33
Alnus barbata Mayer. Die bärtige Erle 34
Alnus cordifolia Loddiges. Die herzblätterige Erle 34
Alnus glutinosa. Die gemeine Erle 34
Alnus incana. Die Weißerle . 34
Alnus serratula Wildeno. Die sägeblätterige Erle 34
Alnus undulata Wildeno. Die wolligblätterige Erle . . . 35
Alleppische Galläpfel 79
Ameisensaures Methyloxyd, Darstellung 243
Amygdalus Tournefort. Der Mandelbaum 35
Amygdalus comunis L. Gemeiner Mandelbaum . . . 35
Amygdalus nana. Die Zwergmandel 36
Amygdalus persica Linné. Der gemeine Pfirsichbaum . . . 36
Ampelopsis. Baum von Nordamerika 125
Anona muricata. Der Schuppen-Apfelbaum 120
Anona symanosa. Der Zimmtschuppen-Apfelbaum 120
Anpflanzung der Bäume . . 18
Anacardium occidentale. Der Accajuapfel 117
Aquilaria. Der Adlerholzbaum 36
Aquilaria molucensis. Der molukkische Adlerholzbaum . . 37
Araucarica imbricata. Die gemeine Schuppentanne . . . 111
Armeniaca Tournefort. Aprikosenbaum 37
Armeniaca vulgaris Lamark. Gemeiner Aprikosenbaum . 37

Seite
Armeniaca cerasaricc. Marillen 37
Armeniaca prunariae. Pflaumen-Marille 38
Armeniaca persicariae. Die Pfirsich-Aprikosen 38
Asimina. Baum von Nordamerika 125
Astrocaryum. Baum von Südamerika 125
Artocarpus. Der flaumige Brotbaum 117
Artocarpus integrifolia. Der indische Brotbaum 117
Asche von Holz 194
Aschengehalt der Hölzer . . . 142
Aussäen über die Zeit . . . 14
Aussäen und Vorkeimen . . 12
Avogato-Frucht. Persea gratissima 118
Beizen und Farben für das Holz 185
Benzidol 195, 296
Benzidol und seine Darstellung 269
Benzol 194
Bertholettia exselsa 116
Betula. Die Birke 38
Betula alba. Die Weißbirke . 38
Betula lenta Linné. Die zähe Birke 38
Betula nana. Die Zwergbirke 39
Betula nigra Linné. Die Rothbirke 39
Betula pubescens. Die Haar- oder Bruchbirke 39
Behandlung des Buchenholztheeres für Dachpappenfabrikation 310
Brandharze im Holztheer 194, 307
Brotbaum. Artocarpus . . . 117
Buchentheerparaffin 304
Cacaobaum 124
Cananga odorata 125
Campêcheholz 107
Callitris articulata 115
Carbolsäure 194
Carya. Hikorybaum 41
Carya amara. Bitternuß . . . 41

Seite
Carya olivaeformis. Die olivenförmige Bitternuß 41
Carpinus Linné. Hornbaum . 40
Carpinus betulus. Die Hainbuche 40
Carpinus orientalis Lamark. Orientalischer Hornbaum . 41
Castanea Tournefort. Kastanie 41
Castanea americana. Amerikanischer Kastanienbaum . . . 41
Castanea vesca Gaertner. Echter Kastanienbaum 42
Caesalpinia. Die Färberkäfen 42
Caesalpinia brasiliensis. Die brasilianische Färberkäfen . 42
Caesalpinia Sappan. Sappan Färberkäfen 43
Caesalpinia bahamensis. Die bahamische Färberkäfen . . 43
Caesalpinia coriacia. Die gerbende Färberkäfen 44
Caesalpinia bijuga. Die balsamische Färberkäfen . . . 44
Caesalpinia mimosoides. Die empfindliche Färberkäfen . 44
Caesalpinia nuga. Die ärgerliche Färberkäfen 44
Caesalpinia pulviosa. Die tropfende Färberkäfen 44
Chamaerops. Baum von Südamerika 125
Cedriret aus Holztheer . . . 302
Celtis Tournefort. Der Zürgelbaum 45
Celtis australis. Der gemeine Zürgelbaum 45
Celastrus. Baum von Nordamerika 125
Cellulose durch Schleifen . 157
Cellulose auf chemischem Wege 159
Cellulose für Papierfabrikation 164
Cellulose für künstliches Elfenbein 166
Cellulose für Sprengmittel . 168
Cellulose für Darstellung von Oxalsäure 170

Seite

Ceroxylon. Baum von Südamerika 125
Ceratonia siliqua. Der Johannisbrotbaum 116
Cerasus laurocerasus Loisleur. Die gemeine Lorbeerkirsche . 45
Cerasus padus de Candolle. Gemeine Traubenkirsche . . 46
Cerasus silvestris Bauhin. Die Waldkirsche 46
Cerasus vulgaris Miller. Der gemeine Kirschbaum 46
Chrysen aus Holztheer . . . 303
Citrus aurantium. Der Pomeranzenbaum 121
Citrus decamara. Die Pampelmus 121
Citrus medica. Der Citronenbaum 120
Citriol aus den Holztheerölen 267
Coffea arabica. Der gemeine Kaffeebaum 123
Conservirung des Holzes . . 172
Coniferin aus Holz 171
Cocosnußbaum. Cocos nucifera 115
Colophonium 196
Convolvulus scoparius L. Die Besenwinde 47
Coridol aus den Holztheerölen 268
Corylus avellana Linné. Gemeiner Haselnußbaum . . . 47
Corylus colurna Linné. Byzantinische Haselnuß 48
Cypressen 100
Corypha. Baum in Südamerika 125
Cydonia vulgaris Person. Der gemeine Quittenbaum . . . 48
Cynometra Agallocha 48
Cumol 196
Cupressus semper virens. Die gemeine Cypresse 114
Cupressus thujoides. Die höckerige Cypresse 114
Dampfüberhitzungsapparat . 219
Dämpfen des Holzes 154

Seite

Darstellung, technische, der Cellulose 159
Darstellung der Cellulose auf chemischem Wege 159
Darstellung der Oxalsäure aus Sägespänen 170
Darstellung des Holztheerkreosotes nach dem Verfasser . 273
Darstellung des Holztheerkreosotes nach Reichenbach aus Holzessig 277
Darstellung des reinen Holztheerkreosotes nach dem Verfasser 274
Darstellung des Kapnamor . 290
Darstellung des Kreosots nach Reichenbach aus Holzessig . 277
Darstellung des Kreosots nach Reichenbach aus Holztheerölen 278
Darstellung des essigsauren Natrons aus holzessigsaurem Kalk 235
Darstellung der concentrirten Essigsäure aus dem essigsauren Natron 235
Darstellung des Eisessigs und seine Eigenschaften 237
Darstellung der Holzkohlen für Pulverfabrikation 316
Darstellung von Paraffin aus Holztheer 304
Darstellung verschiedener Körper, wie Credriret und Pittakall aus Holztheer 302
Dacridium cupressinum. Die gemeine Schuppen-Eibe . . 112
Destillation des rohen Holzessigs 233
Destillation des Holztheeres . 254
Destillation des Holzes überhaupt 192
Diospyrus. Baum von Nordamerika 125
Dualin, Sprengmittel 168
Desmoneus. Baum von Südamerika 125

Seite

Eiben 100
Elementarzusammensetzung verschiedener Hölzer 147
Elayl 194
Elaeis. Baum von Südamerika 125
Entwickelung und Pflege der jungen Pflanzen 16
Essigsäure 195
Eupion und seine Darstellung 289
Fagus. Die Buche 49
Fagus sylvatica Linné. Die gemeine Rothbuche 49
Fagus ferruginea Aiton. Amerikanische Buche 52
Farbhölzer, verschiedene . . . 137
Fernambukholz 137
Ficus carica. Der gemeine Feigenbaum 122
Form und Wuchs der Holzarten 22
Französisches Nitroglycerin . 168
Fraxinus. Die Esche 52
Fraxinus americana L. Amerikanische Esche 52
Fraxinus argentea Loisleur. Silberblätterige Esche . . . 53
Fraxinus crispa. Die krause Esche 53
Fraxinus excelsior L. Die gemeine Esche 53
Fraxinus juglandifolia Wildenow. Walnußblätterige Esche 53
Fraxinus lentiscifolia Desfontaines. Mastixbaumblätterige Esche 53
Fraxinus ornus Linné. Europäische Esche 54
Fraxinus oxycarpa Wildenow. Spitzfrüchtige Esche 55
Fraxinus parvifolia Wildenow. Kleinblätterige Esche . . . 55
Fraxinus pendula. Die Trauer-esche 55
Fraxinus pennsylvania Marschall. Rothesche 55
Fraxinus quadrangulata Michow. Esche mit vierkantigen Zweigen 55

Seite

Gaserzeugung aus Holz . . 320
Gerbstoff aus Holz 163
Gleditschia. Baum von Nordamerika 125
Gummi aus Holz 163
Gymnocladus. Baum von Nordamerika 125

Hämatoxylon. Blauholzbaum 56
Haematoxylon campechianum L. Der gemeine Blauholzbaum 56
Hahnemann'scher Verkohlungsofen 204
Hamiltonia. Baum von Nordamerika 125
Heizkraft verschiedener Hölzer 143
Holz im Allgemeinen 132
Hölzer und Sträucher der indischen Wälder 128
Hölzer von Australien . . . 126
Hölzer vom Cap der guten Hoffnung 126
Hölzer von Nordamerika . . 125
Hölzer von Südamerika . . . 125
Holz. Birkenholz 146
Holz. Eichenholz 146
Holz. Ellernholz 146
Holz. Kiefernholz 146
Holz. Rothbuchen 146
Holz. Weißbuchenholz 146
Holzessig und seine Darstellung 228
Holzessig aus verschiedenen Hölzern 228
Holzessig, roher, aus Sägespänen 230
Holzessigsaures Eisen 239
Holzgeist 233, 240
Holzverkohlungs-Fabriksanlage im Großen 221
Holzkohlen und ihre Eigenschaften 313
Holzkohlen für Pulverfabrikation 316
Holztheerpech und seine Verwendung 308

Seite

Holztheer und dessen technische Verarbeitung 246
Hölzer plastisch zu machen . 191
Hygroskopisches Wasser . . . 194
Iriartea. Baum von Südamerika 125
Iridol 265
Istrianer Galläpfel 79
Juglans. Baum von Nordamerika 125
Juglans. Der Walnußbaum . 57
Juglans cinerea. Die graue Walnuß 57
Juglans nigra. Die schwarze Walnuß 57
Juglans regia. Die gemeine Walnuß 58
Kapnamor und seine Darstellung 290
Kohlensäure 194
Kohlenstoff 194
Kohlenoxyd 195
Kohlenoxydgas 194
Kressylsäure 195
Laubhölzer 27
Ligrose Sprengmittel 168
Liquidambar styraciflua. Der gemeine Amberbaum . . . 58
Liquidambar. Der Amberbaum 58
Liquidambar excelsa. Der hohe Amberbaum 59
Liriodendron. Der Tulpenbaum 59
Liriodendron tulipifera. Der gemeine Tulpenbaum . . . 59
Magnolia. Baum von Nordamerika 125
Magnolia Linné. Magnolie . 60
Magnolia auriculata. Geröhrte Magnolie 60
Magnolia acuminata Linné. Spitzblätterige Magnolie . 60
Magnolia cordata Michaux. Herzblätterige Magnolie . . 60
Magnolia fuscata. Die braune Magnolie 60
Magnolia glauca. Blaugrün belaubte Magnolie 60

Seite

Magnolia grandiflora Linné. Großblumige Magnolie . . 61
Magnolia macrophylla Michaux. Großblätterige Magnolie . 61
Magnolia purpurea Sims. Purpurblätterige Magnolie . . 61
Magnolia tripetala Linné. Dreiblatt-Magnolie 61
Magnolia Yulan. Die chinesische Magnolie 62
Malpighia punicifolia. Die surinanische Kirsche 119
Mammea americana. Die gemeine Apfelgalle 123
Manicaria saccifera. Baum von Südamerika 125
Meileröfen, gemauerte 200
Meileröfen, transportable . . 207
Methyloxyd und dessen Darstellung 243
Methylwasserstoff 195
Mesit und dessen Eigenschaften 244, 272
Morus Linné. Maulbeerbaum 62
Morus alba. Der weiße Maulbeerbaum 62
Morus nigra. Der schwarzfrüchtige Maulbeerbaum . . 62
Morus papyrifera. Der Papier-Maulbeerbaum 62
Morus tinctoria. Der Färber-Maulbeerbaum 63
Nitrocellulose, Pyroxylin . . 151
Nyssa. Baum von Nordamerika 125
Nadelhölzer. Pinusarten . . 99
Naphtalin 194
Ostria. Die Hopfenbuche . . 63
Ostria carpinifolia. Die Hopfenbuche 63
Ostria virginia Wildenow. Die amerikanische Hopfenbuche . 63
Oxyphensäure 195
Paraffin aus Holztheer . . . 304
Paranaphtalin 196
Persea gratissima. Die Avogatofrucht 118

Seite

Phoenix dactylifera. Der Dattelbaum 116
Phenole 194
Phloxylsäure 195
Propionsäure 195
Pyroxantogen 196
Physikalische Eigenschaften des Holztheerkreosotes nach Reichenbach 280
Physikalische Eigenschaften des Kapnamors 296
Picamar und seine Darstellung 300
Pinus Abies Linné. Die Weißtanne 101
Pinus australis. Die australische Fichte oder Tanne . 103
Pinus balsamea. Die Balsamtanne 104
Pinus cembra. Die Zirbelkiefer 104
Pinus cedrus. Die Ceder . . 104
Pinus Larix Linné. Der Lärchenbaum 105
Pinus maritima P. Die Strandfichte 106
Pinus nigra. Die Schwarzfichte 106
Pinus pinea. Die Pinie . . . 106
Pinus picea. Die Fichte . . . 106
Pinus pumilio. Die Zwergkiefer 108
Pinus strobus. Die Weymouthskiefer 109
Pinus sylvestris. Die Föhre, die Kiefer 109
Pinus taeda. Die Weihrauchkiefer 111
Pirus Linné. Der Apfelbaum 71
Pirus sylvestris Miller. Der Holzapfelbaum 71
Pirus bollvilleriana. Die Bollweiler Birne 71
Pittakall, dessen Herstellung . 302
Platanus Linné. Die Platane 64
Platanus vulgaris Die gemeine Platane 64
Populus. Die Pappel 65
Populus alba Linné. Weißpappel 65
Populus balsamifera L. Die Balsampappel 65
Populus candicans Aiton. Ontariopappel 65
Populus canadensis Michaux. Canadische Pappel 66
Populus canescens Smith. Graupappel 66
Populus fastigiata Desfontaines. Spitzpappel 66
Populus grandidentata Michaux. Pappel mit großgezähnten Blättern 66
Populus heterophylla L. Herzförmige Pappel 67
Populus monilifera Aiton. Die Halsbandpappel 67
Populus nigra Linné. Die Schwarzpappel 67
Populus pyramidalis. Italienische Pappel 67
Populus tremula Linné. Zitterpappel 67
Prunus Linné. Der Pflaumenbaum 70
Prunus domestica. Der gewöhnliche Pflaumenbaum . . . 70
Prunus insititia. Die Haberschlehe 70
Prunus spinosa. Der Schlehdorn 70
Psidium pomiferum. Die wilde Goyave 121
Psidium pyriferum. Die gemeine Goyave 121
Pterocarpus. Der Sandelholzbaum 69
Pterocarpus draco. Die amerikanische Flügelkruppe . . . 69
Pterocarpus indicus. Die indische Flügelkruppe 69
Pterocarpus sandalinus Linné. Rother Sandelbaum . . . 69
Pyra crataegaria. Butterbirnen 71
Pyra ariaria. Elsenbirnen . . 71
Pyra mespilaria. Mispelbirnen 72

Seite
Pyra sorbaria. Die Spierbirnen 73
Pyra pyraria. Die Birnbirnen 73
Pyren und seine Darstellung . 394
Quajacum. Der Pockenholzbaum 73
Quajacum officinale. Der gemeine Pockenholzbaum . . 73
Quajacole 194
Quassia. Bitterholz 74
Quassia amara. Das gemeine Bitterholz 74
Quassia excelsa Schwartz. Stammpflanze des jamaicanischen Quassiaholzes . . 75
Quercus. Die Eiche 75
Quercus aegilops. Die Knoppern-eiche 76
Quercus ambigua Wildenow. Zweifelhafte Eiche 76
Quercus aquatica Walter. Die Wassereiche 76
Quercus catesbaei Michaux. Catesby-Eiche 76
Quercus castanea folia. Kastanienblätterige Eiche . . . 77
Quercus cerris. Die Burgundische Eiche 77
Quercus alba Linné. Die Weißeiche 77
Quercus bicolor Wildenow. Die zweifarbige Eiche 77
Quercus esculus. Die eßbare Eiche 77
Quercus falcata Michaux. Die sichelblätterige Eiche . . . 77
Quercus heterophylla Michaux. Verschiedenblätterige Eiche . 78
Quercus imbricaria. Die Schindeleiche 78
Quercus ilex. Die Steineiche . 78
Quercus infectoria. Die Galläpfeleiche 78
Quercus ilicifolia. Hülsenblätterige Eiche 79
Quercus laurifolia. Lorbeerblätterige Eiche 80
Quercus lyrata. Leierblätterige Eiche 80
Quercus macrocarpa. Großfrüchtige Eiche 80
Quercus montana. Bergkastanieneiche 80
Quercus olivaeformis. Olivenfrüchtige Eiche 80
Quercus palustris Wildenow. Sumpfeiche 80
Quercus penduncula ta. Die Sommereiche 80
Quercus nigra. Die Schwarzeiche 81
Quercus Prinus Linné. Kastanieneiche 81
Quercus Putenscens Filzhaarige Eiche 81
Quercus pyrenaica Wildenow. Pyrenaica-Eiche 82
Quercus robur. Die Wintereiche 82
Quercus rubra Linné. Rotheiche 84
Quercus sessiflora Salisbury. Wintereiche 84
Quercus suber. Korkeiche . 84
Quercus tinctoria Linné. Die Färbereiche 84
Reichenbachischer Holzverkohlungsofen 202
Reinigung des rohen leichten Holztheeröles 260
Reinigung des schweren Holztheeröles 273
Reten 196
Robinia L. Erbsenbaum, Schotendorn 85
Robinia frutescens. Die strauchartige Robinie 85
Robinia hispida. Borstige Akazie 85
Robinia pseudoacacia L. Gemeine Akazie 85
Robinia viscosa Ventenat. Die klebrige Robinie 36
Rubidol 268
Sabal. Baum von Südamerika 125
Sandelholz 137

Seite
Salisburia biloba. Die Lappeneibe 112
Salix. Die Weide 87
Salix alba Linné. Die Weißweide 87
Salix amygdalina Linné. Mandelweide 87
Salix babylonia L. Die echte Trauerweide 87
Salix candida Flügge. Weißblätterige Weide 88
Salix caprea Linné. Palmweide 88
Salix elaeagnus Scopoli. Oleasterweide 88
Salix fragilis. Die Bruchweide 88
Salix helix Linné. Die Bachweide 88
Salix lanata Linné. Wollweide 89
Salix pentandra L. Fünfmännige Weide 89
Salix reticulata L. Die netzblätterige Weide 89
Salix viminalis. Die Korbweide 89
Salix vitellina. Die Dotterweide 89
Santalum. Der Sandelholzbaum 89
Santalum album. Weißer Sandelbaum 89
Sandelholz 137
Schwarz'scher Holzverkohlungsofen 202
Schwedischer Holzverkohlungsofen 206
Sorbus. Die Eberesche 90
Sorbus americana Wild. Die amerikanische Eberesche . . 90
Sorbus aria Crantz. Der gemeine Mehlbeerbaum . . . 90
Sorbus aucuparia L. Der Vogelbeerbaum 91
Sorbus chamaemespilus Crantz. Zwergmehlbaum 91
Sorbus domestica. Der Sperberbaum 91
Sorbus scandix. Elzbeerbaum 92
Sorbus [illegible]lis Crantz. Elzbeerbaum 92
Steiner's Keimapparat . . 9, 10
Strichnos. Der Schlangenbaum 92
Strichnos colubrina L. Schlangenholzbaum 92
Swietenia. Der Mahagonybaum 93
Swietenia mahagony Linné . 93
Symplocos. Baum von Nordamerika 125
Tabellen 325
Tabelle von verschiedenen Rinden des Gerbstoffgehaltes . 130
Tamarindos indica. Der Tamarindenbaum 120
Taxus nucifera. Die Nußeibe 113
Taxus baccata. Die gemeine Eibe 112
Taxodium distichum. Die virginische Cypresse 114
Thuja occidentalis. Der gemeine Lebensbaum 114
Thuja orientalis. Der orientalische Lebensbaum 115
Tilia. Der Lindenbaum . . . 93
Tilia alba Aiton. Die Weißlinde 93
Tilia americana Linné. Schwarzlinde 94
Tilia argentea de Candolle. Silberlinde 94
Tilia grandifolia. Die Sommerlinde 94
Tilia parvifolia. Die Winterlinde 96
Tilia pubescens Aiton. Weichhaarige Linde 96
Tilia rubra de Candolle. Die Rothlinde 96
Tilia vulgaris. Die gemeine Linde 96
Toluol 196
Ueber Conservirung des Holzes gegen Einfluß der Witterung 180
Ueber Cellulose 149

Seite

Ueber die Bäume in den verschiedenen Ländern 115
Ueber die Verwendung der leichten und schweren Holztheeröle zur Erzeugung von Carbolineum 311
Ueber neue Gerbstoffmaterialien aus Rinden 129
Ueber das specifische Gewicht verschiedener Hölzer . . .
Ueber Lignin 152
Ueber Rinden der Hölzer . . 128
Ueber Cellulose 149
Ueber die Pflege der Waldungen 24
Ueber die Unverbrennlichkeit des Holzes 183
Ueber die Zeit des Aussäens 14
Ueber Wollin und seine Erzeugung aus Holz . . 153
Ulmus Linné. Ulme. Rüster . 97
Ulmus americana L. Amerikanischer Rüster 97
Ulmus campestris L. Feldrüster 97
Ulmus effusa Wildenow. Ausgebreitete Bergrüster . . . 98
Ulmus fulva Michaux. Gelbknospige Rüster 98
Ulmus montana Smith. Bergrüster 98
Ulmus suberosa. Die Korkulme 98
Vanilin 171
Verarbeitung der Cellulose auf Papier 164
Verfahren von Boucherie . . 173
Verfahren von Büttner & Möhring 174
Verfahren von Hatzfeld . . . 173
Verfahren von Burnett 174, 175
Verfahren von Briant . . . 174
Verfahren von Pagen . 17[illegible]
Verhalten des Holztheerkreosotes nach Reichenbach 125
Verhalten des Kapnamors chemisch 296
Vermehrung der Bäume durch Samen 6
Verkohlung des Holzes in Meilern 196
Verkohlung des Holzes in Haufen 198
Verkohlung des Holzes in Retorten 210
Verkohlung des Holzes in liegenden Retorten . . . . . 21[illegible]
Verkohlung des Holzes in stehenden Retorten 210
Verkohlung des Holzes in Chamotte-Retorten . . . . . 2[illegible]
Verkohlung des Holzes in vierekigen Retorten v. Schmiedeisen 217
Verkohlungsofen, schwedischer . 206
Verwendung der Cellulose zu Polsterungen . . . . 1[illegible]
Verwendung der Cellulose zur Herstellung von künstlichem Elfenbein . . . . 16[illegible]
Verwendung der Cellulose zur Papierfabrikation 164
Verwendung der Cellulose von künstlichen Sprengmitteln . 1[illegible]
Verwendung der Cellulose zur Fabrikation der sogenannten Lösche oder Kohlenschutt . . 168
Vorschrift für Carbolineum . [illegible]
Volkmann, Collodium 138
Wachsthum der Hölzer . . . 21
Waldungen im Allgemeinen . 1
Wassergehalt von verschiedenen Holzarten 141
Wasserstoffgas 194
Wasserdichte Röhren und deren [illegible] 179
272

Zeitfracht Medien GmbH
Ferdinand-Jühlke-Straße 7
99095 Erfurt, Deutschland
produktsicherheit@kolibri360.de